AF634509

Göschens Lehrbücherei

I. Gruppe

Reine und angewandte Mathematik

Band 14

Partielle Differentialgleichungen

Von

Professor Dr. J. Horn †

Walter de Gruyter & Co.

vormals G. J. Göschen'sche Verlagshandlung
J. Guttentag, Verlagsbuchhandlung — Georg
Reimer — Karl J. Trübner — Veit & Comp.

Berlin W 35

1949

Partielle Differentialgleichungen

Von

Dr J. Horn †

ehemals o. Professor an der Technischen Hochschule Darmstadt

Vierte, unveränderte Auflage

Mit 8 Figuren

Walter de Gruyter & Co.

vormals G. J. Göschen'sche Verlagshandlung J. Guttentag, Verlagsbuchhandlung — Georg Reimer — Karl J. Trübner — Veit & Comp.

Berlin W 35

1949

Alle Rechte, insbesondere das der Übersetzung in fremde Sprachen, vorbehalten

Archiv-Nr. 12 05 49

Druck: Omnitypie-Gesellschaft Nachf. Leopold Zechnall Stuttgart O

Vorwort.

An den 10. Band von Göschens Lehrbücherei, welcher von den gewöhnlichen Differentialgleichungen handelt, schließt sich der vorliegende Band an, welcher zur Einführung in verschiedene Zweige der Theorie der partiellen Differentialgleichungen dienen soll. Um auf mäßigem Raume verschiedene Untersuchungsrichtungen darstellen zu können, habe ich mich auf partielle Differentialgleichungen erster und zweiter Ordnung mit zwei unabhängigen Veränderlichen beschränkt. Auf die in der mathematischen Physik vorkommenden linearen partiellen Differentialgleichungen ist das Hauptgewicht gelegt. Wegen der Bedeutung, welche die Theorie der Integralgleichungen für einzelne Zweige der Theorie der Differentialgleichungen gewonnen hat, ist ein Kapitel über die Fredholmsche Integralgleichung eingefügt worden, von welchem in den folgenden Kapiteln vielfach Gebrauch gemacht wird.

Die zweite Auflage von 1929 ist zwar vollständig neu bearbeitet, aber der Inhalt der im Jahre 1910 als Band LX der Sammlung Schubert erschienenen ersten Auflage ist doch im wesentlichen beibehalten worden, wenn auch die Anordnung und viele Einzelheiten geändert worden sind. Die Aufnahme weiterer Gegenstände war mit Rücksicht auf den Umfang des Buches nicht möglich. Die vorliegende dritte Auflage ist ein anastatischer Nachdruck der zweiten Auflage; es konnten daher nur geringfügige Änderungen vorgenommen werden.

Darmstadt.

J. Horn.

Inhaltsverzeichnis.

Erstes Kapitel. **Lineare partielle Differentialgleichungen zweiter Ordnung mit zwei unabhängigen Veränderlichen.**

Zweites Kapitel. **Hyperbolische Differentialgleichungen.**

Drittes Kapitel. **Lineare Integralgleichungen.**

Viertes Kapitel. **Randwertaufgaben für gewöhnliche lineare Differentialgleichungen.**

Fünftes Kapitel. **Randwertaufgaben für elliptische Differentialgleichungen.**

Erstes Kapitel.

Lineare partielle Differentialgleichungen zweiter Ordnung mit zwei unabhängigen Veränderlichen.

§ 1. Charakteristiken und Normalformen der linearen partiellen Differentialgleichung zweiter Ordnung.

Die lineare homogene partielle Differentialgleichung zweiter Ordnung mit zwei unabhängigen Veränderlichen ist von der Form

$$A\frac{\partial^2 u}{\partial x^2}+2B\frac{\partial^2 u}{\partial x\partial y}+C\frac{\partial^2 u}{\partial y^2}+D\frac{\partial u}{\partial x}+E\frac{\partial u}{\partial y}+Fu=0; \tag{A}$$

die Koeffizienten $A, \ldots, F$ werden als reelle stetige Funktionen der reellen Veränderlichen x, y vorausgesetzt. Die Form (A), in welcher die einfachsten partiellen Differentialgleichungen der mathematischen Physik enthalten sind, kann dadurch, daß man an Stelle von x, y geeignete neue Veränderliche einführt, auf einfachere Normalformen gebracht werden.

Sind $\xi = f(x, y)$, $\eta = g(x, y)$ die neuen Veränderlichen, so ist

$$\frac{\partial^2 u}{\partial x^2}=\frac{\partial^2 u}{\partial \xi^2}\left(\frac{\partial \xi}{\partial x}\right)^2+2\frac{\partial^2 u}{\partial \xi\partial\eta}\frac{\partial \xi}{\partial x}\frac{\partial \eta}{\partial x}+\frac{\partial^2 u}{\partial \eta^2}\left(\frac{\partial \eta}{\partial x}\right)^2+\ldots,$$

$$\frac{\partial^2 u}{\partial x\,\partial y}=\frac{\partial^2 u}{\partial \xi^2}\frac{\partial \xi}{\partial x}\frac{\partial \xi}{\partial y}+\frac{\partial^2 u}{\partial \xi\partial\eta}\left(\frac{\partial \xi}{\partial x}\frac{\partial \eta}{\partial y}+\frac{\partial \xi}{\partial y}\frac{\partial \eta}{\partial x}\right)+\frac{\partial^2 u}{\partial \eta^2}\frac{\partial \eta}{\partial x}\frac{\partial \eta}{\partial y}+\ldots,$$

$$\frac{\partial^2 u}{\partial y^2}=\frac{\partial^2 u}{\partial \xi^2}\left(\frac{\partial \xi}{\partial y}\right)^2+2\frac{\partial^2 u}{\partial \xi\partial\eta}\frac{\partial \xi}{\partial y}\frac{\partial \eta}{\partial y}+\frac{\partial^2 u}{\partial \eta^2}\left(\frac{\partial \eta}{\partial y}\right)^2+\ldots,$$

wo die weggelassenen Glieder nur die partiellen Ableitungen erster Ordnung $\frac{\partial u}{\partial \xi}, \frac{\partial u}{\partial \eta}$ enthalten. In der transformierten Differentialgleichung

$$A'\frac{\partial^2 u}{\partial \xi^2}+2B'\frac{\partial^2 u}{\partial \xi\partial\eta}+C'\frac{\partial^2 u}{\partial \eta^2}+D'\frac{\partial u}{\partial \xi}+E'\frac{\partial u}{\partial \eta}+Fu=0 \tag{1}$$

ist

$$
(2)\qquad \begin{cases}
A' = A\left(\frac{\partial \xi}{\partial x}\right)^2 + 2B\frac{\partial \xi}{\partial x}\frac{\partial \xi}{\partial y} + C\left(\frac{\partial \xi}{\partial y}\right)^2, \\
B' = A\frac{\partial \xi}{\partial x}\frac{\partial \xi}{\partial y} + B\left(\frac{\partial \xi}{\partial x}\frac{\partial \eta}{\partial y} + \frac{\partial \xi}{\partial y}\frac{\partial \eta}{\partial x}\right) + C\frac{\partial \xi}{\partial y}\frac{\partial \eta}{\partial y}, \\
C' = A\left(\frac{\partial \eta}{\partial x}\right)^2 + 2B\frac{\partial \eta}{\partial x}\frac{\partial \eta}{\partial y} + C\left(\frac{\partial \eta}{\partial y}\right)^2
\end{cases}
$$

Wenn die Funktion φ von x, y der partiellen Differentialgleichung erster Ordnung

$$
(3)\qquad A\left(\frac{\partial \varphi}{\partial x}\right)^2 + 2B\frac{\partial \varphi}{\partial x}\frac{\partial \varphi}{\partial y} + C\left(\frac{\partial \varphi}{\partial y}\right)^2 = 0
$$

genügt, werden die Kurven $\varphi(x, y) = \text{Const.}$ als Charakteristiken der linearen partiellen Differentialgleichung (A)[1]) bezeichnet. Längs einer Charakteristik ist

$$
\frac{\partial \varphi}{\partial x}dx + \frac{\partial \varphi}{\partial y}dy = 0
$$

oder

$$
\frac{\partial \varphi}{\partial x} : \frac{\partial \varphi}{\partial y} = dy : -dx;
$$

aus der Gleichung (3) geht demnach die Differentialgleichung der Charakteristiken

$$
(4)\qquad A\,dy^2 - 2B\,dx\,dy + C\,dx^2 = 0
$$

hervor.

Sind in einem gewissen Gebiet der xy-Ebene $B^2 - AC$ und A von Null verschieden, so hat die quadratische Gleichung

$$
(5)\qquad A\lambda^2 - 2B\lambda + C = 0
$$

zwei verschiedene Wurzeln λ_1 und λ_2. Es ist

$$
A\lambda^2 - 2B\lambda + C = A(\lambda - \lambda_1)(\lambda - \lambda_2)
$$

oder

$$
Au^2 + 2Buv + Cv^2 = A(u + \lambda_1 v)(u + \lambda_2 v).
$$

Demnach ist

$$
A\left(\frac{\partial \varphi}{\partial x}\right)^2 + 2B\frac{\partial \varphi}{\partial x}\frac{\partial \varphi}{\partial y} + C\left(\frac{\partial \varphi}{\partial y}\right)^2 = A\left(\frac{\partial \varphi}{\partial x} + \lambda_1\frac{\partial \varphi}{\partial y}\right)\left(\frac{\partial \varphi}{\partial x} + \lambda_2\frac{\partial \varphi}{\partial y}\right),
$$

[1]) Im achten Kapitel werden die Charakteristiken der linearen partiellen Differentialgleichung zweiter Ordnung mit den Charakteristiken der allgemeinen partiellen Differentialgleichungen zweiter Ordnung in Verbindung gebracht (§ 56).

und die Differentialgleichung (3) zerfällt in die beiden Gleichungen

$$\frac{\partial \varphi}{\partial x} + \lambda_1 \frac{\partial \varphi}{\partial y} = 0$$

mit der Lösung $\varphi = \xi\ (x, y)$ und

$$\frac{\partial \varphi}{\partial x} + \lambda_2 \frac{\partial \varphi}{\partial y} = 0$$

mit der Lösung $\varphi = \eta\ (x, y)$. Dann ist

$$\frac{\partial \xi}{\partial x}\frac{\partial \eta}{\partial y} - \frac{\partial \eta}{\partial x}\frac{\partial \xi}{\partial y}$$

von Null verschieden, so daß wir ξ, η als neue unabhängige Veränderliche einführen können. Wir können auch sagen: die Differentialgleichung (4) zerfällt in die beiden Gleichungen

$$dy - \lambda_1\, dx = 0$$

mit der Lösung $\xi\ (x, y) =$ Const. und

$$dy - \lambda_2\, dx = 0$$

mit der Lösung $\eta\ (x, y) =$ Const. Wir haben also zwei Scharen von Charakteristiken $\xi =$ Const. und $\eta =$ Const. Da ξ und η der partiellen Differentialgleichung (3) genügen, so ist in (1) $A' = 0$ und $C' = 0$. Wegen

$$2\,B = A\,(\lambda_1 + \lambda_2),\ C = A\,\lambda_1\lambda_2$$

ist

$$2B' = A\left(\frac{\partial \eta}{\partial x} + \lambda_1 \frac{\partial \eta}{\partial y}\right)\left(\frac{\partial \xi}{\partial x} + \lambda_2 \frac{\partial \xi}{\partial y}\right);$$

das weitere Glied

$$A\left(\frac{\partial \xi}{\partial x} + \lambda_1 \frac{\partial \xi}{\partial y}\right)\left(\frac{\partial \eta}{\partial x} + \lambda_2 \frac{\partial \eta}{\partial y}\right),$$

welches zunächst auf der rechten Seite steht, verschwindet bei der getroffenen Wahl von ξ und η; $2B'$ ist also von Null verschieden. Dividiert man die Gleichung (1) durch $2B'$, so erhält sie die Form

$$\frac{\partial^2 u}{\partial \xi \partial \eta} + a\frac{\partial u}{\partial \xi} + b\frac{\partial u}{\partial \eta} + cu = 0, \tag{6}$$

wo a, b, c Funktionen von ξ, η sind. — Ist $A = 0$, aber C von Null verschieden, so erhält man dasselbe Ergebnis, indem man die Rolle von x und y vertauscht. Im Falle $A = 0$, $C = 0$ hat die Differentialgleichung von vornherein die Form (6).

Ist $B^2 - AC = 0$ und A von Null verschieden, so ist

$$A\,\lambda^2 - 2B\lambda + C = A\,(\lambda - \lambda_0)^2$$

oder

$$A\,u^2 + 2\,Buv + Cv^2 = A\,(u + \lambda_0\,v)^2,$$

also

$$A\left(\frac{\partial \varphi}{\partial x}\right)^2 + 2B\frac{\partial \varphi}{\partial x}\frac{\partial \varphi}{\partial y} + C\left(\frac{\partial \varphi}{\partial y}\right)^2 = A\left(\frac{\partial \varphi}{\partial x} + \lambda_0\frac{\partial \varphi}{\partial y}\right)^2.$$

An Stelle von (3) hat man die Differentialgleichung

$$\frac{\partial \varphi}{\partial x} + \lambda_0\frac{\partial \varphi}{\partial y} = 0$$

mit der Lösung $\varphi = \eta(x, y)$. Wird unter $\xi(x, y)$ eine Funktion verstanden, welche dieser Differentialgleichung nicht genügt, so kann man ξ und η als neue Veränderliche einführen. Oder anders ausgedrückt: die Differentialgleichung (4) der Charakteristiken schreibt sich jetzt

$$dy - \lambda_0\, dx = 0;$$

ihre Lösung $\eta(x, y) =$ Const. stellt die einzige jetzt vorhandene Schar von Charakteristiken dar. Die Formeln (2) schreiben sich jetzt:

$$A' = A\left(\frac{\partial \xi}{\partial x} + \lambda_0\frac{\partial \xi}{\partial y}\right)^2,$$

$$B' = A\left(\frac{\partial \xi}{\partial x} + \lambda_0\frac{\partial \xi}{\partial y}\right)\left(\frac{\partial \eta}{\partial x} + \lambda_0\frac{\partial \eta}{\partial y}\right),$$

$$C' = A\left(\frac{\partial \eta}{\partial x} + \lambda_0\frac{\partial \eta}{\partial y}\right)^2;$$

der Ausdruck für B' stimmt wegen $B = A\lambda_0$, $C = A\lambda_0^2$ mit dem früheren überein. Man sieht, daß $B' = 0$, $C' = 0$, aber A' von Null verschieden ist. Die Gleichung (1) erhält durch Division mit A' die Form

$$\frac{\partial^2 u}{\partial \xi^2} + a\frac{\partial u}{\partial \xi} + b\frac{\partial u}{\partial \eta} + cu = 0, \tag{7}$$

wo a, b, c Funktionen von ξ, η darstellen. — A und C können nicht gleichzeitig verschwinden, weil dann auch B verschwinden müßte.

Je nachdem in einem gewissen Gebiet der xy-Ebene $B^2 - AC$ positiv oder negativ ist, sind die Wurzeln λ_1, λ_2 der quadratischen Gleichung (5) reell oder konjugiert komplex; es gibt also im ersten Falle zwei Scharen von reellen, im zweiten Falle zwei Scharen von imaginären Charakteristiken. Im Falle $B^2 - AC = 0$ hat die quadratische Gleichung die reelle Doppelwurzel λ_0; es ist eine einzige Schar von Charakteristiken vorhanden.

Die Differentialgleichung (A) heißt in einem gewissen Gebiete der xy-Ebene hyperbolisch, elliptisch oder parabolisch, je nachdem in diesem Gebiete $B^2 - AC$ positiv, negativ oder gleich Null ist.

Unter Benutzung dieser Ausdrucksweise können wir sagen:

Eine hyperbolische Differentialgleichung besitzt zwei Scharen reeller, eine elliptische zwei Scharen imaginärer Charakteristiken; bei einer parabolischen Differentialgleichung ist nur eine Schar reeller Charakteristiken vorhanden.

Die Differentialgleichung (A) läßt sich nur dann auf reellem Wege auf die Normalform (6) bringen, wenn λ_1, λ_2 reell sind, also $B^2 - AC > 0$ ist.

Im Falle $B^2 - AC < 0$ sind λ_1, λ_2 und damit auch

$$\xi = \mathfrak{x} + i\mathfrak{y}, \quad \eta = \mathfrak{x} - i\mathfrak{y}$$

konjugiert komplex; wir führen an Stelle von ξ, η die reellen Veränderlichen $\mathfrak{x}$, $\mathfrak{y}$ ein. Es ist

$$\mathfrak{x} = \tfrac{1}{2}(\xi + \eta), \quad \mathfrak{y} = \tfrac{1}{2}i(\eta - \xi),$$

$$\frac{\partial u}{\partial \xi} = \frac{1}{2}\left(\frac{\partial u}{\partial \mathfrak{x}} - i\frac{\partial u}{\partial \mathfrak{y}}\right),$$

$$\frac{\partial^2 u}{\partial \xi \partial \eta} = \frac{1}{4}\left(\frac{\partial^2 u}{\partial \mathfrak{x}^2} + \frac{\partial^2 u}{\partial \mathfrak{y}^2}\right),$$

so daß die Gleichung (6) in

$$\text{(8)} \qquad \frac{\partial^2 u}{\partial \mathfrak{x}^2} + \frac{\partial^2 u}{\partial \mathfrak{y}^2} + \mathfrak{a}\frac{\partial u}{\partial \mathfrak{x}} + \mathfrak{b}\frac{\partial u}{\partial \mathfrak{y}} + \mathfrak{c}u = 0$$

übergeht; $\mathfrak{a}$, $\mathfrak{b}$, $\mathfrak{c}$ sind reelle Funktionen von $\mathfrak{x}$, $\mathfrak{y}$, da der Übergang von x, y zu $\mathfrak{x}$, $\mathfrak{y}$ auf reellem Wege vor sich geht und die Koeffizienten von (1) reell sind.

Die Differentialgleichung (A) *läßt sich durch eine reelle Transformation der unabhängigen Veränderlichen auf eine der drei folgenden Normalformen bringen, je nachdem sie hyperbolisch, elliptisch oder parabolisch ist:*

$$(\mathrm{A}_1) \qquad \frac{\partial^2 u}{\partial x \partial y} + a\frac{\partial u}{\partial x} + b\frac{\partial u}{\partial y} + cu = 0,$$

$$(\mathrm{A}_2) \qquad \frac{\partial^2 u}{\partial x^2} + \frac{\partial^2 u}{\partial y^2} + a\frac{\partial u}{\partial x} + b\frac{\partial u}{\partial y} + cu = 0,$$

$$(\mathrm{A}_3) \qquad \frac{\partial^2 u}{\partial x^2} + a\frac{\partial u}{\partial x} + b\frac{\partial u}{\partial y} + cu = 0.$$

Für die drei Normalformen (A_1), (A_2), (A_3) schreibt sich die Differentialgleichung (4) der Charakteristiken bzw.

$$dx\,dy = 0,$$

$$dx^2 + dy^2 = (dx + i\,dy)(dx - i\,dy) = 0,$$

$$dy^2 = 0.$$

Die hyperbolische Differentialgleichung (A_1) *hat als Charakteristiken die Parallelen* $x =$ Const. *und* $y =$ Const. *zu den Achsen; die elliptische Differentialgleichung* (A_2) *hat die imaginären Charakteristiken* $x + iy =$ Const. *und* $x - iy =$ Const.; *die Charakteristiken der parabolischen Differentialgleichung* (A_3) *sind die Parallelen* $y =$ Const. *zur* x*-Achse.*

§ 2. Der Greensche Satz.

Ein wichtiges Hilfsmittel zur Untersuchung der Integrale einer linearen partiellen Differentialgleichung bietet der Greensche Satz.

In der xy-Ebene sei ein beschränktes Gebiet $\mathfrak{G}$ gegeben, welches von einer geschlossenen Kurve $\mathfrak{C}$ begrenzt wird, die sich nicht selbst durchschneidet. Die Kurve $\mathfrak{C}$ habe eine sich stetig drehende Tangente, oder sie bestehe aus endlich vielen Bögen mit stetiger Tangente, die in Ecken oder Spitzen zusammenstoßen.[1]) Das Gebiet $\mathfrak{G}$ wird als abgeschlossen oder als offen bezeichnet, je nachdem die Randkurve $\mathfrak{C}$ zum Gebiet hinzugerechnet wird oder nicht.

P und Q seien zwei Funktionen von x, y, welche nebst ihren partiellen Ableitungen erster Ordnung im abgeschlossenen Gebiet $\mathfrak{G}$ stetig sind. Wir betrachten das über das Gebiet $\mathfrak{G}$ erstreckte Doppelintegral

$$\iint\limits_{\mathfrak{G}} \left(\frac{\partial P}{\partial x} + \frac{\partial Q}{\partial y}\right) dx\,dy,$$

welches sich, wie wir zeigen wollen, auf ein über die Randkurve $\mathfrak{C}$ erstrecktes einfaches Integral zurückführen läßt.

Wir nehmen an, daß die Abszisse x eines Punktes der Randkurve $\mathfrak{C}$ zwischen a_1 und a_2 variiert und daß eine zur y-Achse gezogene Parallele, welche einer Abszisse x zwischen den angegebenen Grenzen entspricht, die Kurve $\mathfrak{C}$ in zwei Punkten mit den Ordinaten y_1 und $y_2 > y_1$ schneidet. Dann ist

$$\iint\limits_{\mathfrak{G}} \frac{\partial Q}{\partial y} dx\,dy = \int\limits_{a_1}^{a_2} dx \int\limits_{y_1}^{y_2} \frac{\partial Q}{\partial y} dy = \int\limits_{a_1}^{a_2} [Q(x, y_2) - Q(x, y_1)]\, dx.$$

Das über die Randkurve $\mathfrak{C}$ im positiven Sinne erstreckte Integral $\int\limits_{\mathfrak{C}} Q\,dx$ ist gleich

$$\int\limits_{a_1}^{a_2} [Q(x, y_1) - Q(x, y_2)]\, dx;$$

denn beim Durchlaufen der Kurve $\mathfrak{C}$ im positiven Sinne nimmt x im Punkte (x, y_1) zu, im Punkte (x, y_2) ab. Wir haben also

$$\iint\limits_{\mathfrak{G}} \frac{\partial Q}{\partial y} dx\,dy = -\int\limits_{\mathfrak{C}} Q\,dx. \tag{9}$$

Wenn eine Parallele zur y-Achse die Kurve $\mathfrak{C}$ in mehr als zwei, aber nur in einer endlichen (notwendig geraden) Anzahl von Punkten schneidet, bleibt dieses Ergebnis bestehen.

---

[1]) Diese Annahme machen wir auch in Zukunft, wenn von Kurven ohne weiteren Zusatz die Rede ist.

Entsprechend findet man, wenn eine Parallele zur x-Achse die Kurve $\mathfrak{C}$ nur in einer endlichen Anzahl von Punkten schneidet,

$$(10) \qquad \iint_{\mathfrak{G}} \frac{\partial P}{\partial x}\, dx\, dy = \int_{\mathfrak{C}} P\, dy.$$

Die Kurve $\mathfrak{C}$ darf auch Stücke von geraden Linien parallel zu den Achsen enthalten.

Die bisherigen und die darauf beruhenden künftigen Betrachtungen bleiben bestehen, wenn das Gebiet $\mathfrak{G}$ mehrfach zusammenhängend ist, also von mehreren geschlossenen Kurven begrenzt wird, deren Gesamtheit mit $\mathfrak{C}$ zu bezeichnen ist; die einzelnen Teile von $\mathfrak{C}$ werden in einem solchen Sinne durchlaufen, daß sich das Innere von $\mathfrak{G}$ zur Linken befindet.

Nach (9) und (10) ist

$$(11) \qquad \iint_{\mathfrak{G}} \left(\frac{\partial P}{\partial x} + \frac{\partial Q}{\partial y}\right) dx\, dy = \int_{\mathfrak{C}} (P\, dy - Q\, dx)$$

(Integralsatz von Gauss).

Dem linearen homogenen Differentialausdruck zweiter Ordnung

$$(12) \quad L(u) = A \frac{\partial^2 u}{\partial x^2} + 2B \frac{\partial^2 u}{\partial x \partial y} + C \frac{\partial^2 u}{\partial y^2} + D \frac{\partial u}{\partial x} + E \frac{\partial u}{\partial y} + F u,$$

dessen Koeffizienten $A, \ldots, F$ in einem gewissen Gebiet der xy-Ebene nebst den im folgenden vorkommenden partiellen Ableitungen erster und zweiter Ordnung stetig sind, ordnen wir einen anderen linearen Differentialausdruck zweiter Ordnung

$$(13) \quad M(v) = \frac{\partial^2 (A v)}{\partial x^2} + 2 \frac{\partial^2 (B v)}{\partial x \partial y} + \frac{\partial^2 (C v)}{\partial y^2} - \frac{\partial (D v)}{\partial x} - \frac{\partial (E v)}{\partial y} + F v$$

zu, welchen man als den zu $L(u)$ **adjungierten Differentialausdruck** bezeichnet. $M(v) = 0$ ist die zu $L(u) = 0$ adjungierte Differentialgleichung.

Durch Addition der Gleichungen

$$A v \frac{\partial^2 u}{\partial x^2} - u \frac{\partial^2 (A v)}{\partial x^2} = \frac{\partial}{\partial x}\left[A v \frac{\partial u}{\partial x} - u \frac{\partial (A v)}{\partial x}\right],$$

$$B v \frac{\partial^2 u}{\partial x \partial y} - u \frac{\partial^2 (B v)}{\partial x \partial y} = \frac{\partial}{\partial y}\left[B v \frac{\partial u}{\partial x}\right] - \frac{\partial}{\partial x}\left[u \frac{\partial (B v)}{\partial y}\right]$$
$$= \frac{\partial}{\partial x}\left[B v \frac{\partial u}{\partial y}\right] - \frac{\partial}{\partial y}\left[u \frac{\partial (B v)}{\partial x}\right],$$

$$C v \frac{\partial^2 u}{\partial y^2} - u \frac{\partial^2 (C v)}{\partial y^2} = \frac{\partial}{\partial y}\left[C v \frac{\partial u}{\partial y} - u \frac{\partial (C v)}{\partial y}\right],$$

$$D v \frac{\partial u}{\partial x} + u \frac{\partial (D v)}{\partial x} = \frac{\partial}{\partial x}[D u v],$$

$$E v \frac{\partial u}{\partial y} + u \frac{\partial (E v)}{\partial y} = \frac{\partial}{\partial y}[E u v],$$

$$F v u - u F v = 0$$

erhält man die Identität

$$(14) \qquad vL(u) - uM(v) = \frac{\partial P}{\partial x} + \frac{\partial Q}{\partial y},$$

wobei gesetzt ist:

$$(15) \qquad \begin{cases} P = Av\dfrac{\partial u}{\partial x} - u\dfrac{\partial (Av)}{\partial x} + Bv\dfrac{\partial u}{\partial y} - u\dfrac{\partial (Bv)}{\partial y} + Duv, \\ Q = Bv\dfrac{\partial u}{\partial x} - u\dfrac{\partial (Bv)}{\partial x} + Cv\dfrac{\partial u}{\partial y} - u\dfrac{\partial (Cv)}{\partial y} + Euv. \end{cases}$$

Wir verstehen unter u, v zwei Funktionen von x, y, welche nebst ihren partiellen Ableitungen erster und zweiter Ordnung stetig sind, und betrachten das Doppelintregral

$$\iint\limits_{\mathfrak{G}} [(vL(u) - uM(v)]\,dx\,dy = \iint\limits_{\mathfrak{G}} \left(\frac{\partial P}{\partial x} + \frac{\partial Q}{\partial y}\right) dx\,dy.$$

Nach Formel (11) kann das Doppelintegral auf der rechten Seite durch ein einfaches Integral ersetzt werden, welches über den Rand $\mathfrak{C}$ des Gebietes $\mathfrak{G}$ im positiven Sinne erstreckt wird. Es besteht also die Gleichung

$$(16) \qquad \iint\limits_{\mathfrak{G}} [vL(u) - uM(v)]\,dx\,dy = \int\limits_{\mathfrak{C}} (P\,dy - Q\,dx),$$

welche wir als **Greenschen Satz** bezeichnen.

Sind $L(u)$ und $M(v)$ die adjungierten Differentialausdrücke (12) *und* (13) und P, Q *die Ausdrücke* (15), *so gilt die Greensche Formel* (16); *dabei sind u, v zwei beliebige Funktionen von x, y, welche ebenso wie die Koeffizienten $A, \ldots, F$ von $L(u)$ nebst den vorkommenden partiellen Ableitungen im Innern und am Rande des von der Kurve $\mathfrak{C}$ begrenzten Gebietes $\mathfrak{G}$ stetig sind.*

Stimmt $M(u)$ mit $L(u)$ überein, so heißt $L(u)$ ein sich selbst adjungierter Differentialausdruck.

Um die allgemeine Form eines solchen Differentialausdrucks zu finden, schreiben wir

$$\begin{aligned} M(u) = {} & A\frac{\partial^2 u}{\partial x^2} + 2B\frac{\partial^2 u}{\partial x \partial y} + C\frac{\partial^2 u}{\partial y^2} \\ & + \left(2\frac{\partial A}{\partial x} + 2\frac{\partial B}{\partial y} - D\right)\frac{\partial u}{\partial x} + \left(2\frac{\partial B}{\partial x} + 2\frac{\partial C}{\partial y} - E\right)\frac{\partial u}{\partial y} \\ & + \left(\frac{\partial^2 A}{\partial x^2} + 2\frac{\partial^2 B}{\partial x \partial y} + \frac{\partial^2 C}{\partial y^2} - \frac{\partial D}{\partial x} - \frac{\partial E}{\partial y} + F\right) u. \end{aligned}$$

Damit $M(u) = L(u)$ wird, ist das Bestehen der beiden folgenden Gleichungen notwendig und hinreichend:

$$D = \frac{\partial A}{\partial x} + \frac{\partial B}{\partial y}, \quad E = \frac{\partial B}{\partial x} + \frac{\partial C}{\partial y}.$$

Man hat also den allgemeinsten sich selbst adjungierten Differentialausdruck:

$$L(u) = \frac{\partial}{\partial x}\left(A\,\frac{\partial u}{\partial x} + B\,\frac{\partial u}{\partial y}\right) + \frac{\partial}{\partial y}\left(B\,\frac{\partial u}{\partial x} + C\,\frac{\partial u}{\partial y}\right) + F\,u. \tag{17}$$

Für diesen lautet der Greensche Satz:

$$\iint_{\mathfrak{G}} [v\,L(u) - u\,L(v)]\,dx\,dy = \int_{\mathfrak{C}} (P\,dy - Q\,dx), \tag{18}$$

$$\left\{\begin{aligned} P &= A\left(v\,\frac{\partial u}{\partial x} - u\,\frac{\partial v}{\partial x}\right) + B\left(v\,\frac{\partial u}{\partial y} - u\,\frac{\partial v}{\partial y}\right), \\ Q &= B\left(v\,\frac{\partial u}{\partial x} - u\,\frac{\partial v}{\partial x}\right) + C\left(v\,\frac{\partial u}{\partial y} - u\,\frac{\partial v}{\partial y}\right). \end{aligned}\right. \tag{19}$$

Setzt man für $L(u)$ den sich selbst adjungierten elliptischen Differentialausdruck

$$\Delta u = \frac{\partial^2 u}{\partial x^2} + \frac{\partial^2 u}{\partial y^2},$$

so geht (18) in den Greenschen Satz der Potentialtheorie über, welcher in § 25 direkt hergeleitet wird.

Zweites Kapitel.

Hyperbolische Differentialgleichungen.

§ 3. Differentialgleichung der schwingenden Saite.

Wir beginnen mit der Behandlung der einfachsten hyperbolischen Differentialgleichung, der Differentialgleichung der schwingenden Saite[1])

$$\frac{\partial^2 u}{\partial t^2} = a^2\,\frac{\partial^2 u}{\partial x^2}. \tag{A}$$

Dabei ist u die transversale Verschiebung, welche der Punkt der Saite mit der Abszisse x zur Zeit t erfährt; ferner ist $a^2 = \frac{S}{\varrho}$, wo S die Spannung und ϱ die Masse der Längeneinheit darstellt; wir setzen a^2 als konstant, die

[1]) Die Herleitung der im 2., 5. und 6. Kapitel behandelten Differentialgleichungen aus der mathematischen Physik findet man z. B. bei Cl. Schaefer, Einführung in die theoretische Physik, sowie G. Joos, Lehrbuch der theoretischen Physik.

Saite als homogen voraus. Vorläufig stellen wir uns die Saite nach beiden Richtungen **unbegrenzt** vor. Ist die Anfangslage und die Anfangsgeschwindigkeit eines jeden Punktes der Saite gegeben, so hat man eine Funktion u von t und x zu bestimmen, welche der Differentialgleichung (A) genügt und die folgenden Anfangsbedingungen erfüllt:

$$u = f(x),\ \frac{\partial u}{\partial t} = F(x) \text{ für } t = 0; \tag{1}$$

$f(x)$ und $F(x)$ sind für alle reellen Werte von x gegeben. Man erhält die Differentialgleichung (A) auch als **Differentialgleichung ungedämpfter ebener Wellen**. Wir integrieren sie nach der **Methode von d'Alembert**.

Die hyperbolische Differentialgleichung (A) hat nach § 1 die Charakteristiken $x - at =$ Const. und $x + at =$ Const. Führt man die neuen Veränderlichen

$$\xi = x - at,\ \eta = x + at \tag{2}$$

ein, so ist

$$\frac{\partial u}{\partial x} = \frac{\partial u}{\partial \xi} + \frac{\partial u}{\partial \eta},\quad \frac{\partial u}{\partial t} = a\left(-\frac{\partial u}{\partial \xi} + \frac{\partial u}{\partial \eta}\right),$$

$$\frac{\partial^2 u}{\partial x^2} = \frac{\partial^2 u}{\partial \xi^2} + 2\frac{\partial^2 u}{\partial \xi \partial \eta} + \frac{\partial^2 u}{\partial \eta^2},\quad \frac{\partial^2 u}{\partial t^2} = a^2\left(\frac{\partial^2 u}{\partial \xi^2} - 2\frac{\partial^2 u}{\partial \xi \partial \eta} + \frac{\partial^2 u}{\partial \eta^2}\right),$$

und die Gleichung (A) geht über in

$$\frac{\partial^2 u}{\partial \xi \partial \eta} = 0. \tag{3}$$

Für $t = 0$ ist $\xi = \eta = x$, so daß die Bedingungen (1) übergehen in

$$u = f(\xi),\ \frac{\partial u}{\partial \eta} - \frac{\partial u}{\partial \xi} = \frac{1}{a} F(\xi) \text{ für } \xi = \eta. \tag{4}$$

Aus der Differentialgleichung (3) oder

$$\frac{\partial\left(\frac{\partial u}{\partial \xi}\right)}{\partial \eta} = 0$$

folgt, daß

$$\frac{\partial u}{\partial \xi} = \varphi'(\xi)$$

nur von ξ abhängt, und weiter, daß

$$u = \varphi(\xi) + \psi(\eta) \tag{5}$$

die Summe einer Funktion von ξ allein und einer Funktion von η allein ist. Die Funktionen φ und ψ sind den Bedingungen (4) gemäß zu bestimmen. Hiernach ist

$$\varphi(\xi) + \psi(\xi) = f(\xi),$$

$$-\varphi'(\xi) + \psi'(\xi) = \frac{1}{a} F(\xi),$$

$$\varphi(\xi) - \psi(\xi) = -\frac{1}{a}\int^{\xi} F(\tau)\, d\tau,$$

mithin

$$\varphi(\xi) = \tfrac{1}{2} f(\xi) - \frac{1}{2a}\int^{\xi} F(\tau)\, d\tau,$$

$$\psi(\xi) = \tfrac{1}{2} f(\xi) + \frac{1}{2a}\int^{\xi} F(\tau)\, d\tau,$$

also nach (5)

(6) $$u = \tfrac{1}{2}[f(\xi) + f(\eta)] + \frac{1}{2a}\int_{\xi}^{\eta} F(\tau)\, d\tau.$$

Nach Einführung der ursprünglichen Veränderlichen hat man

(7) $$u = \tfrac{1}{2}[f(x - at) + f(x + at)] + \frac{1}{2a}\int_{x-at}^{x+at} F(\tau)\, d\tau.$$

Wenn die Funktionen $f(x)$, $F(x)$ und die Ableitungen $f'(x)$, $f''(x)$, $F'(x)$ stetig sind, gilt dasselbe für die partiellen Ableitungen erster und zweiter Ordnung des Ausdrucks (7) nach t und x, und die Differentialgleichung (A) ist erfüllt.

Wir benutzen gelegentlich die Bezeichnung

(8) $$g(\xi) = -\frac{1}{a}\int^{\xi} F(\xi)\, d\xi,$$

wo die untere Grenze eine Konstante ist; dann nimmt die Formel (7) die Gestalt an:

(9) $$u = \tfrac{1}{2}[f(x - at) + f(x + at)] + \tfrac{1}{2}[g(x - at) - g(x + at)].$$

Wir sprechen den Satz aus:

Der Ausdruck (7) *genügt der Differentialgleichung* (A) *und den Anfangsbedingungen* (1).

Wir betrachten jetzt eine Saite von endlicher Länge, deren feste Endpunkte die Punkte $x = 0$ und $x = l$ der x-Achse sind. Es gilt die Gleichung (A) mit den Randbedingungen

(10) $$u = 0 \text{ für } x = 0 \text{ und } x = l$$

und den Anfangsbedingungen (1), wo $f(x)$ und $F(x)$ im Intervall $0 \leq x \leq l$ gegebene Funktionen sind, welche für $x = 0$ und für $x = l$ verschwinden. Dabei sind $f(x)$, $F(x)$ als stetig mit stetigen Ableitungen $f'(x)$, $f''(x)$, $F'(x)$ vorausgesetzt.

Wir fragen, ob wir auch jetzt die Formel (7) anwenden können, wenn wir die Funktionen $f(x)$ und $F(x)$, welche nur für $0 \leq x \leq l$ gegeben sind, in geeigneter Weise für alle reellen Werte von x definieren.

Damit die oben gefundene Lösung (5) oder

$$u = \varphi(x - at) + \psi(x + at) \tag{11}$$

der Differentialgleichung (A) für $x = 0$ verschwindet, muß

$$\varphi(-at) + \psi(at) = 0$$

oder, wenn man $at = \xi$ setzt,

$$\psi(\xi) = -\varphi(-\xi)$$

sein; damit sie für $x = l$ verschwindet, muß

$$\varphi(l - at) + \psi(l + at) = 0$$

oder

$$\varphi(l - at) - \varphi(-l - at) = 0,$$

also, wenn man $-l - at = \xi$ setzt,

$$\varphi(\xi + 2l) = \varphi(\xi)$$

sein. Aus

$$\varphi(\xi) - \varphi(-\xi) = f(\xi),$$

$$\varphi'(\xi) - \varphi'(-\xi) = -\frac{1}{a} F(\xi)$$

ergeben sich die Gleichungen

$$f(-\xi) = -f(\xi), \; F(-\xi) = -F(\xi)$$

und mit Rücksicht auf die Periodizität von $\varphi(\xi)$ die Gleichungen

$$f(\xi + 2l) = f(\xi), \quad F(\xi + 2l) = F(\xi).$$

Die zunächst für $0 \leq \xi \leq l$ gegebenen Funktionen $f(\xi)$, $F(\xi)$ sind durch die Forderung, daß sie ungerade sein sollen, für $-l \leq \xi \leq 0$, und durch die Forderung, daß sie die Periode $2l$ besitzen sollen, für alle reellen ξ definiert.

Nunmehr ist die durch (8) definierte Funktion $g(\xi)$ eine gerade Funktion von ξ mit der Periode $2l$, es ist also

$$g(-\xi) = g(\xi), \; g(\xi + 2l) = g(\xi).$$

Der Ausdruck (11) erfüllt die Differentialgleichung (A) und die Anfangsbedingungen (1); er erfüllt jetzt auch die Randbedingungen (10), denn für $x = 0$ ist

$$u = \tfrac{1}{2}[f(-at) + f(at)] + \tfrac{1}{2}[g(-at) - g(at)] = 0$$

und für $x = l$

$$u = \tfrac{1}{2}[f(l-at) + f(l+at)] + \tfrac{1}{2}[g(l-at) - g(l+at)]$$
$$= \tfrac{1}{2}[f(-l-at) + f(l+at)] + \tfrac{1}{2}[g(-l-at) - g(l+at)] = 0.$$

Wir denken uns die Funktionen $f(x)$ und $F(x)$ in Fouriersche Reihen[1]) entwickelt:

$$(12)\quad \begin{cases} f(x) = \sum\limits_{n=1}^{\infty} A_n \sin \dfrac{n\pi x}{l}, \\ F(x) = \sum\limits_{n=1}^{\infty} \dfrac{n\pi a}{l} B_n \sin \dfrac{n\pi x}{l}, \end{cases}$$

wo

$$(13)\quad \begin{cases} A_n = \dfrac{2}{l} \displaystyle\int_0^l f(x) \sin \dfrac{n\pi x}{l}\, dx, \\ B_n = \dfrac{2}{n\pi a} \displaystyle\int_0^l F(x) \sin \dfrac{n\pi x}{l}\, dx \end{cases}$$

ist. Dann ist bei geeigneter Wahl der Integrationskonstanten in (8)

$$(14)\quad g(x) = \sum_{n=1}^{\infty} B_n \cos \frac{n\pi x}{l}.$$

Eine hinreichende Bedingung für die Gültigkeit der Fourierschen Reihenentwicklung einer Funktion ist die stückweise Stetigkeit[1]) der Funktion und ihrer ersten Ableitung. Ist die Funktion selbst stetig, so ist ihre Fouriersche Reihe gleichmäßig konvergent. Aus der Stetigkeit von $F(x)$ folgt also die gleichmäßige Konvergenz der zweiten Reihe (12) und die Gültigkeit der Gleichung (14), die aus ihr durch gliedweise Integration entstanden ist.

Aus (9) ergibt sich die Reihenentwicklung

$$u = \tfrac{1}{2} \sum_{n=1}^{\infty} A_n \left(\sin \frac{n\pi(x-at)}{l} + \sin \frac{n\pi(x+at)}{l} \right)$$
$$+ \tfrac{1}{2} \sum_{n=1}^{\infty} B_n \left(\cos \frac{n\pi(x-at)}{l} - \cos \frac{n\pi(x+at)}{l} \right),$$

welche durch goniometrische Umformung in

$$(15)\quad u = \sum_{n=1}^{\infty} \left(A_n \cos \frac{n\pi a t}{l} + B_n \sin \frac{n\pi a t}{l} \right) \sin \frac{n\pi x}{l}$$

übergeht.

---

1) Es sei auf die Angaben in § 7 verwiesen.

Es gilt der Satz:

Die Reihe (15), *deren Koeffizienten* A_n, B_n *durch die Gleichungen* (13) *bestimmt sind, verschwindet für* $x = 0$ *und* $x = l$, *genügt für* $0 \leq x \leq l$ *der Differentialgleichung* (A) *und den Anfangsbedingungen* (1), *wo* $f(x)$ *und* $F(x)$ *im Intervall* $0 \leq x \leq l$ *gegebene, für* $x = 0$ *und für* $x = l$ *verschwindende Funktionen sind.*

Die Formel (15) kann auch nach der Methode der Partikularlösungen von Daniel Bernoulli abgeleitet werden.

Wir suchen eine partikuläre Lösung der Differentialgleichung (A), welche die Randbedingungen (10), aber nicht die Anfangsbedingungen (1) erfüllt, als Produkt einer Funktion T von t allein und einer Funktion v von x allein darzustellen. Wenn man

$$u = Tv \tag{16}$$

setzt, geht die Gleichung (A) in

$$\frac{1}{a^2}\frac{\frac{d^2T}{dt^2}}{T} = \frac{\frac{d^2v}{dx^2}}{v} = -\lambda$$

über, wo λ eine Konstante ist. Denn eine Funktion von t allein kann nur dann mit einer Funktion von x allein übereinstimmen, wenn beide sowohl von t als auch von x unabhängig sind. Es bestehen also die beiden Gleichungen

$$\frac{d^2v}{dx^2} + \lambda v = 0, \tag{17}$$

$$\frac{d^2T}{dt^2} + a^2\lambda T = 0. \tag{18}$$

Damit u für $x = 0$ und für $x = l$ verschwindet, muß $v = 0$ für $x = 0$ nnd für $x = l$ sein. Diese Bedingung wird von der Lösung

$$v = c_1 \cos\sqrt{\lambda}x + c_2 \sin\sqrt{\lambda}x$$

der linearen Differentialgleichung (17) nur dann erfüllt, wenn $c_1 = 0$ und $\sin\sqrt{\lambda}\,l = 0$, also

$$\sqrt{\lambda} = \frac{n\pi}{l} \quad (n = 1, 2, 3, \ldots)$$

ist. Nimmt man den Faktor c_2 gleich 1 an, so hat man

$$v = v_n = \sin\frac{n\pi x}{l} \quad (n = 1, 2, 3, \ldots).$$

Die Differentialgleichung (18) oder

$$\frac{d^2T}{dt^2} + \frac{n^2\pi^2a^2}{l^2}T = 0$$

hat die allgemeine Lösung

$$T = T_n = A_n \cos \frac{n\pi a t}{l} + B_n \sin \frac{n\pi a t}{l}.$$

Wir kennen demnach von der Differentialgleichung (A) unendlich viele Partikularlösungen

$$(19)\qquad u_n = \left(A_n \cos \frac{n\pi a t}{l} + B_n \sin \frac{n\pi a t}{l}\right) \sin \frac{n\pi x}{l} \quad (n = 1, 2, 3, \ldots),$$

welche die Randbedingungen (8) erfüllen. Die Lösung u_n stellt eine mögliche Schwingungsform der Saite dar; die Schwingungsdauer ist

$$\frac{2l}{na} = \frac{2l}{n}\sqrt{\frac{\varrho}{S}};$$

da u_n für $x = \frac{\nu l}{n}$ $(\nu = 0, 1, \ldots, n)$ verschwindet, so sind die $n - 1$ Knotenpunkte

$$x = \frac{l}{n}, \frac{2l}{n}, \ldots, \frac{(n-1)\,l}{n}$$

vorhanden. Zu $n = 1$ gehört der Grundton, zu $n = 2, 3, \ldots$ die harmonischen Obertöne.

Wir suchen eine Lösung der Differentialgleichung (A), welche auch die Anfangsbedingungen (1) erfüllt. Da die Summe mehrerer Lösungen der linearen Differentialgleichung (A) wieder eine Lösung darstellt, so suchen wir allen Bedingungen durch die unendliche Reihe

$$(20)\qquad u = \sum_{n=1}^{\infty} \left(A_n \cos \frac{n\pi a t}{l} + B_n \sin \frac{n\pi a t}{l}\right) \sin \frac{n\pi x}{l}$$

zu genügen, welche noch unendlich viele verfügbare Konstante A_n, B_n $(n = 1, 2, \ldots.)$ enthält. Aus (20) folgt durch formale Rechnung

$$\frac{\partial u}{\partial t} = \frac{\pi a}{l} \sum_{n=1}^{\infty} \left(-nA_n \sin \frac{n\pi a t}{l} + nB_n \cos \frac{n\pi a t}{l}\right) \sin \frac{n\pi x}{l}.$$

Damit die Bedingungen (1) erfüllt sind, muß (12)

$$f(x) = \sum_{n=1}^{\infty} A_n \sin \frac{n\pi x}{l},$$

$$F(x) = \frac{\pi a}{l} \sum_{n=1}^{\infty} nB_n \sin \frac{n\pi x}{l}$$

sein, woraus sich für A_n und B_n die Werte (13) ergeben. Die so gebildete Reihe (20) stimmt mit (15) überein. Daß sie unter den oben angegebenen

Voraussetzungen konvergiert und die Lösung der Aufgabe der Saitenschwingungen darstellt, haben wir schon gesehen.

Die zuletzt benutzte Methode der Partikularlösungen ist bei vielen anderen partiellen Differentialgleichungen anwendbar.

§ 4. Beweis der Existenz der Integrale einer hyperbolischen Differentialgleichung vermittels schrittweiser Annäherung.

Wir beschäftigen uns mit der hyperbolischen Differentialgleichung

$$\frac{\partial^2 u}{\partial x \partial y} + a \frac{\partial u}{\partial x} + b \frac{\partial u}{\partial y} + c u = 0 \tag{B}$$

deren Charakteristiken die Geraden $x = \text{Const.}$ und $y = \text{Const.}$ sind. Die Koeffizienten a, b, c seien stetig im Innern und auf dem Rande eines Rechtecks $\mathfrak{R}$, dessen Seiten den Achsen x und y parallel sind, d. h. in dem durch die Bedingungen

$$x_0 \leqq x \leqq x_0 + \alpha, \quad y_0 \leqq y \leqq y_0 + \beta$$

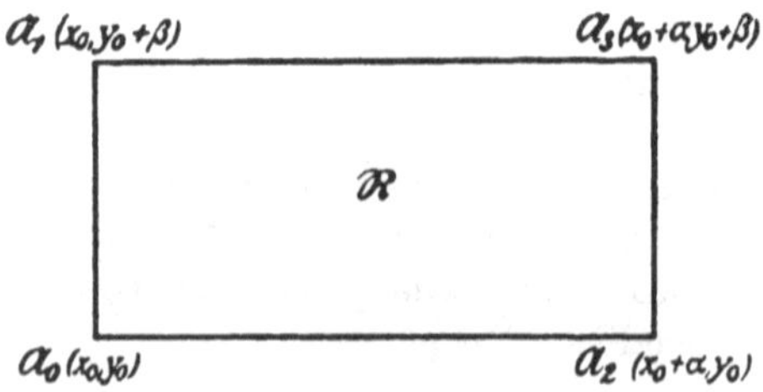

Fig. 1.

definierten Gebiet. Die Eckpunkte des Rechtecks $\mathfrak{R}$ bezeichnen wir später mit $\mathfrak{A}_0 (x_0, y_0)$, $\mathfrak{A}_1 (x_0, y_0 + \beta)$, $\mathfrak{A}_2 (x_0 + \alpha, y_0)$, $\mathfrak{A}_3 (x_0 + \alpha, y_0 + \beta)$. Wir suchen diejenige Lösung der Differentialgleichung (B), welche für $y = y_0$ in $\varphi(x)$ und für $x = x_0$ in $\psi(y)$ übergeht. Die gegebenen Funktionen $\varphi(x)$, $\psi(y)$ seien nebst den Ableitungen $\varphi'(x)$, $\psi'(y)$ im Intervall $x_0 \ldots x_0 + \alpha$ bzw. $y_0 \ldots y_0 + \beta$ stetig, und es sei $\varphi(x_0) = \psi(y_0)$.

Wir bilden die Differentialgleichungen

$$\left\{\begin{array}{l} \dfrac{\partial^2 u_0}{\partial x \partial y} = 0, \\ \dfrac{\partial^2 u_1}{\partial x \partial y} + a \dfrac{\partial u_0}{\partial x} + b \dfrac{\partial u_0}{\partial y} + c u_0 = 0, \\ \cdots\cdots\cdots\cdots\cdots \\ \dfrac{\partial^2 u_n}{\partial x \partial y} + a \dfrac{\partial u_{n-1}}{\partial x} + b \dfrac{\partial u_{n-1}}{\partial y} + c u_{n-1} = 0, \\ \cdots\cdots\cdots\cdots\cdots \end{array}\right. \tag{21}$$

Das Integral der ersten Gleichung, welches sich für $y = y_0$ auf $\varphi(x)$ und für $x = x_0$ auf $\psi(y)$ reduziert, ist

$$u_0 = \varphi(x) + \psi(y) - \varphi(x_0). \tag{22}$$

Die Lösung u_n $(n = 1, 2, \ldots)$, welche für $x = x_0$ bei beliebigem y und für $y = y_0$ bei beliebigem x verschwindet, wird dargestellt durch

$$u_n = -\int_{x_0}^{x}\int_{y_0}^{y}\left(a\frac{\partial u_{n-1}}{\partial x} + b\,\frac{\partial u_{n-1}}{\partial y} + cu_{n-1}\right)dx\,dy, \tag{23}$$

so daß

$$\left\{\begin{aligned} \frac{\partial u_n}{\partial x} &= -\int_{y_0}^{y}\left(a\frac{\partial u_{n-1}}{\partial x} + b\,\frac{\partial u_{n-1}}{\partial y} + cu_{n-1}\right)dy,\\ \frac{\partial u_n}{\partial y} &= -\int_{x_0}^{x}\left(a\frac{\partial u_{n-1}}{\partial x} + b\,\frac{\partial u_{n-1}}{\partial y} + cu_{n-1}\right)dx \end{aligned}\right. \tag{24}$$

ist.

Wir werden nachher zeigen, daß die Reihe

$$u_0 + u_1 + \ldots + u_n + \ldots, \tag{25}$$

sowie die Reihen

$$\left\{\begin{aligned} &\frac{\partial u_0}{\partial x} + \frac{\partial u_1}{\partial x} + \ldots + \frac{\partial u_n}{\partial x} + \ldots,\\ &\frac{\partial u_0}{\partial y} + \frac{\partial u_1}{\partial y} + \ldots + \frac{\partial u_n}{\partial y} + \ldots \end{aligned}\right. \tag{26}$$

im Rechteck $\mathfrak{R}$ gleichmäßig konvergent sind. Setzt man dies einstweilen voraus, so hat man

$$\begin{aligned} &u_0 + u_1 + \ldots + u_n\\ &= \varphi(x) + \psi(y) - \varphi(x_0) - \int_{x_0}^{x}\int_{y_0}^{y}\left[a\,\frac{\partial(u_0 + \ldots + u_{n-1})}{\partial x}\right.\\ &\qquad \left. + b\,\frac{\partial(u_0 + \ldots + u_{n-1})}{\partial y} + c\,(u_0 + \ldots + u_{n-1})\right]dx\,dy \end{aligned}$$

und für $n = \infty$, wenn man

$$u = u_0 + u_1 + \ldots + u_n + \ldots$$

setzt,

$$u = \varphi(x) + \psi(y) - \varphi(x_0) - \int_{x_0}^{x}\int_{y_0}^{y}\left(a\,\frac{\partial u}{\partial x} + b\,\frac{\partial u}{\partial y} + cu\right)dx\,dy;$$

hieraus folgt durch Differentiation

$$\frac{\partial^2 u}{\partial x\,\partial y} = -\left(a\,\frac{\partial u}{\partial x} + b\,\frac{\partial u}{\partial y} + cu\right)dx\,dy,$$

d. h. die Reihe u stellt eine Lösung der Differentialgleichung (B) dar, welche die angegebenen Bedingungen erfüllt.

Um die Konvergenz der Reihen (25) und (26) zu beweisen, nehmen wir an, es sei im Rechteck $\mathfrak{R}$

$$|a| \leq H, \ |b| \leq H, \ |c| \leq H \text{ und } |u_0| \leq M, \left|\frac{\partial u_0}{\partial x}\right| \leq M, \left|\frac{\partial u_0}{\partial y}\right| \leq M.$$

Dann ist

$$\left| a \frac{\partial u_0}{\partial x} + b \frac{\partial u_0}{\partial y} + c\, u_0 \right| \leq 3\, H M.$$

Wenn man $x - x_0 = \xi$, $y - y_0 = \eta$ setzt, ergibt sich aus den Formeln (23) und (24) für $n = 1$

$$|u_1| \leq 3\, H M \xi \eta, \left|\frac{\partial u_1}{\partial x}\right| \leq 3 H M \eta, \left|\frac{\partial u_1}{\partial y}\right| \leq 3 H M \xi.$$

Im Rechteck $\mathfrak{R}$ ist $0 \leq \xi \leq \alpha$, $0 \leq \eta \leq \beta$, also

$$\frac{1}{\xi} + \frac{1}{\eta} \geqq \frac{1}{\alpha} + \frac{1}{\beta}$$

oder

$$\frac{\xi \eta}{\xi + \eta} \leq \frac{\alpha \beta}{\alpha + \beta},$$

mithin

$$|u_1| \leq 3\, H M \frac{\xi \eta}{\xi + \eta} (\xi + \eta) \leq 3\, H \frac{\alpha \beta}{\alpha + \beta} M (\xi + \eta).$$

Versteht man unter K eine positive Zahl, welche mindestens gleich $3\, H$ und mindestens gleich $3\, H \dfrac{\alpha \beta}{\alpha + \beta}$ ist, so ist

$$|u_1| \leq M K (\xi + \eta),$$

$$\left|\frac{\partial u_1}{\partial x}\right| \leq 3 H M \ (\xi + \eta) \leq M K \ (\xi + \eta),$$

$$\left|\frac{\partial u_1}{\partial y}\right| \leq 3\, H M \ (\xi + \eta) \leq M K \ (\xi + \eta).$$

Wir zeigen, daß für jeden Wert von n

$$|u_{n-1}| \leq \frac{M K^{n-1} \ (\xi + \eta)^{n-1}}{(n-1)!}$$

ist und daß die absoluten Beträge von $\dfrac{\partial u_{n-1}}{\partial x}$ und $\dfrac{\partial u_{n-1}}{\partial y}$ dieselbe Bedingung erfüllen. Falls dies richtig ist, ist

$$\left| a \frac{\partial u_{n-1}}{\partial x} + b \frac{\partial u_{n-1}}{\partial y} + c\, u_{n-1} \right| \leq \frac{3 H M K^{n-1} (\xi + \eta)^{n-1}}{(n-1)!}$$

und nach (23)

$$|u_n| \leq \frac{3HMK^{n-1}}{(n-1)!} \int_0^\xi \int_0^\eta (\xi + \eta)^{n-1} \, d\xi d\eta$$

$$= \frac{3HMK^{n-1}}{n!} \frac{(\xi + \eta)^{n+1} - \xi^{n+1} - \eta^{n+1}}{n+1};$$

wie man leicht nachrechnet, ist für positive Werte von ξ und η

$$\frac{(\xi + \eta)^{n+1} - \xi^{n+1} - \eta^{n+1}}{n+1} \leq \xi\eta \, (\xi + \eta)^{n-1}$$

$$= \frac{\xi\eta}{\xi + \eta} (\xi + \eta)^n \leq \frac{\alpha\beta}{\alpha + \beta} (\xi + \eta)^n,$$

also

$$|u_n| \leq \frac{3HMK^{n-1}}{n!} \frac{\alpha\beta}{\alpha + \beta} (\xi + \eta)^n \leq \frac{MK^n (\xi + \eta)^n}{n!}.$$

Ferner ist nach (24)

$$\left| \frac{\partial u_n}{\partial x} \right| \leq \frac{3HMK^{n-1}}{(n-1)!} \int_0^\eta (\xi + \eta)^{n-1} \, d\eta = \frac{3HMK^{n-1}}{n!} [(\xi + \eta)^n - \xi^n]$$

$$\leq \frac{3HMK^{n-1} (\xi + \eta)^n}{n!} \leq \frac{MK^n (\xi + \eta)^n}{n!};$$

ebenso findet man

$$\left| \frac{\partial u_n}{\partial y} \right| \leq \frac{MK^n (\xi + \eta)^n}{n!}.$$

Wegen der Konvergenz der Reihe

$$\sum_{n=0}^{\infty} \frac{MK^n (\alpha + \beta)^n}{n!} = Me^{K(\alpha+\beta)}$$

sind die Reihen (25) und (26) für alle dem Rechteck $\mathfrak{R}$ angehörigen Punkte x, y unbedingt und gleichmäßig konvergent, w. z. b. w.

Wir haben also den Satz:

In der Differentialgleichung

$$\text{(B)} \qquad \frac{\partial^2 u}{\partial x \partial y} + a \frac{\partial u}{\partial x} + b \frac{\partial u}{\partial y} + cu = 0$$

seien die Koeffizienten a, b, c im Gebiet $\mathfrak{R}$

$$x_0 \leq x \leq x_0 + \alpha, \quad y_0 \leq y \leq y_0 + \beta$$

stetige Funktionen der reellen Veränderlichen x, y. Die gegebenen Funktionen $\varphi(x)$ und $\psi(y)$ seien nebst ihrer ersten Ableitung für $x_0 \leq x \leq x_0 + \alpha$

bzw. für $y_0 \leq y \leq y_0 + \beta$ stetig, und es sei $\varphi(x_0) = \psi(y_0)$. Die im Gebiet $\mathfrak{R}$ gleichmäßig konvergente Reihe

$$u = u_0 + u_1 + u_2 + \ldots,$$

wo

$$u_0 = \varphi(x) + \psi(y) - \varphi(x_0),$$

$$u_n = -\int_{x_0}^{x}\int_{y_0}^{y}\left(a\,\frac{\partial u_{n-1}}{\partial x} + b\,\frac{\partial u_{n-1}}{\partial y} + c u_{n-1}\right) dx\,dy \qquad (n = 1, 2, \ldots)$$

ist, nimmt für $x = x_0$ den Wert $\psi(y)$, für $y = y_0$ den Wert $\varphi(x)$ an und genügt der Differentialgleichung (B).

Es sei ein Kurvenbogen $\mathfrak{K}$ gegeben, welcher von keiner Parallelen zur x-Achse und von keiner Parallelen zur y-Achse mehr als einmal geschnitten wird. Längs dieses Bogens seien die Werte von u, $\frac{\partial u}{\partial x}$, $\frac{\partial u}{\partial y}$ vorgeschrieben, so daß die Beziehung

$$du = \frac{\partial u}{\partial x}\,dx + \frac{\partial u}{\partial y}\,dy$$

bestehen muß, wenn sich die Differentiale auf den Fortgang längs der Kurve $\mathfrak{K}$ beziehen.

Um die Voraussetzungen genauer zu fassen, bezeichnen wir die Endpunkte der Kurve $\mathfrak{K}$ mit $\mathfrak{A}_1$ $(x_0, y_0 + \beta)$, $\mathfrak{A}_2$ $(x_0 + \alpha, y_0)$ und führen das Rechteck $\mathfrak{R}$ ein, welches von den durch $\mathfrak{A}_1$ und $\mathfrak{A}_2$ gehenden Charakteristiken (Parallelen zur x- und y-Achse) gebildet wird; die beiden anderen Eckpunkte des Rechtecks sind $\mathfrak{A}_0$ (x_0, y_0) und $\mathfrak{A}_3$ $(x_0 + \alpha, y_0 + \beta)$. Um einen bestimmten Fall vor Augen zu haben, nehmen wir $\alpha > 0$, $\beta > 0$ an. Wir verstehen unter (x, y) einen beliebigen Punkt in dem von der Kurve $\mathfrak{K}$ und den beiden Charakteristiken $\mathfrak{A}_1\mathfrak{A}_3$ und $\mathfrak{A}_2\mathfrak{A}_3$ begrenzten Gebiet, wir legen durch A (x, y) eine Parallele zur x-Achse, welche die Kurve $\mathfrak{K}$ im Punkt

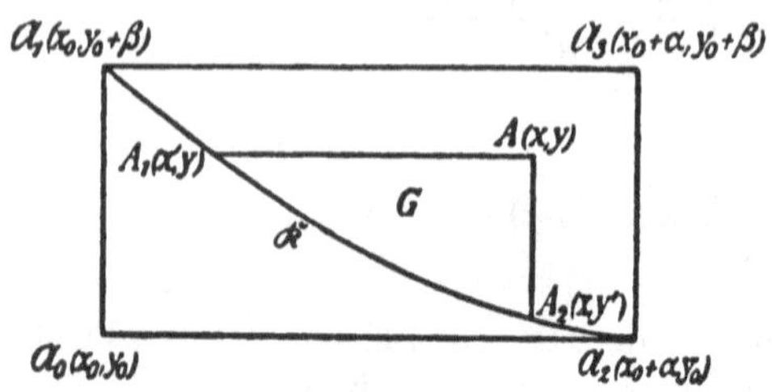

Fig. 2.

A_1 (x', y), und eine Parallele zur y-Achse, welche die Kurve $\mathfrak{K}$ im Punkt A_2 (x, y') schneidet; das von diesen beiden Parallelen und der Kurve $\mathfrak{K}$ begrenzte Gebiet heiße G.

Es sei nun eine Funktion $\varphi(x)$ gegeben, welche nebst ihrer Ableitung $\varphi'(x)$ im Intervall $x_0 \leq x \leq x_0 + \alpha$, und eine Funktion $\psi(y)$, welche nebst der Ableitung $\psi'(y)$ im Intervall $y_0 \leq y \leq y_0 + \beta$ stetig ist. Wir setzen voraus, daß längs der Kurve $\mathfrak{K}$ die Funktion u mit $\varphi(x) + \psi(y)$, die Ableitung $\frac{\partial u}{\partial x}$ mit $\varphi'(x)$ und die Ableitung $\frac{\partial u}{\partial y}$ mit $\psi'(y)$ übereinstimmt.

Wir schreiben wieder die Differentialgleichungen (21) an. Diejenige Lösung der ersten Gleichung (21), welche längs $\mathfrak{K}$ die für u vorgeschriebenen Bedingungen erfüllt, ist

$$u_0 = \varphi(x) + \psi(y) \tag{27}$$

mit den Ableitungen

$$\frac{\partial u_0}{\partial x} = \varphi'(x), \quad \frac{\partial u_0}{\partial y} = \psi'(y).$$

Die Lösung u_n $(n = 1, 2, \ldots)$, welche nebst ihren partiellen Ableitungen erster Ordnung längs $\mathfrak{K}$ verschwindet, ist

$$u_n = -\iint_G \left(a \frac{\partial u_{n-1}}{\partial x} + b \frac{\partial u_{n-1}}{\partial y} + c\, u_{n-1}\right) dx\, dy, \tag{28}$$

wo die Integration über das oben beschriebene Gebiet G zu erstrecken ist; es ist demnach

$$\left\{\begin{aligned} \frac{\partial u_n}{\partial x} &= -\int_{y'}^{y} \left(a \frac{\partial u_{n-1}}{\partial x} + b \frac{\partial u_{n-1}}{\partial y} + c u_{n-1}\right) dy, \\ \frac{\partial u_n}{\partial y} &= -\int_{x'}^{x} \left(a \frac{\partial u_{n-1}}{\partial x} + b \frac{\partial u_{n-1}}{\partial y} + c\, u_{n-1}\right) dx. \end{aligned}\right. \tag{29}$$

Wenn gezeigt wird, daß die Reihen

$$u_0 + u_1 + u_2 + \ldots = u \tag{30}$$

und

$$\left\{\begin{aligned} &\frac{\partial u_0}{\partial x} + \frac{\partial u_1}{\partial x} + \frac{\partial u_2}{\partial x} + \ldots, \\ &\frac{\partial u_0}{\partial y} + \frac{\partial u_1}{\partial y} + \frac{\partial u_2}{\partial y} + \ldots \end{aligned}\right. \tag{31}$$

für alle Punkte (x, y) des Gebietes G gleichmäßig konvergieren, ergibt sich wie oben, daß die Funktion u der Differentialgleichung (B) genügt.

Wenn a, b, c sowie u_0, $\frac{\partial u_0}{\partial x}$, $\frac{\partial u_0}{\partial y}$ die früheren Ungleichungen erfüllen und $\xi = x - x_0$, $\eta = y - y_0$ gesetzt wird, gelten für die absoluten Beträge von u_n, $\frac{\partial u_n}{\partial x}$, $\frac{\partial u_n}{\partial y}$ dieselben Ungleichungen wie oben. Es ist nämlich, wenn $f(x, y)$ eine positive Funktion bedeutet,

$$\iint_G f(x, y)\, dx\, dy \leq \int_{x_0}^{x}\int_{y_0}^{y} f(x, y)\, dx\, dy,$$

$$\int_{y'}^{y} f(x, y)\, dy \leq \int_{y_0}^{y} f(x, y)\, dy, \quad \int_{x'}^{x} f(x, y)\, dx \leq \int_{x_0}^{x} f(x, y)\, dx.$$

Ebenso wie das von der Kurve $\mathfrak{K}$ und den Charakteristiken $\mathfrak{A}_1\mathfrak{A}_3$ und $\mathfrak{A}_3\mathfrak{A}_2$ begrenzte Gebiet kann das Gebiet behandelt werden, welches von der Kurve $\mathfrak{K}$ und den Charakteristiken $\mathfrak{A}_1\mathfrak{A}_0$ und $\mathfrak{A}_0\mathfrak{A}_2$ eingeschlossen wird.

Die Koeffizienten a, b, c der Differentialgleichung

$$\text{(B)} \qquad \frac{\partial^2 u}{\partial x \partial y} + a\frac{\partial u}{\partial x} + b\frac{\partial u}{\partial y} + cu = 0$$

seien im Rechteck $\mathfrak{R}$

$$x_0 \leq x \leq x_0 + \alpha, \quad y_0 \leq y \leq y_0 + \beta$$

stetige Funktionen von x, y. Die gegebenen Funktionen $\varphi(x)$, $\psi(y)$ *seien nebst den Ableitungen* $\varphi'(x)$, $\psi'(y)$ *für* $x_0 \leq x \leq x_0 + \alpha$ *bzw. für* $y_0 \leq y \leq y_0 + \beta$ *stetig; die Kurve* $\mathfrak{K}$ *verbinde die Eckpunkte* $(x_0, y_0 + \beta)$ *und* $(x_0 + \alpha, y_0)$ *des Rechtecks* $\mathfrak{R}$ *und werde von keiner Parallelen zur x- oder y-Achse mehr als einmal geschnitten. Setzt man*

$$u_0 = \varphi(x) + \psi(y),$$

$$u_n = -\iint_G \left(a\frac{\partial u_{n-1}}{\partial x} + b\frac{\partial u_{n-1}}{\partial y} + cu_{n-1}\right) dx\,dy \qquad (n = 1, 2, \ldots),$$

wo das Integrationsgebiet G von den durch (x, y) gehenden Parallelen zu den Achsen und der Kurve $\mathfrak{K}$ *begrenzt wird, so stellt die im Rechteck* $\mathfrak{R}$ *gleichmäßig konvergente Reihe*

$$u = u_0 + u_1 + u_2 + \cdots$$

eine Lösung der Differentialgleichung (B) dar, welche nebst ihren partiellen Ableitungen erster Ordnung im Rechteck $\mathfrak{R}$ *stetig ist und außerdem die Bedingung erfüllt, daß* $u, \frac{\partial u}{\partial x}, \frac{\partial u}{\partial y}$ *längs der Kurve* $\mathfrak{K}$ *bzw. mit* $\varphi(x) + \psi(y)$, $\varphi'(x)$, $\psi'(y)$ *übereinstimmen.*

§ 5. Die Riemannsche Integrationsmethode[1]).

Zu dem Differentialausdruck

$$\text{(32)} \qquad L(u) = \frac{\partial^2 u}{\partial x \partial y} + a\frac{\partial u}{\partial x} + b\frac{\partial u}{\partial y} + cu$$

gehört der adjungierte Differentialausdruck

$$\text{(33)} \qquad \begin{cases} M(v) = \dfrac{\partial^2 v}{\partial x \partial y} - \dfrac{\partial (av)}{\partial x} - \dfrac{\partial (bv)}{\partial y} + cv \\ \qquad\;\; = \dfrac{\partial^2 v}{\partial x \partial y} - a\dfrac{\partial v}{\partial x} - b\dfrac{\partial v}{\partial y} + \left(c - \dfrac{\partial a}{\partial x} - \dfrac{\partial b}{\partial y}\right) v; \end{cases}$$

[1]) Riemann, Über die Fortpflanzung ebener Luftwellen von endlicher Schwingungsweite. (Werke, 2. Aufl., S. 157). — Darboux, Théorie générale des surfaces, Bd. II, Kap. 4.

die in § 2 eingeführten Funktionen P, Q sind jetzt

$$
(34)\quad \begin{cases} P = auv + \frac{1}{2}\left(v\frac{\partial u}{\partial y} - u\frac{\partial v}{\partial y}\right) \\ \quad = \frac{1}{2}\frac{\partial (uv)}{\partial y} - u\left(\frac{\partial v}{\partial y} - av\right) = -\frac{1}{2}\frac{\partial (uv)}{\partial y} + v\left(\frac{\partial u}{\partial y} + au\right), \\ Q = buv + \frac{1}{2}\left(v\frac{\partial u}{\partial x} - u\frac{\partial v}{\partial x}\right) \\ \quad = \frac{1}{2}\frac{\partial (uv)}{\partial x} - u\left(\frac{\partial v}{\partial x} - bv\right) = -\frac{1}{2}\frac{\partial (uv)}{\partial x} + v\left(\frac{\partial u}{\partial x} + bu\right). \end{cases}
$$

In der xy-Ebene sei eine Kurve $\mathfrak{K}$ gezogen, welche von einer beliebigen Parallelen zur x-Achse und von einer beliebigen Parallelen zur y-Achse nur in einem Punkt geschnitten wird; durch den Punkt A mit den Koordinaten ξ, η legen wir die beiden Charakteristiken, d. h. die Geraden $y = \eta$ und $x = \xi$, welche die Kurve $\mathfrak{K}$ in den Punkten A_1 bzw. A_2 schneiden. Es sei u eine Lösung der Differentialgleichung $L(u) = 0$ und v eine Lösung der adjungierten Differentialgleichung $M(v) = 0$. In dem Gebiete G, welches von der Kurve $\mathfrak{K}$ und den beiden durch A gelegten Charakteristiken begrenzt ist, seien die Funktionen u, v wie auch die Koeffizienten a, b, c nebst ihren partiellen Ableitungen erster Ordnung stetig. Wegen $L(u) = 0$, $M(v) = 0$ sind dann auch $\frac{\partial^2 u}{\partial x \partial y}$ und $\frac{\partial^2 v}{\partial x \partial y}$ stetig. Nach dem Greenschen

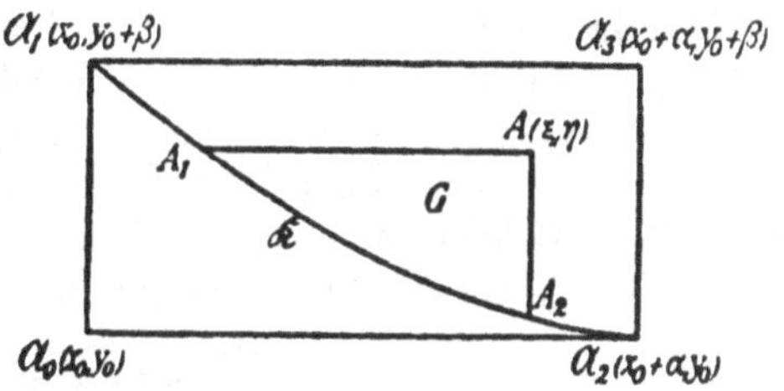

Fig. 3.

Satz ist
$$\int (P\,dy - Q\,dx) = 0,$$
wenn das Integral über die Begrenzung des Gebietes G erstreckt wird. Wir schreiben

$$\int_{A_2}^{A} P\,dy + \int_{A_1}^{A} Q\,dx + \int_{A_1}^{A_2} (P\,dy - Q\,dx) = 0,$$

wo das letzte Integral über den von den Punkten A_1 und A_2 begrenzten Bogen der Kurve $\mathfrak{K}$ zu erstrecken ist. Unter Beachtung der oben angegebenen Werte von P und Q hat man

$$\int_{A_2}^{A} P\,dy = \int_{A_2}^{A} \left[\frac{1}{2}\frac{\partial (uv)}{\partial y} - u\left(\frac{\partial v}{\partial y} - av\right)\right] dy$$

$$= \frac{1}{2}\left[(uv)_A - (uv)_{A_2}\right] - \int_{A_2}^{A} u\left(\frac{\partial v}{\partial y} - av\right) dy,$$

$$\int_{A_1}^{A} Q\,dx = \int_{A_1}^{A} \left[\tfrac{1}{2}\frac{\partial(uv)}{\partial x} - u\left(\frac{\partial v}{\partial x} - bv\right)\right] dx$$

$$= \tfrac{1}{2}\left[(uv)_A - (uv)_{A_1}\right] - \int_{A_1}^{A} u\left(\frac{\partial v}{\partial x} - bv\right) dx.^{1)}$$

Es ist also

$$(35)\quad \begin{cases} (uv)_A = \tfrac{1}{2}\left[(uv)_{A_1} + (uv)_{A_2}\right] - \displaystyle\int_{A_1}^{A_2} (P\,dy - Q\,dx) \\ \quad + \displaystyle\int_{A_1}^{A} u\left(\frac{\partial v}{\partial x} - bv\right) dx + \int_{A_2}^{A} u\left(\frac{\partial v}{\partial y} - av\right) dy. \end{cases}$$

Wir führen nun nach Riemann eine Funktion $v\,(x,\ y;\ \xi,\ \eta)$ zweier Variablenpaare x, y und ξ, η ein, welche folgende Bedingungen erfüllt:

1. im Gebiet G ist $v = v\,(x,\ y;\ \xi,\ \eta)$ eine nebst den partiellen Ableitungen erster Ordnung stetige Funktion von x, y, welche der adjungierten Differentialgleichung $M(v) = 0$ genügt;

2. längs der Charakteristik $y = \eta$ (d. h. auf AA_1) ist

$$\frac{\partial v}{\partial x} - bv = 0$$

und längs der Charakteristik $x = \xi$ (d. h. auf AA_2)

$$\frac{\partial v}{\partial y} - av = 0;$$

3. wenn der Punkt $(x,\ y)$ mit $A\,(\xi,\ \eta)$ zusammenfällt, ist $v = 1$.

Wenn für y der feste Wert η gesetzt und nur x geändert wird, genügt die Funktion $v\,(x,\ y;\ \xi,\ \eta)$ der Differentialgleichung

$$\frac{\partial v}{\partial x} - bv = 0;$$

diejenige Lösung dieser Differentialgleichung, welche für $x = \xi$ den Wert 1 annimmt, ist

$$e^{\int_{\xi}^{x} b\,dx};$$

mit diesem Wert muß die Funktion v für $y = \eta$ übereinstimmen. Ebenso findet man, daß sich die Funktion v für $x = \xi$ auf

$$e^{\int_{\eta}^{y} a\,dy}$$

reduzieren muß.

1) Unter $(\varphi)_A$ ist der Wert verstanden, welchen die Funktion φ im Punkte A annimmt.

Die Riemannsche Funktion $v(x, y; \xi, \eta)$ kann also definiert werden als diejenige Lösung der Differentialgleichung $M(v) = 0$, welche für $y = \eta$ den Wert

$$e^{\int\limits_{\xi}^{x} b\,dx}$$

und für $x = \xi$ den Wert

$$e^{\int\limits_{\eta}^{y} a\,dy}$$

annimmt.

Das Vorhandensein einer solchen Lösung ist in § 4 bewiesen worden; daß nur eine derartige Lösung vorhanden ist, wird sich bald ergeben. Bis dieser Beweis geführt ist, wollen wir unter $v(x, y; \xi, \eta)$ diejenige Lösung der Differentialgleichung $M(v) = 0$ verstehen, welche sich nach der in § 4 dargestellten Methode in Form einer unendlichen Reihe ergibt. In § 6 werden spezielle Differentialgleichungen behandelt, für welche sich die Riemannsche Funktion leicht angeben läßt.

Ersetzt man in der Formel (35) v durch die soeben definierte Riemannsche Funktion $v(x, y; \xi, \eta)$, so erhält man, da $(uv)_A = (u)_A = u(\xi, \eta)$ ist und die beiden letzten Integrale verschwinden:

$$u(\xi, \eta) = \tfrac{1}{2}\left[(uv)_{A_1} + (uv)_{A_2}\right] - \int\limits_{A_1}^{A_2} (P\,dy - Q\,dx); \tag{36}$$

dabei ist

$$\begin{cases} P = auv + \tfrac{1}{2}\left(v\,\dfrac{\partial u}{\partial y} - u\,\dfrac{\partial v}{\partial y}\right), \\ Q = buv + \tfrac{1}{2}\left(v\,\dfrac{\partial u}{\partial x} - u\,\dfrac{\partial v}{\partial x}\right). \end{cases} \tag{37}$$

Wir nehmen an, längs des Bogens A_1A_2 der Kurve $\mathfrak{K}$ seien die Werte der Funktion u und ihrer partiellen Ableitungen erster Ordnung $\frac{\partial u}{\partial x}$, $\frac{\partial u}{\partial y}$ als stetige Funktionen gegeben. Da die Gleichung

$$du = \frac{\partial u}{\partial x}\,dx + \frac{\partial u}{\partial y}\,dy$$

besteht, wo sich die Differentiale auf den Fortgang längs der Kurve $\mathfrak{K}$ beziehen, so kennt man, wenn längs $\mathfrak{K}$ u und $\frac{\partial u}{\partial x}$ gegeben sind, auch $\frac{\partial u}{\partial y}$. Da die Funktion v als bekannt gelten kann, so kann man die Werte von P und Q längs der Kurve $\mathfrak{K}$ berechnen, so daß das Integral auf der rechten Seite von (36) bekannt ist.

Sind die Werte von u, $\frac{\partial u}{\partial x}$, $\frac{\partial u}{\partial y}$ längs des Kurvenbogens $\mathfrak{A}_1\mathfrak{A}_2$ (§ 4) gegeben, so denken wir uns sowohl durch den Punkt $\mathfrak{A}_1$ als auch durch den Punkt $\mathfrak{A}_2$ die beiden Charakteristiken (die Parallelen zur y- und zur x-Achse) gelegt. Ist $A\ (\xi, \eta)$ ein beliebiger Punkt des von diesen Charakteristiken gebildeten Rechtecks, so ist $u\ (\xi, \eta)$ durch die Gleichung (36) bestimmt. Damit ist auch gezeigt, daß es nur eine der Differentialgleichung (B) genügende Funktion u gibt, wenn die Werte von u, $\frac{\partial u}{\partial x}$, $\frac{\partial u}{\partial y}$ längs der Kurve $\mathfrak{K}$ vorgeschrieben sind.

Setzt sich die Kurve $\mathfrak{K}$ aus der zur y-Achse parallelen Geraden $\mathfrak{A}_1\mathfrak{A}_0$ und der zur x-Achse parallelen Geraden $\mathfrak{A}_0\mathfrak{A}_2$ zusammen, so liefert die Formel (36) den Wert von u in jedem Punkte des Rechtecks $\mathfrak{A}_1\mathfrak{A}_0\mathfrak{A}_2\mathfrak{A}_3$, wenn lediglich die Werte von u auf den Charakteristiken $\mathfrak{A}_1\mathfrak{A}_0$ und $\mathfrak{A}_0\mathfrak{A}_2$ gegeben sind.

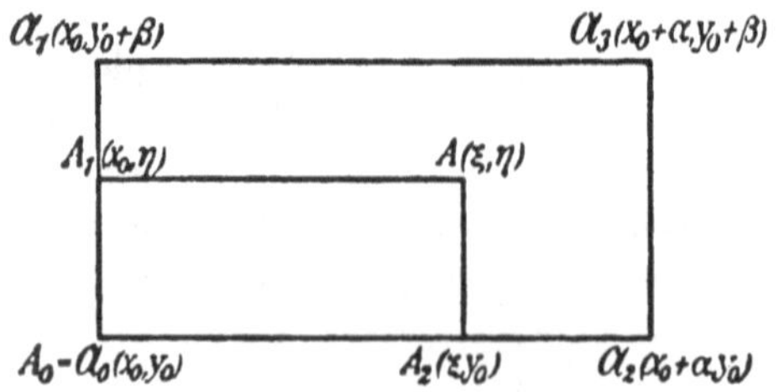

Fig. 4.

Es sei nämlich $A\ (\xi, \eta)$ ein beliebiger Punkt des Rechtecks $\mathfrak{R}\,(\mathfrak{A}_1\mathfrak{A}_0\mathfrak{A}_2\mathfrak{A}_3)$; $A_1\,(x_0, \eta)$, $A_2\ (\xi, y_0)$ sind die Schnittpunkte der durch A gezogenen Charakteristiken mit den Rechtecksseiten $\mathfrak{A}_0\,\mathfrak{A}_1$ und $\mathfrak{A}_0\mathfrak{A}_2$; $A_0\ (x_0, y_0)$ ist der bisher mit $\mathfrak{A}_0$ bezeichnete Punkt. In Formel (36) ist

$$\int_{A_1}^{A_2} (P\,dy - Q\,dx) = \int_{A_1}^{A_0} P\,dy + \int_{A_2}^{A_0} Q\,dx;$$

$$\int_{A_2}^{A_0} Q\,dx = \int_{A_2}^{A_0} \left[-\tfrac{1}{2}\, \frac{\partial (uv)}{\partial x} + v \left(\frac{\partial u}{\partial x} + bu \right) \right] dx$$

$$= \tfrac{1}{2}\,[(uv)_{A_2} - (uv)_{A_0}] + \int_{A_2}^{A_0} v \left(\frac{\partial u}{\partial x} + bu \right) dx,$$

$$\int_{A_1}^{A_0} P\,dy = \tfrac{1}{2}\,[(uv)_{A_1} - (uv)_{A_0}] + \int_{A_1}^{A_0} v \left(\frac{\partial u}{\partial y} + au \right) dy.$$

Die Gleichung (36) schreibt sich jetzt

$$\text{(38)} \qquad u\,(\xi, \eta) = (uv)_{A_0} - \int_{A_2}^{A_0} v \left(\frac{\partial u}{\partial x} + bu \right) dx - \int_{A_1}^{A_0} v \left(\frac{\partial u}{\partial y} + au \right) dy.$$

Aus den Werten von u längs A_2A_0 folgen die Werte von $\frac{\partial u}{\partial x}$ längs dieser Geraden; aus den längs A_1A_0 vorgeschriebenen Werten von u ergeben sich die Werte von $\frac{\partial u}{\partial y}$ längs A_1A_0. Demnach kann $u(\xi, \eta)$ nach Formel (38) berechnet werden, wenn die Werte von u längs der beiden Charakteristiken A_1A_0 und A_0A_2 gegeben sind. Es gibt also nur eine Lösung u der Differentialgleichung (B), welche längs der Geraden $\mathfrak{A}_1\mathfrak{A}_0$ und $\mathfrak{A}_0\mathfrak{A}_2$ vorgeschriebene Werte annimmt.

Demnach ist auch die Riemannsche Funktion $v(x, y; \xi, \eta)$ eindeutig bestimmt durch die Bedingung, daß sie der Differentialgleichung $M(v) = 0$ genügen und längs der Charakteristiken $x = \xi$ und $y = \eta$ vorgeschriebene Werte annehmen soll.

Der erste in § 4 ausgesprochehe Satz läßt sich nun folgendermaßen ergänzen:

Die einzige nebst ihren partiellen Ableitungen erster Ordnung im Rechteck $\mathfrak{R}$ *stetige Lösung der Differentialgleichung* (B), *welche längs der Charakteristiken* $\mathfrak{A}_1\mathfrak{A}_0$ *und* $\mathfrak{A}_0\mathfrak{A}_2$ *vorgeschriebene Werte annimmt, läßt sich vermittels der Riemannschen Funktion* $v(x, y; \xi, \eta)$ *in einem beliebigen Punkt* $A(\xi, \eta)$ *des Rechtecks* $\mathfrak{R}$ *in der Form* (38) *darstellen.*[1])

Die Ergänzung des zweiten Satzes in § 4 lautet:

Die einzige nebst ihren partiellen Ableitungen erster Ordnung im Rechteck $\mathfrak{R}$ *stetige Lösung* u *der Differentialgleichung* (B), *welche nebst den Ableitungen* $\frac{\partial u}{\partial x}$ *und* $\frac{\partial u}{\partial y}$ *längs der Kurve* $\mathfrak{K}$ *vorgeschriebene Werte annimmt, gestattet in einem beliebigen Punkt* (ξ, η) *des Rechtecks* $\mathfrak{R}$ *die Darstellung* (36).[1])

Wir führen jetzt eine Funktion u zweier Variablenpaare x, y und ξ', η' ein, welche zur ursprünglichen Differentialgleichung $L(u) = 0$ in derselben Beziehung steht wie die Riemannsche Funktion v zur adjungierten Differentialgleichung $M(v) = 0$. Die Funktion $u(x, y; \xi', \eta')$ genüge als Funktion von x, y der Differentialgleichung $L(u) = 0$ und nehme für $y = \eta'$ den Wert

$$e^{-\int\limits_{\xi'}^{x} b\,dx}$$

und für $x = \xi'$ den Wert

$$e^{-\int\limits_{\eta'}^{y} a\,dy}$$

an.[2])

Wir verstehen unter ξ', η' die Koordinaten des Punktes A_0 und setzen in der Formel (38) für u die soeben eingeführte Funktion $u(x, y; \xi', \eta')$;

[1]) Die in § 4 benutzte Bezeichnung ist hier nur insofern geändert, als die Koordinaten eines beliebigen Punktes A des Rechtecks $\mathfrak{R}$ jetzt mit ξ, η statt mit x, y bezeichnet sind.

[2]) Beim Übergang von einer Differentialgleichung zur adjungierten gehen a, b in $-a, -b$ über.

dann ist auf $A_0 A_2$ (für $y = \eta'$)

$$\frac{\partial u}{\partial x} + bu = 0$$

und auf $A_0 A_1$ (für $x = \xi'$)

$$\frac{\partial u}{\partial y} + au = 0,$$

so daß die beiden in der Formel (38) enthaltenen Integrale fortfallen; wegen $(u)_{A_0} = 1$ schreibt sich die Formel (38) $u(\xi, \eta) = v(\xi', \eta')$ oder ausführlicher

$$u(\xi, \eta;\ \xi', \eta') = v(\xi', \eta';\ \xi, \eta). \tag{39}$$

Die Riemannsche Funktion $v(x, y;\ \xi, \eta)$, welche als Funktion von x, y der adjungierten Differentialgleichung genügt, stellt, wenn man ξ, η als Veränderliche und x, y als Parameter auffaßt, eine Lösung der ursprünglichen Differentialgleichung dar (in welcher die Veränderlichen x, y durch ξ, η ersetzt sind); sie besitzt in bezug auf die Veränderlichen ξ, η und die ursprüngliche Differentialgleichung dieselben Eigenschaften wie in bezug auf die Veränderlichen x, y und die adjungierte Differentialgleichung. Durch die Bestimmung der Riemannschen Funktion erledigt sich die Integration sowohl der ursprünglichen als auch der adjungierten Differentialgleichung.

§ 6. Beispiele zur Riemannschen Integrationsmethode. Ungedämpfte und gedämpfte ebene Wellen.

I. Als erstes Beispiel diene die schon in § 3 behandelte Differentialgleichung

$$\frac{\partial^2 u}{\partial x \partial y} = 0. \tag{40}$$

Die Riemannsche Funktion $v(x, y;\ \xi, \eta)$ genügt der adjungierten Differentialgleichung

$$\frac{\partial^2 v}{\partial x \partial y} = 0 \tag{41}$$

und nimmt, da a und b gleich Null sind, sowohl für $x = \xi$ als auch für $y = \eta$ den Wert 1 an; demnach ist $v = 1$.

Wir bestimmen die Lösung u der Differentialgleichung (40), welche durch die Werte von u, $\frac{\partial u}{\partial x}$, $\frac{\partial u}{\partial y}$ längs der Geraden $y - x = 0$ bestimmt ist; es sei für $x = y$

$$u = f(x), \quad \frac{\partial u}{\partial y} - \frac{\partial u}{\partial x} = F(x), \tag{42}$$

wo $f(x)$ und $F(x)$ gegebene Funktionen sind. Der Schnittpunkt A_2 der Geraden $x - y = 0$, $x = \xi$ hat die Koordinaten $x = \xi$, $y = \xi$ und der Schnittpunkt A_1 der Geraden $x - y = 0$, $y = \eta$ die Koordinaten $x = \eta$, $y = \eta$. Es ist jetzt nach (37)

$$P = \tfrac{1}{2} \frac{\partial u}{\partial y}, \; Q = \tfrac{1}{2} \frac{\partial u}{\partial x}.$$

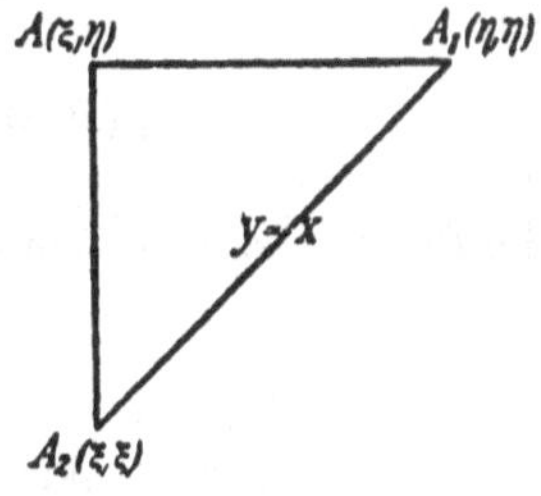

Fig. 5.

Auf der Geraden $A_1 A_2$, über welche das Integral in (36) erstreckt wird, ist $y = x$, also $dy = dx$. Demnach geht die Formel (36) über in

$$u(\xi, \eta) = \tfrac{1}{2} [f(\xi) + f(\eta)] + \tfrac{1}{2} \int_{\xi}^{\eta} F(\tau)\, d\tau. \tag{43}$$

Dies ist die bereits in § 3 gefundene Lösung.

II. Als weiteres Beispiel diene die Differentialgleichung

$$\frac{\partial^2 u}{\partial x \partial y} + cu = 0, \tag{44}$$

wo c eine Konstante ist. Die Riemannsche Funktion $v(x, y; \xi, \eta)$ genügt der adjungierten Differentialgleichung

$$\frac{\partial^2 v}{\partial x \partial y} + cv = 0 \tag{45}$$

und nimmt sowohl für $x = \xi$ als auch für $y = \eta$ den Wert 1 an. Wir suchen v als Funktion des für $x = \xi$ und für $y = \eta$ verschwindenden Ausdrucks

$$z = (x - \xi)(y - \eta)$$

darzustellen. Dann ist

$$\frac{\partial v}{\partial x} = (y - \eta) \frac{dv}{dz}, \; \frac{\partial v}{\partial y} = (x - \xi) \frac{dv}{dz}, \; \frac{\partial^2 v}{\partial x \partial y} = z \frac{d^2 v}{dz^2} + \frac{dv}{dz},$$

so daß die Gleichung (45) in

$$z \frac{d^2 v}{dz^2} + \frac{dv}{dz} + cv = 0$$

übergeht. Wir führen die beständig konvergente Potenzreihe

$$\Phi(z) = 1 - \frac{z}{1^2} + \frac{z^2}{1^2 \cdot 2^2} - \frac{z^3}{1^2 \cdot 2^2 \cdot 3^2} + \cdots \tag{46}$$

ein, so daß

$$\Phi(z) = J_0(2\sqrt{z})$$

ist, wo

$$J_0(z) = 1 - \frac{z^2}{2^2} + \frac{z^4}{2^2 \cdot 4^2} - \frac{z^6}{2^2 \cdot 4^2 \cdot 6^2} + \cdots$$

die Besselsche Funktion erster Art von der Ordnung 0 darstellt.[1]) Dann ist

$$v = \Phi(cz)$$

die einzige Lösung der Differentialgleichung (45), welche für $z = 0$ den Wert 1 annimmt. Wir haben demnach die Riemannsche Funktion

$$v(x, y; \xi, \eta) = \Phi[c(x - \xi)(y - \eta)]. \tag{47}$$

Wir bestimmen nun die Lösung u der Differentialgleichung (44), welche durch die Bedingung

$$u = f(x), \frac{\partial u}{\partial y} - \frac{\partial u}{\partial x} = F(x) \text{ für } y = x \tag{48}$$

bestimmt ist. Die Punkte A_2 (ξ, ξ) und A_1 (η, η) sind dieselben wie vorhin. Das Integral in (36) wird über die Gerade $A_1 A_2$ erstreckt, auf welcher $y = x$ ist. Auf dieser Geraden ist nach (37)

$$P - Q = \tfrac{1}{2} v \left(\frac{\partial u}{\partial y} - \frac{\partial u}{\partial x}\right) - \tfrac{1}{2}(\eta - \xi) u \frac{dv}{dz}$$

$$= \tfrac{1}{2} \Phi[c(x-\xi)(x-\eta)] F(x) - \frac{c}{2}(\eta - \xi) \Phi'[c(x - \xi)(x - \eta)] f(x).$$

Da in den Punkten A_1 und A_2 $v = 1$ ist, so ergibt die Formel (36):

$$\left\{\begin{aligned} u(\xi, \eta) = \tfrac{1}{2}[f(\xi) + f(\eta)] + \tfrac{1}{2}\int_\xi^\eta \Phi[c(\tau-\xi)(\tau - \eta)] F(\tau)\, d\tau \\ - \tfrac{1}{2} c(\eta - \xi) \int_\xi^\eta \Phi'[c(\tau - \xi)(\tau - \eta)] f(\tau)\, d\tau. \end{aligned}\right. \tag{49}$$

Im Falle $c = 0$ ist $\Phi(cz) = 1$, $\Phi'(cz) = 0$, so daß (49) in (43) übergeht.

Für die Transversalschwingungen einer homogenen Saite gilt, wenn eine der Geschwindigkeit proportionale Dämpfung vorhanden ist, die Differentialgleichung

$$\frac{\partial^2 U}{\partial t^2} + 2\gamma \frac{\partial U}{\partial t} = a^2 \frac{\partial^2 U}{\partial x^2}, \tag{C}$$

wo U die Verschiebung des Punktes der Saite mit der Abszisse x zur Zeit t darstellt. Die Gleichung (C) tritt auch als Differentialgleichung gedämpfter ebener Wellen auf. Als Differentialgleichung für die Fortpflanzung der Elektrizität in Drähten wird sie Telegraphengleichung genannt.

[1]) Vgl. Gewöhnl. Differentialgl., 4. Aufl., S. 134.

Wir suchen diejenige Lösung der Differentialgleichung (C), welche die Bedingung

$$U = f(x),\ \frac{\partial U}{\partial t} = F(x) \text{ für } t = 0 \tag{50}$$

erfüllt; dabei sind $f(x)$ und $F(x)$ für alle reellen x gegeben. Setzt man

$$U = e^{-\gamma t} u, \tag{51}$$

so erhält man die Differentialgleichung

$$\frac{\partial^2 u}{\partial t^2} - a^2 \frac{\partial^2 u}{\partial x^2} = \gamma^2 u, \tag{52}$$

welche durch Einführung der neuen unabhängigen Veränderlichen

$$\xi = x - at,\ \eta = x + at \tag{53}$$

in

$$\frac{\partial^2 u}{\partial \xi \partial \eta} + \frac{\gamma^2}{4a^2} u = 0 \tag{54}$$

übergeht. Es soll

$$u = f(x),\ \frac{\partial u}{\partial t} = F(x) + \gamma f(x) \text{ für } t = 0$$

oder

$$u = f(\xi),\ \frac{\partial u}{\partial \eta} - \frac{\partial u}{\partial \xi} = \frac{1}{a}[F(\xi) + \gamma f(\xi)] \text{ für } \xi = \eta \tag{55}$$

sein.

Die Lösung der Differentialgleichung (54), welche die Bedingung (55) erfüllt, wird durch die Formel (49) geliefert, wenn man darin

$$c = \frac{\gamma^2}{4a^2}$$

und $\frac{1}{a}[F(\tau) + \gamma f(\tau)]$ an Stelle von $F(\tau)$ setzt. Man erhält

$$\left\{\begin{aligned} u = {} & \tfrac{1}{2}[f(\xi) + f(\eta)] + \frac{1}{2a}\int_\xi^\eta \Phi[c(\tau-\xi)(\tau-\eta)][F(\tau)+\gamma f(\tau)]\,d\tau \\ & - \tfrac{1}{2} c(\eta - \xi)\int_\xi^\eta \Phi'[c(\tau-\xi)(\tau-\eta)]\, f(\tau)\,d\tau \end{aligned}\right. \tag{56}$$

oder nach Einführung der ursprünglichen Veränderlichen

$$\left\{\begin{aligned} U = {} & \tfrac{1}{2} e^{-\gamma t}\ [f(x-at) + f(x+at) \\ & + \frac{1}{a}\int_{x-at}^{x+at} \Phi[c(x-at-\tau)(x+at-\tau)][F(\tau) + \gamma f(\tau)]\,d\tau \\ & - 2cat \int_{x-at}^{x+at} \Phi'[c(x-at-\tau)(x+at-\tau)]\, f(\tau)\,d\tau]. \end{aligned}\right. \tag{57}$$

Dabei ist

$$\Phi(z) = J_0(2\sqrt{z}) = \sum_{n=1}^{\infty} (-1)^n \frac{z^n}{(n!)^2}.$$

Handelt es sich um die gedämpften Schwingungen einer begrenzten Saite, so setzt man wie in § 3 die im Intervall $x = 0 \ldots l$ definierten Funktionen $f(x)$ und $F(x)$ als ungerade Funktionen mit der Periode $2l$ fort. Man zeigt wie in § 3, daß dann der Ausdruck (57) sowohl für $x = 0$ als auch für $x = l$ verschwindet.

§ 7. Anwendung Fourierscher Integrale.

In § 3 ist die Differentialgleichung der Schwingungen einer Saite von endlicher Länge vermittels Fourierscher Reihen integriert worden. Handelt es sich wie am Anfang von § 3 um eine unbegrenzte Saite (um ebene Wellen), so kann man Fouriersche Integrale benutzen.

Wir machen über Fouriersche Reihen und Fouriersche Integrale einige Angaben, ohne Beweise zu geben.

Die Funktion $f(x)$ sei nebst ihrer ersten Ableitung im Intervall $-\pi \leq x \leq \pi$ stückweise stetig[1]); außerhalb dieses Intervalls sei sie durch die Festsetzung $f(x + 2\pi) = f(x)$ definiert; als Funktionswert an einer Sprungstelle x werde das arithmetische Mittel $\frac{f(x+0) + f(x-0)}{2}$ aus dem Grenzwert $f(x + 0)$ der Funktion von rechts und dem Grenzwert $f(x - 0)$ von links angesehen. Dann gilt die Fouriersche Reihenentwicklung[2])

$$f(x) = \tfrac{1}{2}A_0 + \sum_{n=1}^{\infty} A_n \cos nx + \sum_{n=1}^{\infty} B_n \sin nx \tag{58}$$

mit den Koeffizienten

$$\begin{cases} A_n = \dfrac{1}{\pi}\displaystyle\int_{-\pi}^{\pi} f(x) \cos nx\,dx \quad (n = 0, 1, 2, \ldots), \\ B_n = \dfrac{1}{\pi}\displaystyle\int_{-\pi}^{\pi} f(x) \sin nx\,dx \quad (n = 1, 2, \ldots). \end{cases} \tag{59}$$

---

[1]) Eine Funktion $f(x)$ heißt in einem Intervall stückweise stetig, wenn sie daselbst abgesehen von einer endlichen Anzahl von Teilpunkten überall stetig ist, während sie verschiedenen Grenzwerten $f(\xi + 0)$ und $f(\xi - 0)$ zustrebt, je nachdem man sich einem Teilpunkt ξ von rechts oder von links her nähert.

[2]) Über Fouriersche Reihen vgl. die Lehrbücher der Differential- und Integralrechnung, z. B. Bieberbach, Differential- und Integralrechnung, Bd. II; Kowalewski, Grundzüge der Differential- und Integralrechnung; v. Mangoldt-Knopp, Einführung in die höhere Mathematik, Bd. III.

Ist $f(x)$ eine ungerade Funktion, d. h. ist $f(-x) = -f(x)$, so ist $A_n = 0$ $(n = 0, 1, 2, \ldots)$ und

$$B_n = \frac{2}{\pi}\int_0^\pi f(x) \sin nx\,dx \qquad (n = 1, 2, \ldots), \tag{59'}$$

also

$$f(x) = \sum_{n=1}^\infty B_n \sin nx. \tag{58'}$$

Wenn $f(x)$ gerade, d. h. $f(-x) = f(x)$ ist, so ist $B_n = 0$ $(n = 1, 2, \ldots)$ und

$$A_n = \frac{2}{\pi}\int_0^\pi f(x) \cos nx\,dx \qquad (n = 0, 1, 2, \ldots), \tag{59''}$$

also

$$f(x) = \tfrac{1}{2} A_0 + \sum_{n=1}^\infty A_n \cos nx. \tag{58''}$$

Im Intervall $0 \leq x \leq \pi$ gelten die Entwicklungen (58′) und (58″) für jede nebst ihrer Ableitung stückweise stetige Funktion; denn diese können wir in das Intervall $-\pi \leq x \leq 0$ nach Belieben als ungerade oder als gerade Funktion fortsetzen.

Die Formel (58) geht, wenn man das Intervall $x = -\pi \ldots \pi$ durch das Intervall $x = -l \ldots l$ ersetzt, in

$$f(x) = \tfrac{1}{2} A_0 + \sum_{n=1}^\infty A_n \cos\frac{n\pi x}{l} + \sum_{n=1}^\infty B_n \sin\frac{n\pi x}{l} \tag{60}$$

über, wo

$$\begin{cases} A_n = \dfrac{1}{l}\displaystyle\int_{-l}^{l} f(a) \cos\frac{n\pi a}{l}\,da \qquad (n = 0, 1, 2, \ldots), \\[2ex] B_n = \dfrac{1}{l}\displaystyle\int_{-l}^{l} f(a) \sin\frac{n\pi a}{l}\,da \qquad (n = 1, 2, \ldots) \end{cases} \tag{61}$$

ist. Die Formel (60) schreibt sich nach Einsetzung der Ausdrücke (61)

$$f(x) = \frac{1}{2l}\int_{-l}^{l} f(\alpha)\,d\alpha + \frac{1}{l}\sum_{n=1}^{\infty} \cos\frac{n\pi x}{l}\int_{-l}^{l} f(\alpha)\cos\frac{n\pi\alpha}{l}\,d\alpha$$

$$+\frac{1}{l}\sum_{n=1}^{\infty}\sin\frac{n\pi x}{l}\int_{-l}^{l} f(\alpha)\sin\frac{n\pi\alpha}{l}\,d\alpha$$

$$= \frac{1}{2l}\int_{-l}^{l} f(\alpha)\,d\alpha + \frac{1}{l}\sum_{n=1}^{\infty}\int_{-l}^{l} f(\alpha)\cos\frac{n\pi(x-\alpha)}{l}\,d\alpha$$

oder

$$f(x) = \frac{1}{2l}\sum_{n=-\infty}^{\infty}\int_{-l}^{l} f(\alpha)\cos\frac{n\pi(x-\alpha)}{l}\,d\alpha, \tag{62}$$

da die den Werten n und $-n$ ($n = 1, 2, \ldots$) entsprechenden Glieder der letzten Summe übereinstimmen.

Wir lassen nun l unendlich groß werden, wobei wir auf Strenge verzichten. Indem wir

$$\frac{n\pi}{l} = \mu, \qquad \frac{\pi}{l} = d\mu$$

setzen, ersetzen wir die Summe in (62) durch ein Integral, so daß die Formel (62) in den Fourierschen Integralsatz übergeht:

$$f(x) = \frac{1}{2\pi}\int_{-\infty}^{\infty} d\mu \int_{-\infty}^{\infty} f(\alpha)\cos\mu(x-\alpha)\,d\alpha \tag{63}$$

oder

$$f(x) = \frac{1}{2\pi}\int_{-\infty}^{\infty} d\mu \int_{-\infty}^{\infty} f(\alpha)\,e^{i\mu(x-\alpha)}\,d\alpha. \tag{64}$$

Die Formel (64) geht in (63) über, indem man

$$e^{i\mu(x-\alpha)} = \cos\mu(x-\alpha) + i\sin\mu(x-\alpha)$$

setzt und beachtet, daß $\sin\mu(x-\alpha)$ bei Ersetzung von μ durch $-\mu$ das Vorzeichen ändert. Wir können auch schreiben:

$$\left\{\begin{aligned} f(x) &= \int_{-\infty}^{\infty} \vartheta(\mu)\,e^{i\mu x}\,d\mu, \\ \vartheta(\mu) &= \frac{1}{2\pi}\int_{-\infty}^{\infty} f(\alpha)\,e^{-i\mu\alpha}\,d\alpha. \end{aligned}\right. \tag{65}$$

Der Fouriersche Integralsatz (63), (64) oder (65) läßt sich beweisen[1]), wenn man z. B. die Voraussetzung macht, daß die Funktion $f(x)$ nebst ihrer ersten Ableitung in jedem endlichen Intervall stückweise stetig und daß $\int\limits_{-\infty}^{\infty} |f(x)|\, dx$ vorhanden ist. Ist x eine Sprungstelle der Funktion $f(x)$, so ist in den Formeln (63), (64) und (65) $f(x)$ wie bei der Fourierschen Reihe durch $\frac{f(x+0)+f(x-0)}{2}$ zu ersetzen.

Indem wir alle Bezeichnungen von § 3 beibehalten, gehen wir von Formel (7) bzw. (9) aus und stellen die Funktionen $f(x)$ und $F(x)$ durch Fouriersche Integrale dar. Außer den Voraussetzungen von § 3 machen wir die weitere, daß für die Funktionen $f(x)$ und $F(x)$ der Fouriersche Integralsatz gilt. Dann ist

$$(66)\qquad f(x) = \int\limits_{-\infty}^{\infty} \vartheta(\mu)\, e^{i\mu x}\, d\mu, \quad F(x) = \int\limits_{-\infty}^{\infty} \Theta(\mu)\, e^{i\mu x}\, d\mu,$$

wo

$$(67)\qquad \vartheta(\mu) = \frac{1}{2\pi} \int\limits_{-\infty}^{\infty} f(\alpha)\, e^{-i\mu\alpha}\, d\alpha, \quad \Theta(\mu) = \frac{1}{2\pi} \int\limits_{-\infty}^{\infty} F(\alpha) e^{-i\mu\alpha}\, d\alpha$$

ist. Weiter ist

$$g(x) = -\frac{1}{a}\int\limits_{x_0}^{x} F(x)\, dx = \frac{i}{a}\int\limits_{-\infty}^{\infty} \frac{\Theta(\mu)}{\mu}\left(e^{i\mu x} - e^{i\mu x_0}\right) d\mu,$$

wenn $F(x)$ so beschaffen ist, daß in der zweiten Formel (66) die Integration nach x unter dem Integralzeichen ausgeführt werden darf.

Man hat demnach

$$\tfrac{1}{2}[f(x-at)+f(x+at)] = \int\limits_{-\infty}^{\infty} \vartheta(\mu)\, \frac{e^{i\mu(x-at)} + e^{i\mu(x+at)}}{2}\, d\mu$$
$$= \int\limits_{-\infty}^{\infty} \vartheta(\mu) \cos \mu a t\; e^{i\mu x}\, d\mu,$$
$$\tfrac{1}{2}[g(x-at)-g(x+at)] = \frac{i}{a}\int\limits_{-\infty}^{\infty} \frac{\Theta(\mu)}{\mu}\, \frac{e^{i\mu(x-at)} - e^{i\mu(x+at)}}{2}\, d\mu$$
$$= \frac{1}{a}\int\limits_{-\infty}^{\infty} \frac{\Theta(\mu)}{\mu} \sin \mu a t\; e^{i\mu x}\, d\mu.$$

Durch Einsetzung dieser Ausdrücke in (9) erhält man

$$(68)\qquad u = \int\limits_{-\infty}^{\infty} \left(\vartheta(\mu) \cos \mu a t + \frac{\Theta(\mu)}{a\mu} \sin \mu a t\right) e^{i\mu x}\, d\mu.$$

[1]) Vgl. z. B. Courant-Hilbert, Methoden der math. Physik, Bd. I, 2. Aufl., S. 65f.

Es gilt also der Satz:

Der Ausdruck (68) *stellt die den Anfangsbedingungen* (1) *genügende Lösung der Differentialgleichung* (A) *dar, wenn* $\vartheta(\mu)$ *und* $\Theta(\mu)$ *durch die Formeln* (67) *bestimmt sind.*

Man kann den Ausdruck (68) auch nach der Methode der Partikularlösungen herleiten, wobei wir nur formal rechnen.

Der Ausdruck

$$u = e^{i\nu t}\, e^{i\mu x}$$

genügt der Differentialgleichung (A), wenn ν und μ durch die Gleichung

$$\nu^2 = a^2\mu^2$$

verknüpft sind. Zu einem gegebenen Wert von μ gehören zwei Werte von ν:

$$\nu = \pm\, a\mu.$$

Sind $\varphi_1(\mu)$ und $\varphi_2(\mu)$ Funktionen der als reell angenommenen Größe μ, so stellt der Ausdruck

$$[\varphi_1(\mu)\, e^{ia\mu t} + \varphi_2(\mu)\, e^{-ia\mu t}]\, e^{i\mu x}$$

ebenfalls eine Lösung der Differentialgleichung (A) dar. Dasselbe gilt für das Integral

$$u = \int_{-\infty}^{\infty} [\varphi_1(\mu)\, e^{ia\mu t} + \varphi_2(\mu)\, e^{-ia\mu t}]\, e^{i\mu x}\, d\mu. \tag{69}$$

Durch Differentiation nach t erhält man

$$\frac{\partial u}{\partial t} = ia \int_{-\infty}^{\infty} \mu\, [\varphi_1(\mu)\, e^{i\mu a t} + \varphi_2(\mu)\, e^{-i\mu a t}]\, e^{i\mu x}\, d\mu.$$

Damit für $t = 0$

$$u = f(x),\ \frac{\partial u}{\partial t} = F(x)$$

wird, muß

$$f(x) = \int_{-\infty}^{\infty} [\varphi_1(\mu) + \varphi_2(\mu)]\, e^{i\mu x}\, d\mu,$$

$$F(x) = ia \int_{-\infty}^{\infty} \mu\, [\varphi_1(\mu) - \varphi_2(\mu)]\, e^{i\mu x}\, d\mu$$

sein. Wir denken uns die gegebenen Funktionen $f(x)$ und $F(x)$ nach dem Fourierschen Integralsatz entwickelt, so daß die Formeln (66) und (67) gelten. Wir setzen

$$\vartheta(\mu) = \varphi_1(\mu) + \varphi_2(\mu),$$
$$\Theta(\mu) = ia\mu\, [\varphi_1(\mu) - \varphi_2(\mu)]$$

oder

$$(70)\qquad \begin{cases} \varphi_1(\mu) = \dfrac{\vartheta(\mu) - \dfrac{i}{a\mu}\Theta(\mu)}{2}, \\[2ex] \varphi_2(\mu) = \dfrac{\vartheta(\mu) + \dfrac{i}{a\mu}\Theta(\mu)}{2}, \end{cases}$$

damit der Ausdruck (69) die den Bedingungen (1) genügende Lösung der Differentialgleichung (A) darstellt. Durch Einsetzung von (70) in (69) erhält man die auf anderem Wege hergeleitete Formel (68).

Die zuletzt dargestellte Methode überträgt sich mit geringen Abänderungen auf die Differentialgleichung (C) der gedämpften Saitenschwingungen.

Drittes Kapitel.

Lineare Integralgleichungen.

§ 8. Eigenwerte und Eigenfunktionen eines symmetrischen Kerns.

Viele Aufgaben der mathematischen Physik (z. B. Schwingungsaufgaben) lassen sich auf lineare homogene Integralgleichungen mit symmetrischem Kern zurückführen, d. h. auf Gleichungen von der Form

$$\text{(A)}\qquad \varphi(s) = \lambda \int_a^b K(s, t)\, \varphi(t)\, dt.$$

Der Kern $K(s,t)$ ist für $a \leq s \leq b$, $a \leq t \leq b$ als reelle, stetige, symmetrische Funktion von s und t gegeben; wegen der Symmetrie des Kerns ist

$$\text{(1)}\qquad K(s, t) = K(t, s).$$

Wir suchen die der Gleichung (A) genügenden, nicht identisch verschwindenden Funktionen $\varphi(s)$. Es wird sich herausstellen, daß solche Funktionen $\varphi(s)$ (Eigenfunktionen des Kerns) nur für gewisse Werte des Parameters λ (Eigenwerte des Kerns) vorhanden sind.

Die in §§ 8 bis 10 zu entwickelnden Sätze rühren von Hilbert[1]), die Beweismethode im wesentlichen von Erhard Schmidt[2]) her.

[1]) Grundzüge einer allgemeinen Theorie der linearen Integralgleichungen, Leipzig 1912 als Gesamtabdruck der in den Göttinger Nachrichten, math.-phys. Kl. (1904, S. 49f., 213f.; 1905, S. 307f.; 1906, S. 157f., 439f.; 1910, S. 355f., 595f.) erschienenen Mitteilungen.

[2]) Math. Ann., Bd. 63, 64, 65.

Sind λ_m, λ_n zwei Eigenwerte des symmetrischen Kerns $K(s, t)$ und ist $\varphi_m(s)$ eine zum Eigenwert λ_m, $\varphi_n(s)$ eine zum Eigenwert λ_n gehörige Eigenfunktion, so bestehen die Gleichungen

$$\varphi_m(s) = \lambda_m \int_a^b K(s, t)\, \varphi_m(t)\, dt,$$

$$\varphi_n(s) = \lambda_n \int_a^b K(s, t)\, \varphi_n(t)\, dt.$$

Indem man diese mit $\lambda_n \varphi_n(s)\, ds$ bzw. $\lambda_m \varphi_m(s)\, ds$ multipliziert, subtrahiert und von a bis b integriert, erhält man die Gleichung

$$(\lambda_n - \lambda_m) \int_a^b \varphi_m(s)\, \varphi_n(s)\, ds$$

$$= \lambda_m \lambda_n \int_a^b\int_a^b K(s,t)\, \varphi_n(s) \varphi_m(t)\, ds\, dt - \lambda_m \lambda_n \int_a^b\int_a^b K(s, t)\, \varphi_m(s)\, \varphi_n(t)\, ds\, dt,$$

deren rechte Seite verschwindet, weil $K(s, t) = K(t, s)$ ist. Es ist also, wenn λ_m und λ_n verschieden sind,

$$\int_a^b \varphi_m(s)\, \varphi_n(s)\, ds = 0. \tag{2}$$

Zwei Funktionen $\varphi_m(s)$, $\varphi_n(s)$, welche dieser Gleichung genügen, werden als orthogonal bezeichnet. Wir können also sagen:

Zwei Eigenfunktionen, welche zu verschiedenen Eigenwerten gehören, sind zueinander orthogonal.

Es gilt der Satz:

Sämtliche Eigenwerte des reellen symmetrischen Kerns sind reell.

Denn wäre $\lambda = \alpha + i\beta$ ein komplexer Eigenwert mit der zugehörigen Eigenfunktion $\varphi(s) = u(s) + iv(s)$, so bestände die Gleichung

$$u(s) + iv(s) = (\alpha + i\beta) \int_a^b K(s, t)\, [u(t) + iv(t)]\, dt,$$

also auch die Gleichung, welche aus dieser hervorgeht, wenn man i in $-i$ verwandelt. Demnach wäre $u(s) - iv(s)$ die zum Eigenwert $\alpha - i\beta$ gehörige Eigenfunktion. Wegen der Orthogonalität der beiden konjugiert komplexen Eigenfunktionen wäre

$$\int_a^b [u(s) + iv(s)]\, [u(s) - iv(s)]\, ds = \int_a^b [(u(s))^2 + (v(s))^2]\, ds = 0,$$

was nicht möglich ist, wenn $u(s)$ und $v(s)$ nicht identisch verschwinden.

Gehört zu dem reellen Eigenwert λ die komplexe Eigenfunktion $u(s) + iv(s)$, so sind $u(s)$ und $v(s)$ reelle Eigenfunktionen. Wir betrachten daher nur reelle Eigenfunktionen.

Genügt $\varphi(s)$ der Gleichung (A), so gilt dies auch für $\psi(s) = c\,\varphi(s)$, wo c eine Konstante bedeutet. Wir nennen die Funktion $\psi(s)$ normiert, wenn

$$\int_a^b [\psi(s)]^2\,ds = c^2 \int_a^b [\varphi(s)]^2\,ds = 1,$$

wenn also

$$c = \frac{1}{\sqrt{\int_a^b [\varphi(s)]^2\,ds}}$$

ist. Wir verstehen künftig unter $\varphi(s)$ eine normierte Eigenfunktion, so daß

$$\int_a^b [\varphi(s)]^2\,ds = 1$$

ist.

Gehört zu jedem Eigenwert $\lambda_1, \lambda_2, \ldots$, abgesehen von einem konstanten Faktor, nur eine Eigenfunktion $\varphi_1(s)$, $\varphi_2(s)$, ..., die wir normiert annehmen wollen, so bestehen, da je zwei dieser Eigenfunktionen zueinander orthogonal sind, die Gleichungen

$$\int_a^b [\varphi_n(s)]^2\,ds = 1 \qquad (n = 1, 2, \ldots),$$

$$\int_a^b \varphi_m(s)\,\varphi_n(s)\,ds = 0 \qquad (m \lessgtr n;\, m, n = 1, 2, \ldots).$$

Hat die Gleichung (A) bei demselben Wert von λ mehrere Lösungen $\varphi_1(s)$, $\varphi_2(s)$, ..., $\varphi_p(s)$, so hat sie auch die Lösung

$$\varphi(s) = c_1\,\varphi_1(s) + c_2\,\varphi_2(s) + \ldots + c_p\,\varphi_p(s),$$

wo $c_1, c_2, \ldots, c_p$ Konstante sind. Wir setzen $\varphi_1(s)$, $\varphi_2(s)$, ..., $\varphi_p(s)$ als linear unabhängig voraus.

Wir denken uns die Funktion φ_1 durch Beifügung eines konstanten Faktors normiert. Die Funktion φ_2 ersetzen wir durch die zu φ_1 orthogonale Funktion $\varphi_2 + k\varphi_1$; damit

$$\int_a^b \varphi_1(\varphi_2 + k\varphi_1)\,ds = \int_a^b \varphi_1\,\varphi_2\,ds + k\int_a^b \varphi_1^2\,ds = \int_a^b \varphi_1\,\varphi_2\,ds + k = 0$$

wird, nehmen wir

$$k = -\int_a^b \varphi_1\,\varphi_2\,ds.$$

Durch Normierung von $\varphi_2 + k\varphi_1$ erhalten wir eine Funktion, die wir künftig mit φ_2 bezeichnen und die zu φ_1 orthogonal ist. So fortfahrend, ersetzen wir die zu demselben Eigenwert λ gehörigen p linear unabhängigen

Eigenfunktionen durch p normierte und paarweise orthogonale Funktionen $\varphi_1(s), \varphi_2(s), \ldots, \varphi_p(s)$, so daß die Gleichungen bestehen:

$$\int_a^b [\varphi_\nu(s)]^2 ds = 1 \qquad (\nu = 1, 2, \ldots, p),$$

$$\int_a^b \varphi_\mu(s)\, \varphi_\nu(s)\, ds = 0 \quad (\mu \lessgtr \nu;\ \mu,\ \nu = 1, 2, \ldots, p).$$

Zum Beweise weiterer Sätze über Eigenwerte und Eigenfunktionen eines symmetrischen Kerns benutzen wir die Besselsche Ungleichung:

Es seien $\varphi_1(s), \varphi_2(s), \ldots, \varphi_n(s)$ im Intervall $a \leq s \leq b$ stetige, normierte und paarweise orthogonale Funktionen und $f(s)$ eine im Intervall $a \leq s \leq b$ stetige Funktion. Setzt man

$$(3) \qquad f_\nu = \int_a^b f(s)\, \varphi_\nu(s)\, ds \qquad (\nu = 1, \ldots, n),$$

so ist

$$(4) \qquad f_1^2 + f_2^2 + \ldots + f_n^2 \leq \int_a^b [f(s)]^2 ds.$$

Es ist nämlich

$$\int_a^b [f(s) - f_1 \varphi_1(s) - \ldots - f_n \varphi_n(s)]^2 ds \geq 0,$$

also, wenn das Quadrat auf der linken Seite entwickelt und die Normierungs- und Orthogonalitätsbedingungen benutzt werden,

$$\int_a^b [f(s)]^2 ds + f_1^2 \int_a^b [\varphi_1(s)]^2 ds + \ldots$$

$$-2 f_1 \int_a^b f(s)\, \varphi_1(s)\, ds - \ldots + 2 f_1 f_2 \int_a^b \varphi_1(s)\, \varphi_2(s)\, ds + \ldots$$

$$= \int_a^b [f(s)]^2 ds + f_1^2 + \ldots - 2 f_1^2 - \ldots$$

$$= \int_a^b [f(s)]^2 ds - f_1^2 - \ldots - f_n^2 \geq 0,$$

w. z. b. w.

Im Falle $n = \infty$ ist hiernach die Reihe

$$\sum_{\nu=1}^{\infty} f_\nu^2$$

konvergent.

Es seien nun $\varphi_\nu(s)$ normierte Eigenfunktionen des Kerns $K(s, t)$ in endlicher oder unendlicher Anzahl und λ_ν die zugehörigen Eigenwerte, die nicht notwendig verschieden sind. Es bestehen also die Gleichungen

$$\int_a^b K(s, t)\, \varphi_\nu(t)\, dt = \frac{\varphi_\nu(s)}{\lambda_\nu}.$$

Wir wenden die Besselsche Ungleichung auf die Funktion $K(s, t)$ von t an, wir setzen also $f(t) = K(s, t)$, so daß

$$f_\nu = \int_a^b f(t)\, \varphi_\nu(t)\, dt = \frac{\varphi_\nu(s)}{\lambda_\nu}$$

wird. Dann ist nach (4)

$$\sum_\nu \left(\frac{\varphi_\nu(s)}{\lambda_\nu}\right)^2 \leq \int_a^b [K(s,t)]^2\, dt.$$

Hieraus folgt durch Integration nach s

$$\sum_\nu \frac{1}{\lambda_\nu^2} \int_a^b [\varphi_\nu(s)]^2\, ds \leq \int_a^b \int_a^b [K(s,t)]^2\, ds\, dt$$

oder

$$\sum_\nu \frac{1}{\lambda_\nu^2} \leq \int_a^b \int_a^b [K(s,t)]^2\, ds\, dt. \tag{5}$$

Da die rechte Seite dieser Ungleichung endlich ist, kann es, wenn M eine beliebig gewählte positive Größe bedeutet, nur eine endliche Anzahl von Eigenwerten λ_ν geben, für welche $\frac{1}{\lambda_\nu^2} > \frac{1}{M^2}$ oder $|\lambda_\nu| < M$ ist. Es gilt also der Satz:

Die Eigenwerte λ_ν können im Endlichen keine Häufungsstelle haben.

Es können auch nicht unendlich viele linear unabhängige Eigenfunktionen zu demselben Eigenwert λ gehören, weil sonst λ in der Reihe der Eigenwerte λ_ν unendlich oft vorkäme. Ein Eigenwert λ mit p linear unabhängigen Eigenfunktionen wird als p-facher Eigenwert bezeichnet.

Zwischen normierten und orthogonalen Eigenfunktionen, mögen sie zu demselben oder zu verschiedenen Eigenwerten gehören, kann keine lineare homogene Gleichung mit konstanten Koeffizienten bestehen. Denn aus einer Gleichung

$$c_1 \varphi_1(s) + c_2 \varphi_2(s) + \ldots + c_n \varphi_n(s) = 0$$

folgt durch Multiplikation mit $\varphi_1(s)\, ds$ und Integration

$$c_1 \int_a^b [\varphi_1(s)]^2\, ds + c_2 \int_a^b \varphi_1(s)\, \varphi_2(s)\, ds + \ldots + c_n \int_a^b \varphi_1(s)\, \varphi_n(s)\, ds = 0$$

oder, da c_1 mit 1 und $c_2, \ldots, c_n$ mit 0 multipliziert sind, $c_1 = 0$. Entsprechend ergibt sich $c_2 = 0, \ldots, c_n = 0$.

Wenn man jedem einfachen Eigenwert eine normierte Eigenfunktion, einem p-fachen Eigenwert p normierte, paarweise orthogonale Eigenfunktionen zuordnet, hat man ein **volles normiertes Orthogonalsystem von Eigenfunktionen des Kerns** $K(s, t)$, d. h. ein solches System von normierten und paarweise orthogonalen Eigenfunktionen, daß sich jede Eigenfunktion des Kerns durch eine endliche Anzahl von Funktionen des Systems als lineare homogene Funktion mit konstanten Koeffizienten darstellen läßt. Wir denken uns die Eigenfunktionen $\varphi_1(s), \varphi_2(s), \varphi_3(s), \ldots$ des vollen normierten Orthogonalsystems so geordnet, daß die zugehörigen Eigenwerte $\lambda_1, \lambda_2, \lambda_3, \ldots$ die Bedingung erfüllen:

$$|\lambda_1| \leq |\lambda_2| \leq |\lambda_3| \leq \ldots.$$

Es bestehen die Gleichungen

$$(A_n) \qquad \varphi_n(s) = \lambda_n \int_a^b K(s,t)\, \varphi_n(t)\, dt \quad (n = 1, 2, \ldots)$$

und

$$(6) \qquad \begin{cases} \int_a^b [\varphi_n(s)]^2\, ds = 1 & (n = 1, 2, \ldots), \\ \int_a^b \varphi_m(s)\, \varphi_n(s)\, ds = 0 & (m \lessgtr n;\ m, n = 1, 2, \ldots). \end{cases}$$

Es gilt der grundlegende Satz von Hilbert:

Ein reeller symmetrischer steliger Kern $K(s, t)$ besitzt mindestens einen Eigenwert.

Der Beweis dieses Satzes, den Schmidt im 63. Band der Math. Ann. geführt hat, könnte an dieser Stelle gegeben werden. Wir beweisen den Satz erst in § 17 nach Kneser unter Benutzung der in § 12 gegebenen Auflösung der allgemeinen Integralgleichung

$$\varphi(s) - \lambda \int_a^b K(s,t)\, \varphi(t)\, dt = f(s)$$

mit dem nicht notwendig symmetrischen Kern $K(s, t)$, benutzen den Hilbertschen Satz aber schon in § 9.

Im allgemeinen sind unendlich viele Eigenwerte eines reellen symmetrischen Kerns vorhanden. In § 9 ergibt sich die Form eines Kerns mit nur einer endlichen Anzahl von Eigenwerten.

§ 9. Entwicklung eines Kerns nach Eigenfunktionen.

Die Funktionen $\varphi_n(s)$ $(n = 1, 2, \ldots)$ mögen ein volles System normierter und orthogonaler Eigenfunktionen des symmetrischen Kerns $K(s, t)$ bilden. Von großer Wichtigkeit ist die Entwicklung einer gegebenen Funktion in eine Reihe, welche nach den Eigenfunktionen $\varphi_n(s)$ fortschreitet. Wir versuchen zunächst den Kern $K(s, t)$ nach den Funktionen $\varphi_n(s)$ zu entwickeln:

$$K(s,t) = \sum_n c_n\, \varphi_n(s).$$

Wenn eine solche für $a \leq s \leq b$ gleichmäßig konvergente Reihenentwicklung des Kerns vorhanden ist, erhält man durch Multiplikation mit $\varphi_m(s)\,ds$ und Integration zwischen den Grenzen a und b die Gleichung

$$\int_a^b K(s,t)\,\varphi_m(s)\,ds = \sum_n c_n \int_a^b \varphi_m(s)\,\varphi_n(s)\,ds,$$

deren rechte Seite sich mit Rücksicht auf die Gleichungen

$$\int_a^b \varphi_m(s)\,\varphi_n(s)\,ds = 0 \quad (m \lessgtr n), \quad \int_a^b [\varphi_m(s)]^2\,ds = 1$$

auf c_m reduziert. Es ist also

$$c_m = \int_a^b K(s,t)\,\varphi_m(s)\,ds = \int_a^b K(t,s)\,\varphi_m(s)\,ds = \frac{\varphi_m(t)}{\lambda_m}.$$

Die vorausgesetzte Reihenentwicklung des Kerns ist also

$$K(s,t) = \sum_n \frac{\varphi_n(s)\,\varphi_n(t)}{\lambda_n}.$$

Ob eine solche Reihenentwicklung des Kerns wirklich vorhanden ist, bleibt dahingestellt.

Wir beweisen den Satz:

Wenn die sogenannte bilineare Reihe

$$\sum_n \frac{\varphi_n(s)\,\varphi_n(t)}{\lambda_n}$$

für $a \leq s \leq b$, $a \leq t \leq b$ gleichmäßig konvergiert, so ist

$$K(s,t) = \sum_n \frac{\varphi_n(s)\,\varphi_n(t)}{\lambda_n}. \tag{7}$$

Beweis. Setzt man

$$Q(s,t) = K(s,t) - \sum_n \frac{\varphi_n(s)\,\varphi_n(t)}{\lambda_n}, \tag{8}$$

so ist für alle Werte von m

$$\left\{\begin{aligned} \int_a^b Q(s,t)\,\varphi_m(t)\,dt &= \int_a^b K(s,t)\,\varphi_m(t)\,dt - \sum_n \frac{\varphi_n(s)}{\lambda_n}\int_a^b \varphi_m(t)\,\varphi_n(t)\,dt \\ &= \int_a^b K(s,t)\,\varphi_m(t)\,dt - \frac{\varphi_m(s)}{\lambda_m} = 0. \end{aligned}\right. \tag{9}$$

Der symmetrische Kern $Q(s,t)$ hat, wenn er nicht identisch verschwindet, eine Eigenfunktion $\chi(s)$, welche zum Eigenwert μ gehören möge; es ist also

$$\chi(s) = \mu \int_a^b Q(s,t)\,\chi(t)\,dt. \tag{10}$$

Mit Rücksicht auf (9) ist für alle Werte von n

$$\int_a^b \chi(s)\,\varphi_n(s)\,ds = \mu \int_a^b \chi(t)\,dt \int_a^b Q(s,t)\,\varphi_n(s)\,ds = 0; \tag{11}$$

mithin ist nach (8)

$$\int_a^b Q(s,t)\,\chi(t)\,dt = \int_a^b K(s,t)\,\chi(t)\,dt$$

und nach (10)

$$\chi(s) = \mu \int_a^b K(s,t)\,\chi(t)\,dt. \tag{12}$$

Hiernach ist $\chi(s)$ eine Eigenfunktion des Kerns $K(s,t)$, also eine lineare homogene Funktion einer endlichen Anzahl der $\varphi_n(s)$ mit konstanten Koeffizienten:

$$\chi(s) = c_{n'}\,\varphi_{n'}(s) + c_{n''}\,\varphi_{n''}(s) + \cdots.$$

Daraus folgt nach (11)

$$0 = \int_a^b \chi(s)\,\varphi_{n'}(s)\,ds = c_{n'} \int_a^b [\varphi_{n'}(s)]^2\,ds + c_{n''} \int_a^b \varphi_{n'}(s)\,\varphi_{n''}(s)\,ds + \cdots = c_{n'}.$$

Es ist also $c_{n'} = 0$ und ebenso $c_{n''} = 0, \ldots$ und demnach $\chi(s) = 0$. Die Annahme, daß der Kern $Q(s,t)$ nicht identisch verschwindet, hat also auf einen Widerspruch geführt.

Hat der Kern $K(s,t)$ nur eine endliche Anzahl m von Eigenwerten $\lambda_1, \ldots, \lambda_m$ mit den normierten und orthogonalen Eigenfunktionen $\varphi_1(s), \ldots, \varphi_m(s)$, so ist

$$K(s,t) = \frac{\varphi_1(s)\,\varphi_1(t)}{\lambda_1} + \cdots + \frac{\varphi_m(s)\,\varphi_m(t)}{\lambda_m}.$$

Denn für diese abbrechende Reihe gelten dieselben Betrachtungen wie für die gleichmäßig konvergente unendliche Reihe.

Weil aber die gleichmäßige Konvergenz der bilinearen Reihe nicht allgemein bewiesen werden kann, müssen wir einen Umweg einschlagen und iterierte Kerne zu Hilfe nehmen.

Es sei $\varphi(s)$ eine zum Eigenwert λ gehörige Eigenfunktion, es bestehe also die Gleichung (A)

$$\varphi(s) = \lambda \int_a^b K(s,r)\,\varphi(r)\,dr;$$

wenn man auf der rechten Seite

$$\varphi(r) = \lambda \int_a^b K(r,t)\,\varphi(t)\,dt$$

setzt, erhält man die Gleichung

$$\varphi(s) = \lambda^2 \int_a^b \varphi(t)\,dt \int_a^b K(s,r)\,K(r,t)\,dr$$

oder, wenn

$$K^2(s,t) = \int_a^b K(s,r)\,K(r,t)\,dr \tag{13}$$

gesetzt wird,

$$\varphi(s) = \lambda^2 \int_a^b K^2(s,t)\,\varphi(t)\,dt. \tag{14}$$

Hiernach ist $\varphi(s)$ eine zum Eigenwert λ^2 gehörige Eigenfunktion des iterierten Kerns $K^2(s,t)$.

Der iterierte Kern $K^2(s,t)$ ist der Formel (13) zufolge symmetrisch; er verschwindet nicht identisch, denn

$$K^2(s,s) = \int_a^b [K(s,r)]^2\,dr$$

könnte nur identisch verschwinden, wenn für alle s und r $K(s,r) = 0$ wäre.

Es sei nun $\chi(s)$ eine Eigenfunktion des Kerns $K^2(s,t)$, es bestehe also eine Gleichung

$$\chi(s) = \varkappa \int_a^b K^2(s,t)\,\chi(t)\,dt. \tag{15}$$

Wir setzen

$$\begin{cases} 2\chi_1(s) = \chi(s) + \sqrt{\varkappa}\displaystyle\int_a^b K(s,t)\,\chi(t)\,dt, \\ 2\chi_2(s) = \chi(s) - \sqrt{\varkappa}\displaystyle\int_a^b K(s,t)\,\chi(t)\,dt, \end{cases} \tag{16}$$

so daß

$$\chi(s) = \chi_1(s) + \chi_2(s) \tag{17}$$

ist. Wenn man die Gleichung

$$2\chi_1(t) = \chi(t) + \sqrt{\varkappa}\int_a^b K(t,r)\,\chi(r)\,dr$$

mit $\sqrt{\varkappa}\,K(s,t)\,dt$ multipliziert und zwischen den Grenzen a und b integriert, erhält man

$$\begin{aligned} &2\sqrt{\varkappa}\int_a^b K(s,t)\,\chi_1(t)\,dt \\ &= \sqrt{\varkappa}\int_a^b K(s,t)\,\chi(t)\,dt + \varkappa\int_a^b \chi(r)\,dr \int_a^b K(s,t)\,K(t,r)\,dt \\ &= \sqrt{\varkappa}\int_a^b K(s,t)\,\chi(t)\,dt + \varkappa\int_a^b K^2(s,r)\,\chi(r)\,dr \\ &= \sqrt{\varkappa}\int_a^b K(s,t)\,\chi(t)\,dt + \chi(s) = 2\chi_1(s). \end{aligned}$$

Hiernach ist

$$\chi_1(s) = \sqrt{\varkappa}\int_a^b K(s,t)\,\chi_1(t)\,dt \tag{18}$$

und entsprechend

$$\chi_2(s) = -\sqrt{\varkappa}\int_a^b K(s,t)\,\chi_2(t)\,dt. \tag{19}$$

Die Funktionen $\chi_1(s)$, $\chi_2(s)$ sind also, wenn keine derselben identisch verschwindet, Eigenfunktionen des Kerns $K(s,t)$, so daß $\chi(s)$ die Summe zweier solcher Eigenfunktionen ist. Die Funktionen $\chi_1(s)$, $\chi_2(s)$ können nicht beide identisch verschwinden, weil ihre Summe $\chi(s)$ nicht verschwindet. Wenn eine der Funktionen $\chi_1(s)$, $\chi_2(s)$ identisch verschwindet, ist die andere Funktion gleich $\chi(s)$; es ist also entweder

$$\chi(s) = \sqrt{\varkappa}\int_a^b K(s,t)\,\chi(t)\,dt$$

oder

$$\chi(s) = -\sqrt{\varkappa}\int_a^b K(s,t)\,\chi(t)\,dt,$$

d. h. $\chi(s)$ ist Eigenfunktion des Kerns $K(s,t)$. Der zugehörige Eigenwert $\pm\sqrt{\varkappa}$ ist eine der Zahlen λ; es ist also jeder Eigenwert $\varkappa$ von $K^2(s,t)$ eine der Zahlen λ_1^2, λ_2^2 ....

Wir können also sagen: Eine Eigenfunktion des Kerns $K^2(s,t)$ ist entweder eine Eigenfunktion von $K(s,t)$ oder die Summe zweier Eigenfunktionen von $K(s,t)$. Oder anders ausgedrückt: Jedes volle normierte Orthogonalsystem des Kerns $K(s,t)$ ist auch ein volles normiertes Orthogonalsystem des Kerns $K^2(s,t)$.

Unter Wiederholung der bisherigen Schlußweise gehen wir zum Kern

$$K^4(s,t) = \int_a^b K^2(s,r)\,K^2(r,t)\,dr \tag{20}$$

über, der ebenfalls symmetrisch ist und nicht identisch verschwindet. Bilden die Eigenfunktionen $\varphi_n(s)$ mit den Eigenwerten λ_n ein volles normiertes Orthogonalsystem von $K(s,t)$, so bilden die zu den Eigenwerten λ_n^4 gehörigen $\varphi_n(s)$ ein volles normiertes Orthogonalsystem von $K^4(s,t)$. Dem Kern $K^4(s,t)$ entspricht also die bilineare Reihe

$$\sum_n \frac{\varphi_n(s)\,\varphi_n(t)}{\lambda_n^4}. \tag{21}$$

Wir weisen nach, daß die Reihe (21) für $a \leq s \leq b$, $a \leq t \leq b$ **gleichmäßig konvergiert.**

Wenn A und B reell sind, ist $(A - B)^2 \geqq 0$, also $AB \leqq \frac{1}{2}(A^2 + B^2)$ und demnach

$$\sum_{n=m}^{m+\mu} \left| \frac{\varphi_n(s)\,\varphi_n(t)}{\lambda_n^4} \right| \leqq \frac{1}{2} \sum_{n=m}^{m+\mu} \frac{[\varphi_n(s)]^2}{\lambda_n^4} + \frac{1}{2} \sum_{n=m}^{m+\mu} \frac{[\varphi_n(t)]^2}{\lambda_n^4}$$

$$\leqq \frac{1}{2\lambda_m^2} \left(\sum_{n=m}^{m+\mu} \frac{[\varphi_n(s)]^2}{\lambda_n^2} + \sum_{n=m}^{m+\mu} \frac{[\varphi_n(t)]^2}{\lambda_n^2} \right)$$

wegen $|\lambda_n| \geqq |\lambda_m|$. Da nach (4)

$$\sum_{n=m}^{m+\mu} \frac{[\varphi_n(s)]^2}{\lambda_n^2} \leqq \int_a^b [K(s, r)]^2\, dr$$

ist, so haben wir

$$\sum_{n=m}^{m+\mu} \left| \frac{\varphi_n(s)\,\varphi_n(t)}{\lambda_n^4} \right| \leqq \frac{1}{2\lambda_m^2} \left(\int_a^b [K(s,r)]^2\, dr + \int_a^b [K(t, r)]^2\, dr \right).$$

Daraus folgt, daß die Reihe (21) für $a \leqq s \leqq b$, $a \leqq t \leqq b$ absolut und gleichmäßig konvergiert.

Demnach gilt die Gleichung:

$$K^4(s, t) = \sum_n \frac{\varphi_n(s)\,\varphi_n(t)}{\lambda_n^4}. \tag{22}$$ [1])

Wir gründen auf die Gleichung (22) den Beweis des Satzes:

Wenn für die stetige Funktion $h(t)$

$$\int_a^b h(t)\,\varphi_n(t)\, dt = 0 \qquad (n = 1, 2, \ldots) \tag{23}$$

ist, so ist auch

$$\int_a^b K(s, t)\, h(t)\, dt = 0. \tag{24}$$

Oder anders ausgedrückt: Eine zu allen Eigenfunktionen $\varphi_n(t)$ orthogonale stetige Funktion $h(t)$ ist auch zum Kern $K(s, t)$ orthogonal.

Zum Beweise multiplizieren wir die Gleichung (22)

$$K^4(s, t) = \sum_n \frac{\varphi_n(s)\,\varphi_n(t)}{\lambda_n^4}$$

mit $h(s)\, h(t)\, ds\, dt$ und integrieren nach s und t zwischen den Grenzen a und b:

$$\int_a^b \int_a^b K^4(s, t)\, h(s)\, h(t)\, ds\, dt = \sum_n \frac{1}{\lambda_n^4} \int_a^b h(s)\,\varphi_n(s)\, ds \int_a^b h(t)\,\varphi_n(t)\, dt = 0$$

[1]) Vgl. Enzyklopädie d. math. Wiss. II C 13, Nr. 34.

wegen (23). Diese Gleichung schreibt sich, wenn man (20)

$$K^4(s,t) = \int_a^b K^2(s,r)\, K^2(t,r)\, dr$$

setzt:

$$\int_a^b dr \int_a^b K^2(s,r)\, h(s)\, ds \int_a^b K^2(t,r)\, h(t)\, dt = \int_a^b dr \left(\int_a^b K^2(s,r)\, h(s)\, ds\right)^2 = 0.$$

Demnach ist identisch in r

$$\int_a^b K^2(s,r)\, h(s)\, ds = 0.$$

Wenn man hierin r durch t ersetzt, mit $h(t)\,dt$ multipliziert und integriert, erhält man

$$\int_a^b K^2(s,t)\, h(s)\, h(t)\, ds\, dt = 0.$$

Die Wiederholung der bisherigen Schlußweise ergibt

$$\int_a^b K(s,r)\, h(s)\, ds = 0.$$

Der bewiesene Satz läßt sich umkehren:
Wenn

$$\int_a^b K(s,t)\, h(t)\, dt = 0$$

ist, wo $h(t)$ eine stetige Funktion bedeutet, so ist

$$\int_a^b h(t)\, \varphi_n(t)\, dt = 0 \qquad (n = 1, 2, \ldots).$$

Oder in anderer Ausdrucksweise: **Eine zum Kern $K(s,t)$ orthogonale stetige Funktion $h(t)$ ist zu allen Eigenfunktionen $\varphi_n(t)$ orthogonal.**

Wenn man zum Beweise die Gleichung

$$\int_a^b K(s,t)\, h(t)\, dt = 0$$

mit $\varphi_n(s)\, ds$ multipliziert und integriert, erhält man

$$\int_a^b h(t)\, dt \int_a^b K(s,t)\, \varphi_n(s)\, ds = \frac{1}{\lambda_n} \int_a^b h(t)\, \varphi_n(t)\, dt = 0$$

wegen

$$\int_a^b K(s,t)\, \varphi_n(s)\, ds = \frac{1}{\lambda_n}\, \varphi_n(t).$$

Der Kern $K(s, t)$ heißt **abgeschlossen**, wenn keine stetige Funktion $h(t)$ so vorhanden ist, daß die Gleichung

$$\int_a^b K(s, t)\, h(t)\, dt = 0$$

identisch in s erfüllt ist. Dann ist auch keine stetige Funktion $h(s)$ vorhanden, welche die sämtlichen Gleichungen

$$\int_a^b h(s)\, \varphi_n(s)\, ds = 0 \qquad (n = 1, 2, \ldots)$$

befriedigt, mit anderen Worten, welche zu allen Eigenfunktionen $\varphi_n(s)$ orthogonal ist. Besäße der Kern $K(s, t)$ nur eine endliche Anzahl normierter orthogonaler Eigenfunktionen $\varphi_1(s), \ldots, \varphi_m(s)$, so wären Funktionen $h(s)$ vorhanden, die zu allen Funktionen $\varphi_1(s), \ldots, \varphi_m(s)$ orthogonal sind; der Kern $K(s, t)$ wäre also nicht abgeschlossen.

Damit haben wir den Satz:

Ein abgeschlossener Kern hat unendlich viele Eigenwerte.

§ 10. Entwicklung einer Funktion nach den Eigenfunktionen eines symmetrischen Kerns.

Wir suchen nunmehr eine im Intervall $a \leq s \leq b$ gegebene stetige Funktion $f(s)$ in eine Reihe von der Form

$$f(s) = \sum_n c_n \varphi_n(s)$$

zu entwickeln. Wenn eine solche für $a \leq s \leq b$ gleichmäßig konvergente Reihenentwicklung vorhanden ist, erhält man durch Multiplikation mit $\varphi_m(s)\, ds$ und Integration zwischen den Grenzen a und b die Gleichung

$$\int_a^b f(s)\, \varphi_m(s)\, ds = \sum_n c_n \int_a^b \varphi_m(s)\, \varphi_n(s)\, ds = c_m$$

mit Rücksicht auf die Orthogonalität und Normierung der Eigenfunktionen. Wenn man wieder die Bezeichnung

$$f_n = \int_a^b f(s)\, \varphi_n(s)\, ds \tag{25}$$

benutzt, hat man $c_n = f_n$. Unter welchen Bedingungen die Gleichung

$$f(s) = \sum_n f_n \varphi_n(s)$$

wirklich gilt, bleibt noch zu untersuchen.

Wir betrachten eine Funktion $f(s)$, welche sich vermittels einer stetigen Funktion $g(t)$ in der Form

$$f(s) = \int_a^b K(s, t)\, g(t)\, dt \tag{26}$$

darstellen läßt. Für eine solche „quellenmäßig" darstellbare Funktion $f(s)$ ist

$$f_n = \int_a^b f(s)\,\varphi_n(s)\,ds = \int_a^b\int_a^b K(s,t)\,g(t)\,\varphi_n(s)\,ds\,dt$$
$$= \int_a^b g(t)\,dt \int_a^b K(s,t)\,\varphi_n(s)\,ds = \frac{1}{\lambda_n}\int_a^b g(t)\,\varphi_n(t)\,dt$$

mit Rücksicht auf die Gleichung

$$\int_a^b K(s,t)\,\varphi_n(s)\,ds = \frac{1}{\lambda_n}\varphi_n(t).$$

Unter Benutzung der Bezeichnung

$$g_n = \int_a^b g(t)\,\varphi_n(t)\,dt \tag{27}$$

ist

$$f_n = \frac{g_n}{\lambda_n}. \tag{28}$$

Die Reihe

$$\sum_n \frac{g_n}{\lambda_n}\varphi_n(s) \tag{29}$$

ist für $a \leq s \leq b$ gleichmäßig konvergent.

Zum Konvergenzbeweis benutzen wir einen Hilfssatz. Sind a_n, b_n $(n = 1, \ldots, p)$ und $\varkappa$ reelle Größen, so ist

$$\sum_n (\varkappa a_n + b_n)^2 \geqq 0$$

oder

$$\varkappa^2 \sum_n a_n^2 + 2\varkappa \sum_n a_n b_n + \sum_n b_n^2 \geqq 0.$$

Damit die quadratische Funktion $A\varkappa^2 + 2B\varkappa + C$ nicht positive und negative Werte annimmt, darf die quadratische Gleichung $A\varkappa^2 + 2B\varkappa + C = 0$ nicht zwei verschiedene reelle Wurzeln besitzen, es muß also $B^2 - AC \leq 0$ oder $B^2 \leq AC$ sein. Demnach gilt die Ungleichung

$$\left(\sum_n a_n b_n\right)^2 \leq \sum_n a_n^2 \cdot \sum_n b_n^2$$

(vgl. die Schwarzsche Ungleichung in § 17, in welcher die Summen durch Integrale ersetzt sind).

Dieser Ungleichung zufolge ist

$$\sum_{n=m}^{m+\mu} \left| g_n \frac{\varphi_n(s)}{\lambda_n} \right| \leq \sqrt{\sum_{n=m}^{m+\mu} g_n^2} \cdot \sqrt{\sum_{n=m}^{m+\mu} \left(\frac{\varphi_n(s)}{\lambda_n}\right)^2}$$

Aus der Besselschen Ungleichung folgt die Konvergenz der Reihe $\sum_n g_n^2$; es ist also nach Angabe einer beliebig kleinen positiven Zahl ε eine positive Zahl m_ε so vorhanden, daß für $m > m_\varepsilon$ und für $\mu = 1, 2, \ldots$

$$\sum_{n=m}^{m+\mu} g_n^2 < \varepsilon$$

ist. Nach (4) ist

$$\sum_{n=m}^{m+\mu} \left(\frac{\varphi_n(s)}{\lambda_n}\right)^2 \leq \int_a^b [K(s,t)]^2\, dt < M.$$

Demnach ist

$$\sum_{n=m}^{m+\mu} \left| g_n \frac{\varphi_n(s)}{\lambda_n} \right| < \sqrt{\varepsilon} \cdot \sqrt{M},$$

womit die absolute und gleichmäßige Konvergenz der Reihe (29) bewiesen ist.

Die Funktion

$$h(s) = f(s) - \sum_n f_n \varphi_n(s) \tag{30}$$

ist zu allen Eigenfunktionen $\varphi_n(s)$ orthogonal, denn es ist

$$\int_a^b h(s)\varphi_n(s)\, ds = \int_a^b f(s)\varphi_n(s)\, ds - \sum_m f_m \int_a^b \varphi_m(s)\varphi_n(s)\, ds$$

$$= \int_a^b f(s)\varphi_n(s)\, ds - f_n = 0.$$

Daher ist $h(s)$ auch zum Kern $K(s,t)$ orthogonal, d. h. es ist

$$\int_a^b K(s,t)\, h(s)\, ds = 0. \tag{31}$$

Durch Multiplikation der Gleichung (30) mit $h(s)\, ds$ und Integration von a bis b erhält man

$$\int_a^b [h(s)]^2\, ds = \int_a^b f(s)\, h(s)\, ds - \sum_n f_n \int_a^b h(s)\varphi_n(s)\, ds = \int_a^b f(s)\, h(s) ds$$

oder, wenn für $f(s)$ der Ausdruck (26) gesetzt wird,

$$\int_a^b [h(s)]^2\, ds = \int_a^b g(t)\, dt \int_a^b K(s,t)\, h(s)\, ds = 0$$

wegen (31). Daher verschwindet $h(s)$ identisch, d. h. es ist

$$f(s) = \sum_n f_n \varphi_n(s) = \sum_n \frac{g_n}{\lambda_n}\varphi_n(s). \tag{32}$$

Damit ist der Satz bewiesen:

Die quellenmäßig darstellbare Funktion

$$f(s) = \int_a^b K(s, t)\, g(t)\, dt,$$

wo $g(t)$ für $a \leq t \leq b$ stetig ist, läßt sich in die für $a \leq s \leq b$ absolut und gleichmäßig konvergente Reihe

$$f(s) = \sum_n f_n\, \varphi_n(s) = \sum_n \frac{g_n}{\lambda_n}\, \varphi_n(s)$$

entwickeln, wo

$$f_n = \int_a^b f(s)\, \varphi_n(s)\, ds, \quad g_n = \int_a^b g(t)\, \varphi_n(t)\, dt$$

ist. Dabei bilden die Funktionen $\varphi_n(s)$ $(n = 1, 2, \ldots)$ ein volles System normierter und orthogonaler Eigenfunktionen des symmetrischen Kerns $K(s, t)$ mit den Eigenwerten λ_n.

Es genügt, wie man ohne weiteres sieht, die Funktion $g(t)$ als stückweise stetig vorauszusetzen.

Durch Verbindung der Gleichungen (26), (27) und (32) erhält man

$$\int_a^b K(s,t)\, g(t)\, dt = \sum_n \frac{1}{\lambda_n}\, \varphi_n(s) \int_a^b g(t)\, \varphi_n(t)\, dt.$$

Indem wir unter $x(s)$ eine stetige Funktion verstehen, multiplizieren wir diese Gleichung mit $x(s)\, ds$ und integrieren von a bis b; die stetige Funktion $g(t)$ bezeichnen wir jetzt mit $y(t)$. Wir erhalten so die Formel von Hilbert:

$$\int_a^b \int_a^b K(s, t)\, x(s)\, y(t)\, ds\, dt = \sum_n \frac{1}{\lambda_n} \int_a^b x(s)\, \varphi_n(s)\, ds \cdot \int_a^b y(t)\, \varphi_n(t)\, dt.$$

Sie geht, wenn man $y(t) = x(t)$ setzt, über in

$$\int_a^b \int_a^b K(s, t)\, x(s)\, x(t)\, ds\, dt = \sum_n \frac{1}{\lambda_n} \left(\int_a^b x(s)\, \varphi_n(s)\, ds \right)^2.$$

§ 11. Nichthomogene Integralgleichung mit symmetrischem Kern.

Es liege jetzt die nichthomogene Integralgleichung

$$\text{(B)} \qquad \varphi(s) - \lambda \int_a^b K(s, t)\, \varphi(t)\, dt = f(s)$$

vor, in welcher der Kern $K(s, t)$ wie bisher für $a \leq s \leq b$, $a \leq t \leq b$ als reelle, stetige, symmetrische Funktion von s, t und $f(s)$ für $a \leq s \leq b$ als stetige Funktion von s gegeben ist, während $\varphi(s)$ gesucht ist. Der Kern $K(s, t)$ habe die Eigenwerte λ_n $(n = 1, 2, \ldots)$ mit den Eigenfunktionen $\varphi_n(s)$.

Zunächst sei λ kein Eigenwert. Wenn die Integralgleichung (B) eine stetige Lösung $\varphi(s)$ besitzt, läßt sich

$$\varphi(s) - f(s) = \lambda \int_a^b K(s, t)\, \varphi(t)\, dt$$

als quellenmäßig darstellbare Funktion in eine gleichmäßig konvergente Reihe nach den Eigenfunktionen $\varphi_n(s)$ entwickeln. Die Einsetzung von

$$\varphi(s) = f(s) + \sum_n c_n \varphi_n(s)$$

in die Integralgleichung (B) ergibt

$$f(s) + \sum_n c_n \varphi_n(s) = \lambda \int_a^b K(s, t) f(t)\, dt + \lambda \sum_n c_n \int_a^b K(s, t) \varphi_n(t)\, dt + f(s).$$

Nun ist (A_n)

$$\int_a^b K(s, t)\, \varphi_n(t)\, dt = \frac{\varphi_n(s)}{\lambda_n}$$

und, wenn (25)

$$f_n = \int_a^b f(t)\, \varphi_n(t)\, dt$$

gesetzt wird,

$$\int_a^b K(s, t) f(t)\, dt = \sum_n \frac{f_n}{\lambda_n} \varphi_n(s),$$

also

$$\sum_n c_n \varphi_n(s) = \lambda \sum_n \frac{f_n}{\lambda_n} \varphi_n(s) + \lambda \sum_n \frac{c_n}{\lambda_n} \varphi_n(s).$$

Die Vergleichung der Koeffizienten von $\varphi_n(s)$ ergibt

$$c_n = \frac{\lambda f_n}{\lambda_n} + \frac{\lambda c_n}{\lambda_n}$$

oder

$$c_n = \frac{\lambda f_n}{\lambda_n - \lambda}.$$

Eine stetige Lösung $\varphi(s)$ der Integralgleichung (B) hat also, wenn sie vorhanden ist, die Form

$$\varphi(s) = f(s) + \sum_n \frac{\lambda f_n}{\lambda_n - \lambda} \varphi_n(s). \tag{33}$$

Die Reihe (33) ist für $a \leq s \leq b$ absolut und gleichmäßig konvergent. Denn nach § 10 ist die Reihe

$$\int_a^b K(s, t)\, f(t)\, dt = \sum_n \frac{f_n}{\lambda_n} \varphi_n(s)$$

für $a \leq s \leq b$ absolut und gleichmäßig konvergent; dasselbe gilt für die Reihe

$$\sum_n \frac{\lambda f_n}{\lambda_n - \lambda} \varphi_n(s),$$

da der Quotient $\frac{\lambda_n - \lambda}{\lambda_n \lambda}$ entsprechender Glieder der beiden Reihen für $n \to \infty$ dem Grenzwert $\frac{1}{\lambda}$ zustrebt, also sein absoluter Betrag unter einer von n unabhängigen endlichen Schranke bleibt.

Die gleichmäßig konvergente Reihe (33) genügt der Integralgleichung (B). Denn durch Einsetzung der Reihe

$$\varphi(t) = f(t) + \sum_n \frac{\lambda f_n}{\lambda_n - \lambda} \varphi_n(t)$$

erhält man

$$\int_a^b K(s,t)\,\varphi(t)\,dt = \int_a^b K(s,t)\,f(t)\,dt + \sum_n \frac{\lambda f_n}{\lambda_n - \lambda} \int_a^b K(s,t)\,\varphi_n(t)\,dt$$

$$= \sum_n \frac{f_n}{\lambda_n} \varphi_n(s) + \sum_n \frac{\lambda f_n}{\lambda_n(\lambda_n - \lambda)} \varphi_n(s) = \sum_n \frac{f_n}{\lambda_n - \lambda} \varphi_n(s);$$

es ist auch

$$\frac{\varphi(s) - f(s)}{\lambda} = \sum_n \frac{f_n}{\lambda_n - \lambda} \varphi_n(s),$$

w. z. b. w.

Wir haben den Satz:

Wenn λ kein Eigenwert ist, stellt die Schmidtsche Reihe (33) *die einzige stetige Lösung der Integralgleichung* (B) *dar.*

Es sei jetzt λ_0 ein m-facher Eigenwert, und zwar mögen die m Eigenwerte $\lambda_1, \ldots, \lambda_m$ gleich λ_0 sein. Es liege die Integralgleichung vor:

$$(\mathrm{B}_0) \qquad \varphi(s) - \lambda_0 \int_a^b K(s,t)\,\varphi(t)\,dt = f(s).$$

Die Einsetzung einer Reihe

$$\varphi(s) = f(s) + \sum_n c_n \varphi_n(s)$$

in die Integralgleichung (B_0) ergibt, wenn man wie oben rechnet,

$$c_n = \frac{\lambda_0 f_n}{\lambda_n} + \frac{\lambda_0 c_n}{\lambda_n}.$$

Demnach ist

$$c_n = \frac{\lambda_0 f_n}{\lambda_n - \lambda_0},$$

wenn n keine der Zahlen $1, \ldots, m$ ist; setzt man aber für n eine der Zahlen $1, \ldots, m$, so ergeben sich die Gleichungen

$$f_1 = 0, \ldots, f_m = 0,$$

während $c_1, \ldots, c_m$ unbestimmt bleiben. Eine stetige Lösung $\varphi(s)$ der Integralgleichung (B_0) ist also nur möglich, wenn

$$(34) \qquad f_\mu = \int_a^b f(t)\, \varphi_\mu(t)\, dt = 0 \qquad (\mu = 1, \ldots, m),$$

d. h. wenn $f(t)$ zu $\varphi_1(t), \ldots, \varphi_m(t)$ orthogonal ist. Diese Lösung kann nur die Form haben:

$$(35) \quad \varphi(s) = f(s) + \sum_n{}' \frac{\lambda_0 f_n}{\lambda_n - \lambda_0} \varphi_n(s) + c_1 \varphi_1(s) + \cdots + c_m \varphi_m(s);$$

dabei ist durch $\sum_n{}'$ angedeutet, daß n die Werte $1, \ldots, m$ nicht annehmen soll. Daß die Reihe (35) für $a \leq s \leq b$ gleichmäßig konvergiert und bei willkürlichen $c_1, \ldots, c_m$ der Integralgleichung (B_0) genügt, zeigt man wie oben.

Es gilt also der Satz:

Wenn λ_0 ein m-facher Eigenwert ist, etwa die m Eigenwerte $\lambda_1, \ldots, \lambda_m$ gleich λ_0 sind, ist die Integralgleichung (B_0) nur lösbar, falls $f_1 = 0, \ldots, f_m = 0$, d. h. $f(s)$ zu den Eigenfunktionen $\varphi_1(s), \ldots, \varphi_m(s)$ orthogonal ist. Die Reihe (35) mit den willkürlichen Konstanten $c_1, \ldots, c_m$ stellt die allgemeinste Lösung der Integralgleichung (B_0) dar.

§ 12. Nichthomogene Integralgleichung mit unsymmetrischem Kern; Neumannsche Reihe.

Wir betrachten jetzt die nichthomogene Integralgleichung

$$(C) \qquad \varphi(s) - \lambda \int_a^b K(s, t)\, \varphi(t)\, dt = f(s);$$

darin sind s und t reelle Veränderliche, welche das Intervall $a \ldots b$ durchlaufen; der Kern $K(s, t)$ ist eine gegebene stetige Funktion der Veränderlichen s, t, die jetzt nicht symmetrisch zu sein braucht, und λ ein veränderlicher Parameter; $f(s)$ ist eine gegebene stetige Funktion, $\varphi(s)$ eine zu bestimmende Funktion von s. Die gegebenen Funktionen $K(s, t)$ und $f(s)$ sowie λ dürfen auch komplex sein.

Wir suchen die Gleichung (C) durch eine Potenzreihe von λ

(36) $$\varphi(s) = u_0(s) + \lambda u_1(s) + \dots + \lambda^n u_n(s) + \cdots$$

zu befriedigen. Durch Einsetzung dieser Reihe und Vergleichung der Koeffizienten von $\lambda^0, \lambda^1, \dots, \lambda^n, \dots$ erhält man die Gleichungen

(37) $$\begin{cases} u_0(s) = f(s), \\ u_1(s) = \int_a^b K(s,t)\, u_0(t)\, dt, \\ u_2(s) = \int_a^b K(s,t)\, u_1(t)\, dt, \\ \dots\dots\dots\dots \\ u_n(s) = \int_a^b K(s,t)\, u_{n-1}(t)\, dt, \\ \dots\dots\dots\dots, \end{cases}$$

wodurch alle Funktionen $u_n(s)$ bestimmt sind. Für $a \leq s \leq b$, $a \leq t \leq b$ sei $|K(s,t)| \leq M$, $|f(s)| \leq N$. Dann ist

$$|u_0| \leq N, \ |u_1(s)| \leq N.\, M(b-a), \dots, |u_n(s)| \leq N\, [M(b-a)]^n,$$

wie sich durch den Schluß von $n-1$ auf n ergibt. Wenn

(38) $$|\lambda| < \frac{1}{M(b-a)}$$

angenommen wird, ist die für $\varphi(s)$ aufgestellte Reihe für $a \leq s \leq b$ gleichmäßig konvergent. Man sieht, daß die Gleichung (C) befriedigt wird, wenn man für $\varphi(s)$ die gefundene Reihe einsetzt.

Wir führen die iterierten Kerne

(39) $$\begin{cases} K^2(s,t) = \int_a^b K(s,r)\, K(r,t)\, dr, \\ K^n(s,t) = \int_a^b K(s,r)\, K^{n-1}(r,t)\, dr \\ \qquad = \int_a^b\int_a^b \dots \int_a^b K(s,r_1)\, K(r_1,r_2) \dots K(r_{n-1},t)\, dr_1\, dr_2 \dots dr_{n-1} \end{cases}$$

ein. Es ist

(40) $$\begin{cases} u_1(s) = \int_a^b K(s,t)\, f(t)\, dt, \\ u_2(s) = \int_a^b K^2(s,t)\, f(t)\, dt, \\ \dots\dots\dots\dots \\ u_n(s) = \int_a^b K^n(s,t)\, f(t)\, dt. \end{cases}$$

Für $a \leqq s \leqq b$, $a \leqq t \leqq b$ ist

$$|K^n(s,t)| \leqq M^n (b-a)^{n-1};$$

daher ist, wenn λ die Bedingung (38) erfüllt, die Reihe

$$\Gamma(s,t;\lambda) = K(s,t) + \lambda K^2(s,t) + \cdots + \lambda^{n-1} K^n(s,t) + \cdots \tag{41}$$

für $a \leqq s \leqq b, a \leqq t \leqq b$ gleichmäßig konvergent. Die Reihe (41) wird wie auch die Reihe (36) als (Carl) **Neumannsche Reihe** bezeichnet.

Nunmehr schreibt sich die Formel (36):

$$\varphi(s) = f(s) + \lambda \int_a^b \Gamma(s,t;\lambda) f(t)\, dt. \tag{42}$$

Der **lösende Kern** (die **Resolvente**) $\Gamma(s,t;\lambda)$ genügt den Funktionalgleichungen

$$\Gamma(s,t;\lambda) = K(s,t) + \lambda \int_a^b K(s,r)\, \Gamma(r,t;\lambda)\, dr, \tag{43}$$

$$\Gamma(s,t;\lambda) = K(s,t) + \lambda \int_a^b \Gamma(s,r;\lambda)\, K(r,t)\, dr, \tag{43'}$$

wie man durch Einsetzung der Reihe (41) bestätigt.

Auf Grund der beiden Funktionalgleichungen (43) und (43') kann man bestätigen, daß von den beiden Gleichungen (C) und (42) die eine eine Folge der anderen ist oder, was auf dasselbe hinauskommt, daß die Integralgleichung (C) eine und nur eine Lösung besitzt, welche durch die Gleichung (42) dargestellt wird — vorausgesetzt, daß λ die Bedingung (38) erfüllt.

Wir zeigen, daß die Gleichung (42) aus der Gleichung (C) folgt. Durch Multiplikation der Gleichung (C)

$$\varphi(t) = f(t) + \lambda \int_a^b K(t,r)\, \varphi(r)\, dr$$

mit $\Gamma(s,t;\lambda)\, dt$ und Integration zwischen a und b erhält man

$$\int_a^b \Gamma(s,t;\lambda)\, \varphi(t)\, dt = \int_a^b \Gamma(s,t;\lambda) f(t)\, dt + \lambda \int_a^b \int_a^b \Gamma(s,t;\lambda)\, K(t,r)\, \varphi(r)\, dr\, dt;$$

das letzte Glied geht unter Vertauschung von r und t und Benutzung der Gleichung (43') über in

$$\lambda \int_a^b \int_a^b \Gamma(s,r;\lambda)\, K(r,t)\, \varphi(t)\, dr\, dt = \int_a^b [\Gamma(s,t,\lambda) - K(s,t)]\, \varphi(t)\, dt;$$

wir haben also die Gleichung

$$\int_a^b \Gamma(s,t;\lambda)\, \varphi(t)\, dt = \int_a^b \Gamma(s,t;\lambda) f(t)\, dt + \int_a^b [\Gamma(s,t;\lambda) - K(s,t)]\, \varphi(t)\, dt$$

oder

$$\int_a^b K(s,t)\,\varphi(t)\,dt = \int_a^b \Gamma(s,t;\lambda) f(t)\,dt.$$

Durch diese Gleichung wird aber (C) in (42) übergeführt.

Wir zeigen weiter, daß die Gleichung (C) aus der Gleichung (42) folgt.

Wenn man die Gleichung (42)

$$\varphi(t) = f(t) + \lambda \int_a^b \Gamma(s,t;\lambda) f(t)\,dt$$

mit $K(s,t)\,dt$ multipliziert und zwischen a und b integriert, erhält man

$$\int_a^b K(s,t)\,\varphi(t)\,dt = \int_a^b K(s,t) f(t)\,dt + \lambda \int_a^b\int_a^b K(s,t)\,\Gamma(t,r;\lambda) f(t)\,dr\,dt;$$

das letzte Glied wird unter Benutzung der Gleichung (43)

$$\lambda \int_a^b\int_a^b K(s,r)\,\Gamma(r,t;\lambda)\,dr = \int_a^b [\Gamma(s,t;\lambda) - K(s,t)]\,f(t)\,dt.$$

Es gilt also die Gleichung

$$\int_a^b K(s,t)\,\varphi(t)\,dt = \int_a^b K(s,t) f(t)\,dt + \int_a^b [\Gamma(s,t;\lambda) - K(s,t)] f(t)\,dt$$

oder

$$\int_a^b K(s,t)\,\varphi(t)\,dt = \int_a^b \Gamma(s,t;\lambda) f(t)\,dt,$$

w. z. b. w.

§ 13. Fredholms Lösung der nichthomogenen Integralgleichung.

Die bisherige Lösung der nichthomogenen linearen Integralgleichung (C) in Form einer Potenzreihe von λ gilt nur, wenn der absolute Betrag von λ hinreichend klein ist. Eine für alle λ gültige Lösung hat Fredholm[1]) gegeben. Um zu dieser zu gelangen, schlagen wir zunächst ein Näherungsverfahren ein, das nur zu heuristischen Zwecken dienen soll und daher nicht streng durchgeführt wird.

Wir ersetzen nämlich das in der Gleichung (C) enthaltene bestimmte Integral durch eine p-gliedrige Summe. Es sei

$$h = \frac{b-a}{p},\ t_i = a + (i-1)\,h\ (i = 1, \ldots, p),\ \varphi(t_i) = \varphi_i,\ f(t_i) = f_i,$$
$$K(t_i, t_j) = K_{ij}.$$

[1]) Acta math. 27 (1903), S. 365 f. — Die erste hierher gehörige Veröffentlichung Fredholms ist eine Note in Öfvers. af Kongl. Vetensk. Ak. Förh. Stockholm 57 (10. Jan. 1900), S. 39—46 mit Anwendungen auf Potentialtheorie (5. Kap., §§ 31, 32).

An Stelle der Integralgleichung (C) tritt so die Gleichung

$$\varphi(s) - \lambda\,[K(s, t_1)\,\varphi_1 + \dots + K(s, t_p)\,\varphi_p]\,h = f(s).$$

Soll diese für die p Werte $s = t_i$ $(i = 1, \dots, p)$ erfüllt sein, so haben wir als Ersatz der Integralgleichung die p linearen Gleichungen mit den Unbekannten $\varphi_1, \dots, \varphi_p$:

$$\begin{aligned} &\varphi_1 - \lambda h\,[K_{11}\,\varphi_1 + \dots + K_{1p}\,\varphi_p] = f_1,\\ &\dots\dots\dots\dots\dots\dots\dots\\ &\varphi_p - \lambda h\,[K_{p1}\,\varphi_1 + \dots + K_{pp}\,\varphi_p] = f_p. \end{aligned}$$

Hieraus ergeben sich die Unbekannten als Quotienten von Determinanten $p$ten Grades. Die Zählerdeterminanten wollen wir nicht anschreiben, die Nennerdeterminante ist

$$D_p(\lambda) = \begin{vmatrix} 1 - \lambda h K_{11}, & -\lambda h K_{12}, & \dots, & -\lambda h K_{1p} \\ -\lambda h K_{21}, & 1 - \lambda h K_{22}, & \dots, & -\lambda h K_{2p} \\ \dots & \dots & \dots & \dots \\ -\lambda h K_{p1}, & -\lambda h K_{p2}, & \dots, & 1 - \lambda h K_{pp} \end{vmatrix}$$

Sie ist eine ganze Funktion $p$ten Grades von λ:

$$D_p(\lambda) = 1 - \lambda h \sum_{\nu=1}^{n} K_{\nu\nu} + \lambda^2 h^2 \sum_{\nu_1 \nu_2} \begin{vmatrix} K_{\nu_1\nu_1} & K_{\nu_1\nu_2} \\ K_{\nu_2\nu_1} & K_{\nu_2\nu_2} \end{vmatrix} - \dots.$$

In der Summe, welche den Faktor von $\lambda^2 h^2$ bildet, durchlaufen ν_1 und ν_2 die Werte $1, \dots, p$ mit der Einschränkung, daß $\nu_2 > \nu_1$ zu nehmen ist. Bilden wir diese Summe mit der Maßgabe, daß ν_1 und ν_2 unabhängig voneinander die Werte $1, \dots, p$ durchlaufen sollen, so verschwindet z. B. die den Werten $\nu_1 = 1$, $\nu_2 = 1$ entsprechende Determinante zweiten Grades, während die Determinanten, welche zu $\nu_1 = 1$, $\nu_2 = 2$ und zu $\nu_1 = 2$, $\nu_2 = 1$ gehören, übereinstimmen, usw.; es kommt demnach jetzt jedes Glied der mit $\lambda^2 h^2$ multiplizierten Summe doppelt vor. Wir schreiben demgemäß

$$D_p(\lambda) = 1 - \frac{\lambda h}{1!} \sum_{\nu=1}^{p} K_{\nu\nu} + \frac{\lambda^2 h^2}{2!} \sum_{\nu_1=1}^{p} \sum_{\nu_2=1}^{p} \begin{vmatrix} K_{\nu_1\nu_1} & K_{\nu_1\nu_2} \\ K_{\nu_2\nu_1} & K_{\nu_2\nu_2} \end{vmatrix} + \dots.$$

Wenn wir jetzt p ins Unendliche wachsen lassen, geht die ganze Funktion $p$ten Grades $D_p(\lambda)$ über in die unendliche Reihe

$$D(\lambda) = 1 - \lambda \cdot \frac{1}{1!} \int_a^b K(r, r)\,dr + \lambda^2 \cdot \frac{1}{2!} \int_a^b \int_a^b \begin{vmatrix} K(r_1, r_1), & K(r_1, r_2) \\ K(r_2, r_1), & K(r_2, r_2) \end{vmatrix} dr_1\,dr_2 - \dots$$

oder

(44) $$D(\lambda) = \sum_{n=0}^{\infty} (-1)^n A_n \lambda^n,$$

$$(45)\qquad A_n = \frac{1}{n!}\int\limits_a^b \cdots \int\limits_a^b \begin{vmatrix} K(r_1, r_1), & \ldots, & K(r_1, r_n) \\ \cdot & \cdot & \cdot \\ K(r_n, r_1), & \ldots, & K(r_n, r_n) \end{vmatrix} dr_1 \ldots dr_n.$$

Unten wird nachgewiesen, daß diese Reihe für alle Werte von λ konvergiert. Man bezeichnet $D(\lambda)$ als **Fredholmsche Determinante** des Kerns $K(s, t)$.

Wir suchen demgemäß einen lösenden Kern $\Gamma(s, t; \lambda)$ in Form eines Bruches mit dem Nenner $D(\lambda)$ zu bestimmen:

$$(46)\qquad \Gamma(s, t; \lambda) = \frac{D(s, t; \lambda)}{D(\lambda)}$$

Aus den Funktionalgleichungen (43) und (43') für $\Gamma(s, t; \lambda)$ ergeben sich so Funktionalgleichungen für die Potenzreihe $D(s, t; \lambda)$ von λ:

$$(47)\qquad D(s, t; \lambda) = K(s, t)\, D(\lambda) + \lambda \int\limits_a^b K(s, r)\, D(r, t; \lambda)\, dr,$$

$$(47')\qquad D(s, t; \lambda) = K(s, t)\, D(\lambda) + \lambda \int\limits_a^b D(s, r; \lambda)\, K(r, t)\, dr.$$

Hieraus ergeben sich, wenn man

$$(48)\qquad D(s, t; \lambda) = \sum_{n=0}^{\infty} (-1)^n A_n(s, t)\, \lambda^n$$

setzt, durch Vergleichung der Koeffizienten von $(-1)^n \lambda^n$ die folgenden Rekursionsformeln:

$$(49)\qquad A_n(s, t) = K(s, t)\, A_n - \int\limits_a^b K(s, r)\, A_{n-1}(r, t)\, dr,$$

$$(49')\qquad A_n(s, t) = K(s, t)\, A_n - \int\limits_a^b A_{n-1}(s, r)\, K(r, t)\, dr;$$

dabei ist $A_0(s, t) = K(s, t)$ zu setzen. Für $n = 1$ erhält man unter Einsetzung des bekannten Wertes von A_1

$$A_1(s, t) = K(s, t) \int\limits_a^b K(r, r)\, dr - \int\limits_a^b K(s, r)\, K(r, t)\, dr$$

$$= \frac{1}{1!}\int\limits_a^b \begin{vmatrix} K(s, t), & K(s, r) \\ K(r, t), & K(r, r) \end{vmatrix} dr.$$

Allgemein ist

$$(50)\qquad A_n(s, t) = \frac{1}{n!}\int\limits_a^b \cdots \int\limits_a^b \begin{vmatrix} K(s, t), & K(s, r_1), & \ldots, & K(s, r_n) \\ K(r_1, t), & K(r_1, r_1), & \ldots, & K(r_1, r_n) \\ \cdot & \cdot & \cdot & \cdot \\ K(r_n, t), & K(r_n, r_1), & \ldots, & K(r_n, r_n) \end{vmatrix} dr_1 \ldots dr_n.$$

Daß der Ausdruck (50) wirklich der Rekursionsformel (49) genügt, ergibt sich folgendermaßen. Wir gehen aus von der Determinantenrelation

$$
(51)\quad \begin{vmatrix} K(s,t), K(s,r_1), \ldots, K(s,r_n) \\ K(r_1,t), K(r_1,r_1), \ldots, K(r_1,r_n) \\ \cdot\;\cdot\;\cdot\;\cdot\;\cdot\;\cdot\;\cdot\;\cdot\;\cdot\;\cdot\;\cdot \\ K(r_n,t), K(r_n,r_1), \ldots, K(r_n,r_n) \end{vmatrix}
= K(s,t) \begin{vmatrix} K(r_1,r_1), \ldots, K(r_1,r_n) \\ \cdot\;\cdot\;\cdot\;\cdot\;\cdot\;\cdot\;\cdot\;\cdot \\ K(r_n,r_1), \ldots, K(r_n,r_n) \end{vmatrix}
$$

$$
+\sum_{i=1}^{n}(-1)^i K(s,r_i) \begin{vmatrix} K(r_1,t), K(r_1,r_1), \ldots, K(r_1,r_{i-1}), K(r_1,r_{i+1}), \ldots, K(r_1,r_n) \\ \cdot\;\cdot\;\cdot\;\cdot\;\cdot\;\cdot\;\cdot\;\cdot\;\cdot\;\cdot\;\cdot\;\cdot\;\cdot\;\cdot\;\cdot\;\cdot \\ K(r_n,t), K(r_n,r_1), \ldots, K(r_n,r_{i-1}), K r_n, r_{i+1}), \ldots, K(r_n,r_n) \end{vmatrix},
$$

die man erhält, indem man die angeschriebene Determinante $(n+1)$ten Grades nach den Elementen der ersten Zeile entwickelt. Wenn man beide Seiten der Gleichung (51) in bezug auf jede der n Veränderlichen $r_1, \ldots, r_n$ zwischen den Grenzen a und b integriert und durch $n!$ dividiert, erhält man die Gleichung (49). Deren letztes Glied ergibt sich folgendermaßen. Auf der rechten Seite der Gleichung (51) ist $(-1)^n K(s, r_n)$ mit der Determinante

$$
\begin{vmatrix} K(r_1,t), K(r_1,r_1), \ldots, K(r_1,r_{n-1}) \\ \cdot\;\cdot\;\cdot\;\cdot\;\cdot\;\cdot\;\cdot\;\cdot\;\cdot\;\cdot\;\cdot \\ K(r_n,t), K(r_n,r_1), \ldots, K(r_n,r_{n-1}) \end{vmatrix}
$$

multipliziert, welche wir dadurch umformen, daß wir die $n$te Zeile an den Anfang stellen und den Faktor $(-1)^{n-1}$ vorsetzen, welcher sich mit $(-1)^n$ zu -1 zusammensetzt; das letzte Glied der Gleichung (51) ist demnach

$$
-K(s,r_n) \begin{vmatrix} K(r_n,t), & K(r_n,r_1), & \ldots, K(r_n,r_{n-1}) \\ K(r_1,t), & K(r_1,r_1), & \ldots, K(r_1,r_{n-1}) \\ \cdot\;\cdot\;\cdot & \cdot\;\cdot\;\cdot & \cdot\;\cdot\;\cdot\;\cdot\;\cdot \\ K(r_{n-1},t), & K(r_{n-1},r_1), & \ldots, K(r_{n-1},r_{n-1}) \end{vmatrix}.
$$

Wenn man dieses Glied nach $r_1, \ldots, r_n$ integriert und durch $n!$ dividiert, erhält man

$$
-\frac{1}{n}\int_a^b K(s,r_n)\,A_{n-1}(r_n,t)\,dr_n = -\frac{1}{n}\int_a^b K(s,r)\,A_{n-1}(r,t)\,dr.
$$

Beachtet man, daß sich das beschriebene Verfahren auf jedes der n letzten Glieder der Gleichung (51) anwenden läßt, so hat man das letzte Glied der Gleichung (49).

Wenn man die Determinante $(n+1)$ten Grades auf der linken Seite der Gleichung (51) statt nach den Elementen der ersten Zeile nach denjenigen der ersten Kolonne entwickelt, im übrigen aber wie bisher verfährt, erhält man die Rekursionsformel (49').

Um die Konvergenz der Reihe für $D(\lambda)$ zu untersuchen, benutzen wir den folgenden von Hadamard herrührenden Determinantensatz, dessen Beweis in § 14 nachgetragen wird:

Erfüllen die Elemente der Determinante

$$D = \begin{vmatrix} a_{11}, & \ldots, & a_{1n} \\ \cdot & \cdot & \cdot \\ a_{n1}, & \ldots, & a_{nn} \end{vmatrix}$$

die Bedingung

$$|a_{ik}| \leq \mathfrak{A} \qquad (i, k = 1, \ldots, n),$$

so ist

$$|D| \leq \mathfrak{A}^n \sqrt{n^n}.$$

Wie oben sei $|K(s,t)| \leq M$ für $a \leq s \leq b$, $a \leq t \leq b$. Dann ist nach dem Hadamardschen Satze

$$\begin{vmatrix} K(r_1, r_1), & \ldots, & K(r_1, r_n) \\ \cdot & \cdot & \cdot \\ K(r_n, r_1), & \ldots, & K(r_n, r_n) \end{vmatrix} \leq M^n \sqrt{n^n},$$

also nach (45)

$$|A_n| \leq \frac{M^n \sqrt{n^n}\,(b-a)^n}{n!}.$$

Das allgemeine Glied der Reihe (44) ist dem absoluten Betrage nach höchstens gleich

$$C_n = \frac{M^n \sqrt{n^n}\,(b-a)^n\,|\lambda|^n}{n!}.$$

Die Reihe mit dem allgemeinen Glied C_n ist aber konvergent, da

$$\frac{C_{n+1}}{C_n} = \frac{M(b-a)\,|\lambda|}{\sqrt{n+1}} \sqrt{\left(1+\frac{1}{n}\right)^n}$$

für $n \to \infty$ wegen

$$\lim_{n\to\infty} \left(1+\frac{1}{n}\right)^n = e$$

den Grenzwert 0 hat. Daraus geht hervor, daß die Reihe (44) für $D(\lambda)$ für alle Werte von λ konvergent ist.

Das gleiche beweist man auf demselben Wege für die Reihe (48) für die Unterdeterminante erster Ordnung $D(s,t;\lambda)$, und zwar konvergiert diese Reihe gleichmäßig für alle λ, deren absoluter Betrag unter einer endlichen Schranke liegt, und für alle Werte von s und t, welche dem Gebiet $a \leq s \leq b$, $a \leq t \leq b$ angehören.

Nachdem gezeigt ist, daß ein den Funktionalgleichungen (43) und (43') genügender lösender Kern (46) in Form eines Quotienten beständig konvergenter Potenzreihen von λ vorhanden ist, steht auf Grund der früheren Schlußweise fest, daß die Integralgleichung (C) eine und nur eine Lösung besitzt, welche durch die Formel (42) dargestellt wird; dabei ist vorausgesetzt, daß λ keine Nullstelle der ganzen transzendenten Funktion $D(\lambda)$ ist.

Damit ist der Satz bewiesen:

Der Kern $K(s,t)$ der *Integralgleichung*

$$\text{(C)} \qquad \varphi(s) - \lambda \int_a^b K(s,t)\,\varphi(t)\,dt = f(s)$$

sei für $a \leq s \leq b$, $a \leq t \leq b$ *und die Funktion* $f(s)$ *für* $a \leq s \leq b$ *stetig. Die Reihen*

$$D(\lambda) = \sum_{n=0}^{\infty} (-1)^n A_n \lambda^n,$$

$$D(s,t;\lambda) = \sum_{n=0}^{\infty} (-1)^n A_n(s,t)\,\lambda^n$$

sind für alle Werte von λ *konvergent. Die lösende Funktion des Kerns* $K(s,t)$ *ist*

$$\Gamma(s,t;\lambda) = \frac{D(s,t;\lambda)}{D(\lambda)}.$$

Ist $D(\lambda)$ *von Null verschieden, so hat die Integralgleichung* (C) *eine und nur eine Lösung*

$$\varphi(s) = f(s) + \lambda \int_a^b \Gamma(s,t;\lambda) f(t)\,dt.$$

Setzt man hierin $f(s) \equiv 0$, so sieht man, daß die homogene Integralgleichung

$$\text{(D)} \qquad \varphi(s) - \lambda \int_a^b K(s,t)\,\varphi(t)\,dt = 0$$

nur die Lösung $\varphi(s) \equiv 0$ besitzt, wenn $D(\lambda) \neq 0$ ist.

Wir schließen eine Bemerkung an, von der im folgenden Gebrauch gemacht wird.

Mit Rücksicht auf die Ausdrücke (45) und (50) für A_n und $A_n(s,t)$ hat man

$$\text{(52)} \qquad n A_n = \int_a^b A_{n-1}(s,s)\,ds.$$

Wenn man diese Gleichung mit $(-1)^n \lambda^{n-1}$ multipliziert und über $n = 1, 2, \ldots$ summiert, erhält man

$$\sum_{n=1}^{\infty} (-1)^n n A_n \lambda^{n-1} = - \sum_{n=0}^{\infty} (-1)^n \lambda^n \int_a^b A_n(s,s)\,ds$$

oder

$$\frac{dD(\lambda)}{d\lambda} = -\int_a^b D(s, s; \lambda)\, ds. \tag{53}$$

Vermittels der beiden Rekursionsformeln (52) und (49) kann man, von $A_0 = 1$, $A_0(s, t) = K(s, t)$ ausgehend, A_n und $A_n(s, t)$ berechnen, ohne die Determinantenformeln (45) und (50) zu benutzen.

Geht man von der Integralgleichung (C) mit dem Kern $K(s, t)$ zu der transponierten Integralgleichung

$$\psi(s) = \lambda \int_a^b K(t, s)\, \psi(t)\, dt + g(s) \tag{C'}$$

mit dem Kern $K(t, s)$ über, so bleibt $D(\lambda)$ ungeändert. Denn die in dem Ausdruck (44), (45) für $D(\lambda)$ vorkommende Determinante

$$\begin{vmatrix} K(r_1, r_1), \ldots, K(r_1, r_n) \\ \cdot\ \cdot\ \cdot\ \cdot\ \cdot\ \cdot\ \cdot\ \cdot\ \cdot\ \cdot\ \cdot \\ K(r_n, r_1), \ldots, K(r_n, r_n) \end{vmatrix}$$

bleibt ungeändert, da bei der Vertauschung der beiden Argumente der Funktion K die Zeilen in Spalten übergehen. Wenn $D(\lambda)$ von Null verschieden ist, hat die Integralgleichung (C) eine und nur eine Lösung

$$\psi(s) = g(s) + \lambda \int_a^b \Gamma(t, s;\ \lambda)\, g(t)\, dt, \tag{54}$$

wo

$$\Gamma(t, s; \lambda) = \frac{D(t, s; \lambda)}{D(\lambda)} \tag{55}$$

ist. Denn man kann auf Grund der Funktionalgleichungen (47), (47′) oder (43), (43′) beweisen, daß jede der Gleichungen (C′) und (54) eine Folge der anderen ist.

§ 14. Beweis des Hadamardschen Determinantensatzes.

Wir tragen den Beweis des auf S. 62 ausgesprochenen Hadamardschen Determinantensatzes nach.

Wir lassen für die Elemente a_{ik} der Determinante D komplexe Werte zu. Wenn man jedes Element a_{ik} durch die konjugiert komplexe Größe $\bar{a}_{ik}$ ersetzt, gehe die Determinante D in $\bar{D}$ über. Wir zeigen zunächst, daß

$$D\bar{D} \leq \prod_{i=1}^{n} (a_{i1}\bar{a}_{i1} + \ldots + a_{in}\bar{a}_{in})$$

ist.

Wir setzen

$$s_i = a_{i1}\bar{a}_{i1} + \dots + a_{in}\bar{a}_{in} = |a_{i1}|^2 + \dots + |a_{in}|^2 \quad (i = 1, \dots, n)$$

und

$$\frac{a_{ik}}{\sqrt{s_i}} = a_{ik}, \quad \frac{\bar{a}_{ik}}{\sqrt{s_i}} = \bar{a}_{ik} \qquad (i, k = 1, \dots, n),$$

so daß

$$(\alpha) \qquad a_{i1}\bar{a}_{i1} + \dots + a_{in}\bar{a}_{in} = 1 \qquad (i = 1, \dots, n)$$

ist. Wir führen die Determinanten

$$\Delta = [a_{ik}], \ \bar{\Delta} = [\bar{a}_{ik}] \qquad (i, k = 1, \dots, n)$$

ein und suchen das Maximum von $\Delta\bar{\Delta}$ unter der Voraussetzung, daß die Größen a_{ik} und $\bar{a}_{ik}$ die n Bedingungen (α) erfüllen. Wenn man

$$a_{ik} = \xi_{ik} + \eta_{ik}\sqrt{-1}, \ \bar{a}_{ik} = \xi_{ik} - \eta_{ik}\sqrt{-1}$$

setzt, gehen die Bedingungen (α) in

$$\xi_{i1}^2 + \eta_{i1}^2 + \dots + \xi_{in}^2 + \eta_{in}^2 = 1 \qquad (i = 1, \dots, n)$$

über. Indem wir die Theorie der Maxima und Minima mit Nebenbedingungen anwenden, bilden wir unter Einführung der Parameter $\lambda_1, \dots, \lambda_n$ den Ausdruck

$$\Delta\bar{\Delta} - \sum_{i=1}^{n} \lambda_i \left(\sum_{k=1}^{n} a_{ik}\bar{a}_{ik} - 1 \right)$$

und setzen dessen partielle Ableitungen nach den $2n^2$ Größen ξ_{ik}, η_{ik} oder, was auf dasselbe hinauskommt, nach a_{ik}, $\bar{a}_{ik}$ gleich Null. Wir erhalten so, wenn

$$\mathsf{A}_{ik} = \frac{\partial \Delta}{\partial a_{ik}}, \ \bar{\mathsf{A}}_{ik} = \frac{\partial \bar{\Delta}}{\partial \bar{a}_{ik}}$$

die Unterdeterminanten von Δ bzw. $\bar{\Delta}$ sind, die $2n^2$ Gleichungen

$$\mathsf{A}_{ik}\bar{\Delta} = \lambda_i \bar{a}_{ik}, \ \Delta\bar{\mathsf{A}}_{ik} = \lambda_i a_{ik}.$$

Daraus folgt

$$\bar{\Delta}\sum_{k=1}^{n} \mathsf{A}_{ik} a_{ik} = \lambda_i \sum_{k=1}^{n} a_{ik}\bar{a}_{ik}$$

oder, da

$$\Delta = \sum_{k=1}^{n} \mathsf{A}_{ik} a_{ik}$$

ist, mit Rücksicht auf (α)

$$\Delta\bar{\Delta} = \lambda_i.$$

Da hiernach λ_i von i unabhängig ist, setzen wir

$$\Delta\bar{\Delta} = \lambda.$$

Weiter ist

$$\bar{\Delta}^n [\mathsf{A}_{ik}] = \lambda^n [\bar{a}_{ik}];$$

nun ist aber die aus den Unterdeterminanten A_{ik} der Determinante Δ gebildete Determinante gleich der $(n-1)^{\text{ten}}$ Potenz der Determinante Δ, also

$$\bar{\Delta}^n \Delta^{n-1} = \lambda^n \bar{\Delta}$$

oder

$$(\Delta \bar{\Delta})^{n-1} = \lambda^n,$$

also $\lambda^{n-1} = \lambda^n$, d. h. $\lambda = 1$, so daß das Maximum von $\Delta \bar{\Delta}$ gleich 1 ist. (Zu $\lambda = 0$ gehört das Minimum 0.)

Es ist also

$$\Delta \bar{\Delta} \leq 1$$

oder, da

$$\Delta = \frac{D}{\sqrt{s_1 \ldots s_n}}, \quad \bar{\Delta} = \frac{\bar{D}}{\sqrt{s_1 \ldots s_n}}$$

ist,

$$D\bar{D} \leq s_1 \ldots s_n,$$

w. z. b. w.

Aus $|a_{ik}| \leq \mathfrak{A}$ folgt

$$s_i = |a_{i1}|^2 + \ldots + |a_{in}|^2 \leq n\mathfrak{A}^2,$$

also

$$|D|^2 = D\bar{D} \leq (n\mathfrak{A}^2)^n = n^n \mathfrak{A}^{2n}$$

oder

$$|D| \leq \mathfrak{A}^n \sqrt{n^n}.$$

Damit ist der Hadamardsche Satz bewiesen.

§ 15. Lösung der homogenen Integralgleichung im Falle $D(\lambda) = 0$.

Nachdem die Integralgleichung (C) unter der Voraussetzung gelöst ist, daß die Determinante $D(\lambda)$ nicht verschwindet, verstehen wir unter $\lambda = \lambda_0$ eine Wurzel der Gleichung $D(\lambda) = 0$ und betrachten zunächst die homogene Integralgleichung

$$(\mathrm{D}_0) \qquad \varphi(s) - \lambda_0 \int_a^b K(s, t)\, \varphi(t)\, dt = 0.$$

Ist λ_0 eine einfache Nullstelle von $D(\lambda)$, also $D(\lambda_0) = 0$, $D'(\lambda_0) \neq 0$, so kann, weil die Gleichung (53)

$$D'(\lambda_0) = -\int_a^b D(s, s; \lambda_0)\, ds$$

besteht, $D(s, s; \lambda_0)$ nicht für alle Werte von s verschwinden. Wenn man in der Gleichung (47) $\lambda = \lambda_0$ setzt, erhält man die Gleichung

$$D(s, t; \lambda_0) = \lambda_0 \int_a^b K(s, r)\, D(r, t; \lambda_0)\, dr.$$

Werden die Zahlenwerte s_1, t_1 so gewählt, daß $D(s_1, t_1; \lambda_0)$ von Null verschieden ist, so kann die Funktion

$$\varphi(s) = D(s, t_1; \lambda_0),$$

welche der Gleichung

$$\varphi(s) = \lambda_0 \int_a^b K(s, r)\, \varphi(r)\, dr$$

genügt, nicht identisch in s verschwinden.

Um auch den Fall einer mehrfachen Wurzel der Gleichung $D(\lambda) = 0$ behandeln zu können, verallgemeinern wir die in § 13 benutzten Determinantenrelationen.

Indem wir die Bezeichnung

$$(56)\qquad K\begin{pmatrix} s_1, \ldots, s_m \\ t_1, \ldots, t_m \end{pmatrix} = \begin{vmatrix} K(s_1, t_1), & \ldots, & K(s_1, t_m) \\ \ldots & \ldots & \ldots \\ K(s_m, t_1), & \ldots, & K(s_m, t_m) \end{vmatrix}$$

benutzen, setzen wir

$$(57)\qquad \begin{cases} A_n(s_1, \ldots, s_m; t_1, \ldots, t_m) \\ = \dfrac{1}{n!} \displaystyle\int_a^b \cdots \int_a^b K\begin{pmatrix} s_1, \ldots, s_m, r_1, \ldots, r_n \\ t_1, \ldots, t_m, r_1, \ldots, r_n \end{pmatrix} dr_1 \ldots dr_n. \end{cases}$$

Dann stellt die Reihe

$$(58)\qquad \begin{cases} D(s_1, \ldots, s_m; t_1, \ldots, t_m; \lambda) \\ = \displaystyle\sum_{n=0}^{\infty} (-1)^n A_n(s_1, \ldots, s_m; t_1, \ldots, t_m)\, \lambda^n \end{cases}$$

eine ganze transzendente Funktion von λ dar, welche man als Unterdeterminante $m$ter Ordnung von $D(\lambda)$ bezeichnet.

Ähnlich wie die Gleichung (53) in § 13 beweist man die folgende allgemeinere Gleichung

$$(59)\qquad \frac{d^p D(\lambda)}{d\lambda^p} = (-1)^p \int_a^b \cdots \int_a^b D(s_1, \ldots, s_p; s_1, \ldots, s_p; \lambda)\, ds_1 \ldots ds_p.$$

Wären für einen gewissen Wert $\lambda = \lambda_0$ sämtliche Unterdeterminanten

$$D(s_1, \ldots, s_p; t_1, \ldots, t_p; \lambda) \qquad (p = 0, 1, 2, \ldots)$$

identisch in $s_1, \ldots; t_1, \ldots$ gleich Null, so verschwänden alle Ableitungen von $D(\lambda)$ für $\lambda = \lambda_0$, was nicht möglich ist, da $\lambda = \lambda_0$ für die ganze transzendente Funktion $D(\lambda)$ nur eine Nullstelle von endlicher Ordnung sein kann.

Die Determinantenrelation (51) läßt sich folgendermaßen verallgemeinern:

$$
(60)\quad \left\{
\begin{aligned}
& K\begin{pmatrix} s_1, \ldots, s_m, r_1, \ldots, r_n \\ t_1, \ldots, t_m, r_1, \ldots, r_n \end{pmatrix} \\
&= K(s_1, t_1)\, K\begin{pmatrix} s_2, \ldots, s_m, r_1, \ldots, r_n \\ t_2, \ldots, t_m, r_1, \ldots, r_n \end{pmatrix} \\
&- K(s_1, t_2)\, K\begin{pmatrix} s_2, s_3, \ldots, s_m, r_1, \ldots, r_n \\ t_1, t_3, \ldots, t_m, r_1, \ldots, r_n \end{pmatrix} \\
&+ \cdots\cdots\cdots\cdots \\
&+ (-1)^m K(s_1, r_1)\, K\begin{pmatrix} s_2, \ldots, s_m, & r_1, r_2, \ldots, r_n \\ t_1, \ldots, t_{m-1}, & t_m, r_2, \ldots, r_n \end{pmatrix} \\
&+ \cdots\cdots\cdots\cdots
\end{aligned}
\right.
$$

Wenn man beide Seiten der Gleichung (60) in bezug auf jede der Veränderlichen $r_1, \ldots, r_n$ zwischen a und b integriert und durch $n!$ dividiert, erhält man die der Gleichung (49) entsprechende Gleichung

$$
(61)\quad \left\{
\begin{aligned}
& A_n(s_1, \ldots, s_m; t_1, \ldots, t_m) \\
&= K(s_1, t_1)\, A_n(s_2, \ldots, s_m; t_2, \ldots, t_m) \\
&- K(s_1, t_2)\, A_n(s_2, s_3, \ldots, s_m; t_1, t_3, \ldots, t_m). \\
&+ \cdots\cdots\cdots\cdots \\
&- \int_a^b K(s_1, r)\, A_{n-1}(r, s_2, \ldots, s_m; t_1, t_2, \ldots, t_m)\, dr.
\end{aligned}
\right.
$$

Durch Multiplikation dieser Gleichung mit $(-1)^n \lambda^n$ und Summation über $n = 0, 1, 2, \ldots$ erhält man

$$
(62)\quad \left\{
\begin{aligned}
& D(s_1, \ldots, s_m; t_1, \ldots, t_m; \lambda) \\
&= K(s_1, t_1)\, D(s_2, \ldots, s_m; t_2, \ldots, t_m; \lambda) \\
&- K(s_1, t_2)\, D(s_2, \ldots, s_m; t_1, t_3, \ldots, t_m; \lambda) \\
&+ \cdots\cdots\cdots\cdots \\
&+ \lambda \int_a^b K(s_1, r)\, D(r, s_2, \ldots, s_m; t_1, t_2, \ldots, t_m; \lambda)\, dr.
\end{aligned}
\right.
$$

Für $\lambda = \lambda_0$ mögen außer der Determinante $D(\lambda)$ auch die Unterdeterminanten von geringerer als der $m$ten Ordnung verschwinden, während $D(s_1, \ldots, s_m; t_1, \ldots, t_m; \lambda_0)$ nicht für alle

Werte von $s_1, \ldots, s_m; t_1, \ldots, t_m$ verschwindet. Nach Gleichung (59) ist

$$D^{(p)}(\lambda_0) = (-1)^p \int_a^b \cdots \int_a^b D(s_1, \ldots, s_p; s_1, \ldots, s_p; \lambda_0)\, ds_1 \ldots ds_p;$$

setzt man $p = 1, 2, \ldots, m-1$, so sieht man, daß außer $D(\lambda_0) = 0$ auch $D'(\lambda_0) = 0, \ldots, D^{(m-1)}(\lambda_0) = 0$ ist, daß also $\lambda = \lambda_0$ eine mindestens m-fache Wurzel der Gleichung $D(\lambda) = 0$ ist. Es ist nicht ausgeschlossen, daß auch $D^{(m)}(\lambda_0) = 0$, also $\lambda = \lambda_0$ eine mehr als m-fache Wurzel ist. Die Gleichung (62) schreibt sich jetzt

$$(63)\; D(s_1, \ldots, s_m; t_1, \ldots, t_m; \lambda_0) = \lambda_0 \int_a^b K(s_1, r)\, D(r, s_2, \ldots, s_m; t_1, \ldots, t_m; \lambda_0)\, dr$$

oder, wenn man s_1 durch s ersetzt,

$$(64)\; D(s, s_2, \ldots, s_m; t_1, \ldots, t_m; \lambda_0) = \lambda_0 \int_a^b K(s, r)\, D(r, s_2, \ldots, s_m; t_1, \ldots, t_m; \lambda_0)\, dr.$$

Setzt man für $s_1, \ldots, s_m; t_1, \ldots, t_m$ solche Zahlenwerte, daß $D(s_1, \ldots, s_m; t_1, \ldots, t_m; \lambda_0)$ nicht verschwindet, so stellt der Ausdruck

$$\varphi(s) = D(s, s_2, \ldots, s_m; t_1, \ldots, t_m; \lambda_0)$$

sowohl wie der Ausdruck

$$\varphi(s) = \frac{D(s, s_2, \ldots, s_m; t_1, \ldots, t_m; \lambda_0)}{D(s_1, \ldots, s_m; t_1, \ldots, t_m; \lambda_0)}$$

eine Lösung der homogenen Integralgleichung (D_0)

$$\varphi(s) - \lambda_0 \int_a^b K(s, r)\, \varphi(r)\, dr = 0$$

dar. So ergeben sich m Lösungen

$$(65)\quad \varphi_i(s) = \frac{D(s_1, \ldots, s_{i-1}, s, s_{i+1}, \ldots, s_m; t_1, \ldots, t_m; \lambda_0)}{D(s_1, \ldots, s_m; t_1, \ldots, t_m; \lambda_0)} \quad (i = 1, \ldots, m)$$

der Gleichung (D_0).

Wir weisen nach, daß die m Funktionen $\varphi_1(s), \ldots, \varphi_m(s)$ linear unabhängig sind.

Aus dem Ausdruck (65) für $\varphi_i(s)$ geht hervor, daß

$$(66)\qquad \varphi_i(s_i) = 1, \quad \varphi_i(s_j) = 0 \quad (j \neq i)$$

ist. Besteht eine Gleichung

$$c_1 \varphi_1(s) + \ldots + c_m \varphi_m(s) = 0$$

mit konstanten Koeffizienten $c_1, \ldots, c_m$, so hat man für $s = s_i$

$$c_1 \varphi_1(s_i) + \ldots + c_i \varphi_i(s_i) + \ldots + c_m \varphi_m(s_i) = 0,$$

also mit Rücksicht auf (66) $c_i = 0$.

Setzt man an Stelle der Formel (60) diejenige, welche man erhält, indem man bei der Entwicklung der Determinante (60) die Zeilen und Kolonnen vertauscht, so wird die Formel (62) durch die folgende ersetzt:

$$(67)\quad \begin{cases} D(s_1, \ldots, s_m;\, t_1, \ldots, t_m;\, \lambda) \\ = K(s_1, t_1)\, D(s_2, \ldots, s_m;\, t_2, \ldots, t_m;\, \lambda) \\ - K(s_2, t_1)\, D(s_1, s_3, \ldots, s_m;\, t_2, \ldots, t_m;\, \lambda) \\ + \;.\;.\;.\;.\;.\;.\;.\;.\;.\;.\;.\;.\;.\;.\;. \\ + \lambda \int\limits_a^b K(r, t_1)\, D(s_1, \ldots, s_m;\, r, t_2, \ldots, t_m)\, dr. \end{cases}$$

Für $\lambda = \lambda_0$, wo λ_0 dieselbe Bedeutung hat wie vorhin, geht diese Gleichung, wenn man noch t_1 durch t ersetzt, über in

$$(68)\quad \begin{cases} D(s_1, \ldots, s_m;\, t, t_2, \ldots, t_m) \\ = \lambda_0 \int\limits_a^b K(r, t)\, D(s_1, \ldots, s_m;\, r, t_2, \ldots, t_m;\, \lambda_0)\, dr. \end{cases}$$

Demnach genügt die Funktion

$$\psi(t) = D(s_1, \ldots, s_m;\, t, t_2, \ldots, t_m;\, \lambda_0)$$

oder

$$\psi(t) = \frac{D(s_1, \ldots, s_m;\, t, t_2, \ldots, t_m;\, \lambda_0)}{D(s_1, \ldots, s_m;\, t_1, \ldots, t_m;\, \lambda_0)}$$

der Gleichung

$$(\mathrm{D}_0')\qquad \psi(t) - \lambda_0 \int\limits_a^b \psi(r)\, K(r, t)\, dr = 0.$$

Auf diesem Wege ergeben sich die m Lösungen

$$(69)\quad \psi_i(t) = \frac{D(s_1, \ldots, s_m;\, t_1, \ldots, t_{i-1}, t, t_{i+1}, \ldots, t_m;\, \lambda_0)}{D(s_1, \ldots, s_m;\, t_1, \ldots, t_m;\, \lambda_0)} \quad (i = 1, \ldots, m)$$

der homogenen Integralgleichung (D_0').

Wie oben ergibt sich, daß $\psi_1(t), \ldots, \psi_m(t)$ linear unabhängig sind.

Wir zeigen, daß die allgemeinste Lösung $\varphi(s)$ der Integralgleichung (D_0) eine lineare homogene Funktion von $\varphi_1(s), \ldots, \varphi_m(s)$ mit konstanten Koeffizienten ist.

Der Formel (67) entsprechend ist

$$(70)\quad \begin{cases} D(s, s_1, \ldots, s_m;\, t, t_1, \ldots, t_m;\, \lambda) - K(s, t)\, D(s_1, \ldots, s_m;\, t_1, \ldots, t_m;\, \lambda) \\ \qquad - \lambda \int\limits_a^b K(r, t)\, D(s, s_1, \ldots, s_m;\, r, t_1, \ldots, t_m;\, \lambda)\, dr \\ = - K(s_1, t)\, D(s, s_2, \ldots, s_m;\, t_1, \ldots, t_m;\, \lambda) \\ \qquad + K(s_2, t)\, D(s, s_1, s_3, \ldots, s_m;\, t_1, \ldots, t_m;\, \lambda) - \ldots. \end{cases}$$

Wir setzen hierin $\lambda = \lambda_0$, dividieren durch $D(s_1, \ldots, s_m; t_1, \ldots, t_m; \lambda_0)$ und benutzen die Bezeichnung

$$\text{(71)} \quad \begin{cases} \Gamma(s, t) = \Gamma(s, s_1, \ldots, s_m; t, t_1, \ldots, t_m; \lambda_0) \\ \qquad = \dfrac{D(s, s_1, \ldots, s_m; t, t_1, \ldots, t_m; \lambda_0)}{D(s_1, \ldots, s_m; t_1, \ldots, t_m; \lambda_0)}. \end{cases}$$

Dann ist

$$\text{(72)} \quad \begin{cases} \Gamma(s, t) - K(s, t) - \lambda_0 \int_a^b K(r, t)\, \Gamma(s, r)\, dr \\ = -K(s_1, t)\, \varphi_1(s) + K(s_2, t)\, \varphi_2(s) - \ldots . \end{cases}$$

Durch Multiplikation mit $\varphi(t)\, dt$ und Integration erhalten wir

$$\text{(73)} \int_a^b \Gamma(s, t)\, \varphi(t)\, dt - \int_a^b K(s, t)\, \varphi(t)\, dt - \lambda_0 \int_a^b \Gamma(s, r)\, dr \int_a^b K(r, t)\, \varphi(t)\, dt$$

$$= -\int_a^b K(s_1, t)\, \varphi(t)\, dt \cdot \varphi_1(s) + \int_a^b K(s_2, t)\, \varphi(t)\, dt \cdot \varphi_2(s) - \ldots .$$

Ist $\varphi(s)$ eine beliebige Lösung der Integralgleichung (D_0), also

$$\int_a^b K(s, t)\, \varphi(t)\, dt = \frac{\varphi(s)}{\lambda_0},$$

so hat man

$$\int_a^b \Gamma(s, t)\, \varphi(t)\, dt - \frac{\varphi(s)}{\lambda_0} - \int_a^b \Gamma(s, r)\, \varphi(r)\, dr$$

$$= -\frac{\varphi(s_1)}{\lambda_0}\, \varphi_1(s) + \frac{\varphi(s_2)}{\lambda_0}\, \varphi_2(s) - \ldots$$

oder nach Multiplikation mit $-\lambda_0$

$$\text{(74)} \qquad \varphi(s) = \sum_{i=1}^{m} c_i\, \varphi_i(s),$$

wo $c_1 = -\varphi(s_1)$, $c_2 = \varphi(s_2)$, ... Konstante sind.

Ebenso beweist man, daß die allgemeinste Lösung $\psi(t)$ von (D_0') eine lineare homogene Verbindung von $\psi_1(t), \ldots, \psi_m(t)$ mit konstanten Koeffizienten ist.

Wir haben demnach den Satz:

Verschwindet für $\lambda = \lambda_0$ die Determinante $D(\lambda)$ nebst ihren Unterdeterminanten von geringerer als der mten Ordnung[1]*), ist aber $D(s_1, \ldots, s_m; t_1, \ldots, t_m; \lambda_0)$ von Null verschieden, so besitzt die homogene Integralgleichung*

$$(D_0) \qquad \varphi(s) - \lambda_0 \int_a^b K(s, t)\, \varphi(t)\, dt = 0$$

[1]) Die Unterdeterminante $m$ter Ordnung $D(s_1, \ldots, s_m; t_1, \ldots, t_m; \lambda)$ ist durch die Formeln (56), (57) und (58) definiert.

die m linear unabhängigen Lösungen

$$\varphi_i(s) = \frac{D(s_1, \ldots, s_{i-1}, s, s_{i+1}, \ldots, s_m; t_1, \ldots, t_m; \lambda_0)}{D(s_1, \ldots, s_m; t_1, \ldots, t_m; \lambda_0)} \qquad (i = 1, \ldots, m),$$

durch welche sich jede Lösung in der Form

$$\varphi(s) = c_1 \varphi_1(s) + \ldots + c_m \varphi_m(s)$$

mit konstanten Koeffizienten $c_1, \ldots, c_m$ *darstellen läßt.*

Die transponierte Integralgleichung

$$(\mathrm{D}_0') \qquad \psi(t) - \lambda_0 \int_a^b K(s, t)\, \psi(s)\, ds = 0$$

hat ebenfalls m linear unabhängige Lösungen

$$\psi_i(t) = \frac{D(s_1, \ldots, s_m; t_1, \ldots, t_{i-1}, t, t_{i+1}, \ldots, t_m; \lambda_0)}{D(s_1, \ldots, s_m; t_1, \ldots, t_m; \lambda_0)} \qquad (i = 1, \ldots, m),$$

durch welche sich jede Lösung in der Form

$$\psi(t) = c_1 \psi_1(t) + \ldots + c_m \psi_m(t)$$

mit konstanten Koeffizienten $c_1, \ldots, c_m$ *ausdrücken läßt.*

Unter Verallgemeinerung der in § 8 eingeführten Bezeichnungen kann man eine Wurzel λ_0 der Gleichung $D(\lambda) = 0$ als **Eigenwert** des Kerns $K(s, t)$ bezeichnen; dazu gehören als **Eigenfunktionen** sowohl die Lösungen $\varphi_1(s), \ldots, \varphi_m(s)$ der homogenen Integralgleichung (D_0) als auch die Lösungen $\psi_1(t), \ldots, \psi_m(t)$ der transponierten Integralgleichung (D_0').

§ 16. Lösung der nichthomogenen Integralgleichung im Falle $D(\lambda) = 0$.

Wir werfen noch die Frage auf, unter welchen Bedingungen die nichthomogene Integralgleichung (C) lösbar ist, wenn für λ eine Wurzel λ_0 der Gleichung $D(\lambda) = 0$ gesetzt wird.

Wenn man die Gleichung

$$(\mathrm{C}_0) \qquad \varphi(s) - \lambda_0 \int_a^b K(s, t)\, \varphi(t)\, dt = f(s)$$

nach Multiplikation mit $\psi_i(s)\, ds$ $(i = 1, \ldots, m)$ zwischen den Grenzen a und b integriert, erhält man

$$\int_a^b \varphi(s)\, \psi_i(s)\, ds - \lambda_0 \int_a^b \int_a^b K(s, t)\, \psi_i(s)\, \varphi(t)\, ds\, dt = \int_a^b f(s)\, \psi_i(s)\, ds.$$

Die linke Seite dieser Gleichung verschwindet, denn sie wird erhalten, indem man die Gleichung

$$\psi_i(s) - \lambda_0 \int_a^b \psi_i(r)\, K(r, s)\, dr = 0,$$

welche aussagt, daß $\psi_i(t)$ der homogenen Integralgleichung (D_0') genügt, nach Multiplikation mit $\varphi(s)\,ds$ zwischen a und b integriert. Also muß

$$\int_a^b f(s)\,\psi_i(s)\,ds = 0 \qquad (i = 1, \ldots, m) \tag{75}$$

sein, mit anderen Worten, $f(s)$ muß zu den Lösungen $\psi_1(s), \ldots, \psi_m(s)$ der transponierten Integralgleichung (D_0') orthogonal sein.

Wir setzen die Bedingungen als erfüllt voraus und fragen, ob die Gleichung (C_0) Lösungen besitzt.

Ist $\varphi(s)$ eine beliebige Lösung der nichthomogenen Integralgleichung (C_0), also

$$\int_a^b K(s, t)\,\varphi(t)\,dt = \frac{\varphi(s) - f(s)}{\lambda_0},$$

so folgt aus (73)

$$\int_a^b \Gamma(s, t)\,\varphi(t)\,dt - \frac{\varphi(s) - f(s)}{\lambda_0} - \lambda_0 \int_a^b \Gamma(s, r)\,\frac{\varphi(r) - f(r)}{\lambda_0}\,dr$$
$$= -\frac{\varphi(s_1) - f(s_1)}{\lambda_0}\,\varphi_1(s) + \frac{\varphi(s_2) - f(s_2)}{\lambda_0}\,\varphi_2(s) - \cdots.$$

Hiernach ist

$$\varphi(s) = f(s) + \lambda_0 \int_a^b \Gamma(s, t)\,f(t)\,dt + \sum_{i=1}^{m} c_i\,\varphi_i(s), \tag{76}$$

wo $c_1 = \varphi(s_1) - f(s_1)$, $c_2 = -\varphi(s_2) + f(s_2)$, ... Konstante sind.

Aus einer Lösung der Gleichung (C_0) geht durch Addition der Lösung $\sum_{i=1}^{m} c_i\,\varphi_i(s)$ der homogenen Gleichung (D_0) wieder eine Lösung der Gleichung (C_0) hervor; wir brauchen also nur zu zeigen, daß

$$\varphi(s) = f(s) + \lambda_0 \int_a^b \Gamma(s, t)\,f(t)\,dt \tag{77}$$

der Gleichung (C_0) genügt.

An Stelle der Formel (72) benutzen wir die Formel

$$\left\{\begin{aligned} &\Gamma(s, t) - K(s, t) - \lambda_0 \int_a^b K(s, r)\,\Gamma(r, t)\,dr \\ &= -K(s, t_1)\,\psi_1(t) + K(s, t_2)\,\psi_2(t) - \cdots, \end{aligned}\right. \tag{78}$$

welche aus (62) ebenso folgt wie (72) aus (67). Wenn man die Gleichung (77)

$$\varphi(t) = f(t) + \lambda_0 \int_a^b \Gamma(t, r)\,f(r)\,dr$$

mit $K(s, t)\,dt$ multipliziert und zwischen a und b integriert, erhält man wie in § 12

$$\int_a^b K(s, t)\,\varphi(t)\,dt = \int_a^b K(s, t)\,f(t)\,dt + \lambda_0 \int_a^b f(t)\,dt \int_a^b K(s, r)\,\Gamma(r, t)\,dr$$

oder mit Rücksicht auf (78)

$$\int_a^b K(s,t)\,\varphi(t)\,dt = \int_a^b K(s,t)\,f(t)\,dt$$

$$+ \int_a^b [\Gamma(s,t) - K(s,t) + K(s,t_1)\,\psi_1(t) - K(s,t_2)\,\psi_2(t) + \ldots]\,f(t)\,dt$$

$$= \int_a^b \Gamma(s,t)\,f(t)\,dt + K(s,t_1)\int_a^b f(t)\,\psi_1(t)\,dt - K(s,t_2)\int_a^b f(t)\,\psi_2(t)\,dt + \ldots.$$

Mit Rücksicht auf die Relationen (75) ist also

$$\int_a^b \Gamma(s,t)\,f(t)\,dt = \int_a^b K(s,t)\,\varphi(t)\,dt,$$

w. z. b. w.

Es gilt also der Satz:

Die nichthomogene Integralgleichung

$$(\mathrm{C}_0) \qquad \varphi(s) - \lambda_0 \int_a^b K(s,t)\,\varphi(t)\,dt = f(s)$$

ist dann und nur dann lösbar, wenn

$$\int_a^b f(s)\,\psi_i(s)\,ds = 0 \qquad (i = 1, \ldots, m)$$

ist, wo $\psi_1(t), \ldots, \psi_m(t)$ *die m linear unabhängigen Lösungen der Gleichung*

$$\psi(t) - \lambda_0 \int_a^b \psi(s)\,K(s,t)\,ds = 0$$

sind. Sind diese Bedingungen erfüllt, so wird die allgemeinste Lösung der Integralgleichung (C_0) *durch*

$$\varphi(s) = f(s) + \lambda_0 \int_a^b \Gamma(s,t)\,f(t)\,dt + c_1\,\varphi_1(s) + \ldots + c_m\,\varphi_m(s)$$

dargestellt, wo

$$\Gamma(s,t) = \frac{D(s, s_1, \ldots, s_m; t, t_1, \ldots, t_m; \lambda_0)}{D(s_1, \ldots, s_m; t_1, \ldots, t_m; \lambda_0)}$$

ist und $c_1, \ldots, c_m$ *willkürliche Konstante sind.*

§ 17. Beweis der Existenz eines Eigenwertes des symmetrischen Kerns.

Im folgenden benutzen wir die Schwarzsche Ungleichung, die wir zunächst beweisen wollen.

Die Funktionen $\varphi(x)$ und $\psi(x)$ seien im Intervall $a \leq x \leq b$ reell und stetig. Wenn $\varkappa$ eine reelle Größe ist, ist

$$\int_a^b [\varkappa\varphi(x) + \psi(x)]^2\,dx \geq 0,$$

da die zu integrierende Funktion niemals negativ ist. Es ist also

$$\varkappa^2 \int_a^b [\varphi(x)]^2 \, dx + 2 \varkappa \int_a^b \varphi(x) \, \psi(x) \, dx + \int_a^b [\psi(x)]^2 \, dx \geq 0.$$

Soll die quadratische Funktion $A \varkappa^2 + 2 B \varkappa + C$ nicht Werte verschiedenen Vorzeichens annehmen, so muß $B^2 - AC \leq 0$ oder $B^2 \leq AC$ sein. Wir haben demnach die Schwarzsche Ungleichung

$$\left[\int_a^b \varphi(x) \, \psi(x) \, dx\right]^2 \leq \int_a^b [\varphi(x)]^2 \, dx \cdot \int_a^b [\psi(x)]^2 \, dx. \tag{79}$$

Ebenso findet man, wenn $\varphi(x, y)$ und $\psi(x, y)$ für $a \leq x \leq b$, $a \leq y \leq b$ reell und stetig sind, die Ungleichung

$$\left[\int_a^b \int_a^b \varphi(x, y) \, \psi(x, y) \, dx \, dy\right]^2 \leq \int_a^b \int_a^b [\varphi(x, y)]^2 \, dx \, dy \cdot \int_a^b \int_a^b [\psi(x, y)]^2 \, dx \, dy. \tag{80}$$

Wir beweisen den Satz:

Die Determinante $D(\lambda)$ eines reellen symmetrischen Kerns besitzt mindestens eine Nullstelle.

Nach (53) ist

$$D'(\lambda) = -\int_a^b D(r, r; \lambda) \, dr,$$

also mit Rücksicht auf (55)

$$\frac{D'(\lambda)}{D(\lambda)} = -\int_a^b \frac{D(r, r; \lambda)}{D(\lambda)} \, dr = -\int_a^b \Gamma(r, r; \lambda) \, dr.$$

Nach (41) ist

$$\Gamma(r, r; \lambda) = \sum_{n=0}^{\infty} K^{(n+1)}(r, r) \, \lambda^n$$

in eine Potenzreihe von λ entwickelbar, die in einer gewissen Umgebung von $\lambda = 0$ konvergiert. Dasselbe gilt, wenn

$$U_n = \int_a^b K^n(r, r) \, dr \tag{81}$$

gesetzt wird, für

$$\frac{D'(\lambda)}{D(\lambda)} = -\sum_{n=0}^{\infty} U_{n+1} \, \lambda^n. \tag{82}$$

Wir weisen nach, daß die Potenzreihe von λ

$$\sum_{n=0}^{\infty} U_{n+1} \, \lambda^n \tag{83}$$

nicht für alle Werte von λ konvergieren kann. Auf der Peripherie des Konvergenzkreises muß eine singuläre Stelle der Funktion (82) oder eine Nullstelle der ganzen transzendenten Funktion $D(\lambda)$ liegen.

Wenn p und q ganze positive Zahlen sind, ist

$$U_{p+q} = \int_a^b K^{p+q}(r, r)\, dr$$

und, da der Kern $K(s, t)$ nebst allen iterierten Kernen **symmetrisch** ist,

$$K^{p+q}(r, r) = \int_a^b K^p(r, r')\, K^q(r', r)\, dr' = \int_a^b K^p(r, r')\, K^q(r, r')\, dr',$$

also

$$U_{p+q} = \int_a^b\int_a^b K^p(r, r')\, K^q(r, r')\, dr\, dr'.$$

Die Größe

$$U_{2p} = \int_a^b\int_a^b [K^p(r, r')]^2\, dr\, dr'$$

kann, da $K^p(r, r')$ nicht identisch verschwindet, nicht gleich Null sein. Die Schwarzsche Ungleichung ergibt, wenn man $\varphi(x, y)$ und $\psi(x, y)$ durch $K^p(r, r')$ und $K^q(r, r')$ ersetzt:

$$U_{p+q}^2 \leq U_{2p}\, U_{2q}.$$

Insbesondere ist, wenn man $p = n + 1$, $q = n - 1$ setzt,

$$U_{2n}^2 \leq U_{2n+2}\, U_{2n-2}$$

oder

$$\frac{U_{2n+2}}{U_{2n}} \geq \frac{U_{2n}}{U_{2n-2}} \geq \frac{U_4}{U_2} > 0.$$

Die absoluten Beträge zweier aufeinander folgenden Glieder der Reihe

$$\sum_{n=1}^{\infty} U_{2n}\, \lambda^{2n-1} \tag{84}$$

haben den Quotienten

$$\frac{U_{2n+2}}{U_{2n}} |\lambda|^2,$$

welcher für

$$|\lambda| > \sqrt{\frac{U_2}{U_4}}$$

größer als

$$\frac{U_{2n+2}}{U_{2n}} \frac{U_2}{U_4} \geq 1$$

ist, so daß die Reihe (84) für hinreichend große Werte von $|\lambda|$ divergent ist. Demnach kann auch die Reihe (83), von welcher die Reihe (84) einen Teil bildet, nicht für alle Werte von λ konvergent sein.

Ist $\lambda = \lambda_0$ eine Nullstelle der Determinante $D(\lambda)$, so besitzt die Integralgleichung

$$\varphi(s) = \lambda \int_a^b K(s, t)\, \varphi(t)\, dt$$

nach § 15 für $\lambda = \lambda_0$ mindestens eine Lösung; $\lambda = \lambda_0$ ist also ein Eigenwert des jetzt als symmetrisch vorausgesetzten Kernes $K(s, t)$. Damit ist der am Schluß von § 8 ausgesprochene Satz von Hilbert bewiesen.

Ist $\lambda = \lambda_0$ eine m-fache Nullstelle von $D(\lambda)$, so besitzt die homogene Integralgleichung (A_0) mit symmetrischem Kern m linear unabhängige Lösungen, wie wir hier ohne Beweis angeben. Für den unsymmetrischen Kern konnte in § 15 nur bewiesen werden, daß die Zahl m der linear unabhängigen Lösungen der homogenen Integralgleichung

$$(A_0) \qquad \varphi(s) = \lambda_0 \int_a^b K(s, t)\, \varphi(t)\, dt$$

höchstens gleich der Vielfachheit der Wurzel λ_0 der Gleichung $D(\lambda) = 0$ ist.

Wenn der Kern $K(s, t)$ unsymmetrisch ist, braucht die Determinante $D(\lambda)$ keine Nullstellen zu besitzen.

§ 18. Kerne, welche unendlich werden. Integralgleichungen für Funktionen zweier Veränderlichen.

Wenn, wie es häufig vorkommt, der Kern $K(s, t)$ für $s = t$ unendlich wird, verlieren die in § 13 entwickelten Formeln ihre Gültigkeit, weil $K(r_1, r_1), \ldots, K(r_n, r_n)$ unendlich sind. Wir nehmen an, der Kern $K(s, t)$ werde für $s = t$ von geringerer als der $\frac{1}{2}$ten Ordnung unendlich, d. h. es sei eine zwischen 0 und $\frac{1}{2}$ gelegene Zahl α so vorhanden, daß $(s - t)^\alpha\, K(s, t)$ für $s = t$ nicht mehr unendlich wird.

Wir ersetzen in den Formeln (45) und (50) die Größen $K(r_1, r_1), \ldots, K(r_n, r_n)$ durch Null, so daß wir haben:

$$(85) \qquad A_n = \frac{1}{n!} \int_a^b \cdots \int_a^b \begin{vmatrix} 0, & K(r_1, r_2), & \ldots, & K(r_1, r_n) \\ K(r_2, r_1), & 0, & \ldots, & K(r_2, r_n) \\ \cdot & \cdot & \cdot & \cdot \\ K(r_n, r_1), & K(r_n, r_2), & \ldots, & 0 \end{vmatrix} dr_1 \ldots dr_n,$$

$$(86) \qquad A_n(s, t) = \frac{1}{n!} \int_a^b \cdots \int_a^b \begin{vmatrix} K(s, t), & K(s, r_1), & \ldots, & K(s, r_n) \\ K(r_1, t), & 0, & \ldots, & K(r_1, r_n) \\ \cdot & \cdot & \cdot & \cdot \\ K(r_n, t), & K(r_n, r_1), & \ldots, & 0 \end{vmatrix} dr_1 \ldots dr_n.$$

Dann bleibt die Gleichung (49) bestehen. Wir definieren $D(\lambda)$ und $D(s, t; \lambda)$ durch die Gleichungen (44) und (48), worin nur jetzt unter A_n und $A_n(s, t)$ die Ausdrücke (85) und (86) verstanden werden. Man kann beweisen, daß unter der oben über den Kern $K(s, t)$ gemachten Voraussetzung die Potenzreihe $D(\lambda)$ für alle Werte von λ und daß

$$D(s, t; \lambda) - K(s, t) D(\lambda)$$

für alle Werte von λ und für $a \leq s \leq b$, $a \leq t \leq b$ konvergent ist. Wie $D(s, t; \lambda)$ hat auch die lösende Funktion

$$\Gamma(s, t; \lambda) = \frac{D(s, t; \lambda)}{D(\lambda)}$$

des Kerns $K(s, t)$ die singuläre Linie $s = t$, aber die Differenz

$$\Gamma(s, t; \lambda) - K(s, t)$$

wird, wenn $D(\lambda) \neq 0$ ist, für $s = t$ nicht mehr unendlich. Die Gleichungen (47), (47′) und (43), (43′) bleiben bestehen. Mit Hilfe der letzteren beweist man wie früher, daß die Integralgleichung (C) die einzige Lösung (42) besitzt, wenn $D(\lambda)$ von Null verschieden ist.

Auch die in § 15 aufgestellten Sätze über die Lösungen der homogenen Integralgleichung (D_0), wo λ_0 eine Nullstelle von $D(\lambda)$ ist, bleiben bestehen; man hat nur in allen in § 15 benutzten Determinanten $K(r_1, r_1), \ldots, K(r_n, r_n)$ durch Null zu ersetzen.

Bisweilen ist es nützlich, eine Integralgleichung mit dem Kern $K(s, t)$ auf eine Integralgleichung mit dem iterierten Kern $K^2(s, t)$ zurückzuführen. Diese Zurückführung kann man vornehmen, wenn der als integrierbar vorausgesetzte Kern im Integrationsgebiet unendlich wird, während $K^2(s, t)$ beschränkt ist.

Ersetzt man im zweiten Glied der Integralgleichung (C)

$$\varphi(s) - \lambda \int_a^b K(s, r) \varphi(r) \, dr = f(s)$$

die Funktion $\varphi(r)$ durch

$$f(r) + \lambda \int_a^b K(r, t) \varphi(t) \, dt,$$

so erhält man unter Benutzung der Bezeichnung

(87) $$K^2(s, t) = \int_a^b K(s, r) K(r, t) \, dr$$

die Integralgleichung

(88) $$\varphi(s) - \lambda^2 \int_a^b K^2(s, t) \varphi(t) \, dt = f(s) + \lambda \int_a^b K(s, t) f(t) \, dt,$$

deren rechte Seite eine gegebene Funktion von s ist. Eine Lösung $\varphi(s)$ der Integralgleichung (C) mit dem Kern $K(s, t)$ stellt also auch eine Lösung der Integralgleichung (88) mit dem Kern $K^2(s, t)$ dar.

Wenn der Kern $K^2(s, t)$ endlich und λ^2 keine Nullstelle der Determinante des Kerns $K^2(s, t)$ ist, hat die Integralgleichung (88) eine und nur eine Lösung $\varphi(s)$, welche auch der Integralgleichung (C) genügt.

Zum Beweise der letzten Behauptung multiplizieren wir die Gleichung (88) mit $K(r, s)\,ds$ und integrieren nach s zwischen den Grenzen a und b. Wenn wir schließlich s statt r schreiben, haben wir die Gleichung

$$\int_a^b K(s, t) f(t)\,dt + \lambda \int_a^b K^2(s, t) f(t)\,dt$$

$$= \int_a^b K(s, t)\,\varphi(t)\,dt - \lambda^2 \int_a^b K^3(s, t)\,\varphi(t)\,dt.$$

Dieselbe Gleichung erhalten wir, wenn wir in (88) an Stelle von $\varphi(s)$ die Funktion

$$\psi(s) = f(s) + \lambda \int_a^b K(s, t)\,\varphi(t)\,dt$$

setzen. Daraus folgt, daß $\psi(s)$ der Gleichung (88) genügt. Da aber die Gleichung (88) nur eine Lösung besitzt, so muß $\psi(s)$ mit $\varphi(s)$ übereinstimmen, es muß also

$$\varphi(s) = f(s) + \lambda \int_a^b K(s, t)\,\varphi(t)\,dt$$

sein, d. h. $\varphi(s)$ ist eine Lösung der Integralgleichung (C).

Bisher handelte es sich darum, durch Auflösung einer Integralgleichung aus einer gegebenen Funktion $f(s)$ einer einzigen Veränderlichen eine ebenfalls von einer Veränderlichen abhängende Funktion $\varphi(s)$ zu bestimmen. Auf Integralgleichungen, in welchen die gegebene und die gesuchte Funktion von zwei (oder mehr) Veränderlichen abhängen, läßt sich die bisherige Theorie fast unverändert übertragen.

Es liege eine Integralgleichung

$$\varphi(s) - \lambda \int K(s, t)\,\varphi(t)\,dt = f(s)$$

vor, in welcher s und t Punkte eines gewissen ebenen Gebietes $\mathfrak{G}$, ds und dt ebene Flächenelemente darstellen und die Integration über alle Elemente dt des Gebietes $\mathfrak{G}$ erstreckt wird; $f(s)$ und $\varphi(s)$ sind Funktionen eines Punktes s der Ebene, also Funktionen der beiden Koordinaten dieses Punktes oder Funktionen zweier Veränderlichen; der Kern $K(s, t)$ hängt von den beiden Punkten s, t der Ebene oder von zwei Paaren von Veränderlichen ab. Hat der Punkt s die Koordinaten x, y, der Punkt t die Koordinaten ξ, η und wird als Flächenelement dt das Rechteck $d\xi d\eta$ gewählt, so erhält die Integralgleichung die Form

$$\varphi(x, y) - \lambda \iint_{\mathfrak{G}} K(x, y; \xi, \eta)\,\varphi(\xi, \eta)\,d\xi d\eta = f(x, y).$$

Wenn wir jedoch die anfangs eingeführte Bezeichnung beibehalten, so erkennen wir ohne weiteres, daß die bisherigen Entwicklungen auch jetzt gültig bleiben, wenn man nur in allen auftretenden Integralen das Integrationsintervall $a \dots b$ durch das Integrationsgebiet $\mathfrak{G}$ ersetzt.

Der Kern $K(s, t)$ oder $K(x, y; \xi, \eta)$ hänge von zwei Paaren von Veränderlichen ab, er werde aber für $s = t$ oder $x = \xi$, $y = \eta$ von geringerer als der ersten Ordnung unendlich, d. h. es sei eine zwischen 0 und 1 gelegene Zahl α so vorhanden, daß

$$\left[\sqrt{(x-\xi)^2 + (y-\eta)^2}\right]^{\alpha} K(x, y; \xi, \eta)$$

für $x = \xi$, $y = \eta$ nicht mehr unendlich wird. Dann bleiben die früheren Sätze bestehen, wenn nur A_n und $A_n(s, t)$ durch die Formeln (85) und (86) definiert werden.

Viertes Kapitel.

Randwertaufgaben für gewöhnliche lineare Differentialgleichungen.

§ 19. Sich selbst adjungierte lineare Differentialausdrücke. Randwertaufgaben.

Die im vorangehenden Kapitel dargestellte Theorie der Integralgleichungen wenden wir zunächst auf gewöhnliche lineare Differentialgleichungen zweiter Ordnung an, die wir ähnlich behandeln wie im folgenden Kapitel gewisse lineare partielle Differentialgleichungen von elliptischem Typus. Die jetzigen Entwicklungen werden übrigens bei der Integration partieller Differentialgleichungen benutzt.

Wir betrachten den linearen Differentialausdruck zweiter Ordnung

$$\text{(A)} \qquad L(u) = \frac{d\left(p\dfrac{du}{dx}\right)}{dx} + qu$$

unter der Voraussetzung, daß für $a \leq x \leq b$ die Funktionen p, $\dfrac{dp}{dx}$ und q stetig sind. Gelegentlich wird das Intervall $a \leq x \leq b$ durch das Intervall $a < x < b$ ersetzt.

Sind u und v zwei Funktionen von x, welche nebst ihren ersten und zweiten Ableitungen für $a \leq x \leq b$ stetig sind, so ergibt die Addition der Gleichungen

$$\frac{du}{dx} \cdot p \frac{dv}{dx} = \frac{d}{dx}\left(u \cdot p \frac{dv}{dx}\right) - u \frac{d}{dx}\left(p \frac{dv}{dx}\right)$$

$$-quv = -u \cdot qv$$

die Gleichung

$$p \frac{du}{dx} \frac{dv}{dx} - quv = \frac{d}{dx}\left(pu \frac{dv}{dx}\right) - uL(v).$$

Durch Integration zwischen den Grenzen a und b erhält man:

$$(1) \qquad \int_a^b \left(p \frac{du}{dx} \frac{dv}{dx} - quv\right) dx = \left[pu \frac{dv}{dx}\right]_a^b - \int_a^b uL(v) dx.$$

Hieraus ergibt sich durch Vertauschung von u und v:

$$(2) \qquad \int_a^b \left(p \frac{du}{dx} \frac{dv}{dx} - quv\right) dx = \left[pv \frac{du}{dx}\right]_a^b - \int_a^b vL(u) dx.$$

Die Gleichsetzung der rechten Seiten der Gleichungen (1) und (2) führt zu der Greenschen Formel:

$$(3) \qquad \int_a^b [vL(u) - uL(v)]\, dx = \left[p\left(v \frac{du}{dx} - u \frac{dv}{dx}\right)\right]_a^b$$

Die Formel (1) geht, wenn man $u = v$ setzt, über in

$$(4) \qquad \int_a^b uL(u) dx = \int_a^b \left[qu^2 - p\left(\frac{du}{dx}\right)^2\right] dx + \left[pu \frac{du}{dx}\right]_a^b$$

Hiernach gelten für den gewöhnlichen linearen Differentialausdruck (A) ähnliche Formeln wie für lineare partielle Differentialausdrücke (§ 2).

Übrigens könnte man den allgemeinen linearen Differentialausdruck zweiter Ordnung

$$(5) \qquad L(u) = A \frac{d^2u}{dx^2} + B \frac{du}{dx} + Cu,$$

dessen Koeffizienten A, B, C nebst den Ableitungen $\frac{dA}{dx}, \frac{d^2A}{dx^2}, \frac{dB}{dx}$ für $a \leq x \leq b$ stetige Funktionen von x sind, ähnlich behandeln wie den linearen partiellen Differentialausdruck in § 2. Jetzt bezeichnet man

$$(6) \qquad M(v) = \frac{d^2(Av)}{dx^2} - \frac{d(Bv)}{dx} + Cv$$

als **adjungierten Differentialausdruck.** Durch Addition der Gleichungen

$$v \,.\, A\frac{d^2u}{dx^2} - u\frac{d^2(Av)}{dx^2} = \frac{d}{dx}\left[Av\frac{du}{dx} - u\frac{d(Av)}{dx}\right],$$

$$v \,.\, B\frac{du}{dx} + u\frac{d(Bv)}{dx} = \frac{d}{dx}[Bv],$$

$$v \,.\, Cu \quad - u \,.\, Cv \quad = 0$$

erhält man die Lagrangesche Identität

$$vL(u) - uM(v) = \frac{d}{dx}\left[Av\frac{du}{dx} - u\frac{d(Av)}{dx} + Bu\right]$$

$$= \frac{d}{dx}\left[A\left(v\frac{du}{dx} - u\frac{dv}{dx}\right) + \left(B - \frac{dA}{dx}\right)uv\right]$$

und hieraus durch Integration zwischen den Grenzen a und b die **Greensche Formel**

$$(7) \qquad \int_a^b [vL(u) - uM(v)]\,dx = \left[A\left(v\frac{du}{dx} - u\frac{dv}{dx}\right) + \left(B - \frac{dA}{dx}\right)uv\right]_a^b.$$

Der Differentialausdruck $L(u)$ ist sich selbst adjungiert, wenn er mit

$$M(u) = A\frac{d^2u}{dx^2} + \left(2\frac{dA}{dx} - B\right)\frac{du}{dx} + \left(\frac{d^2A}{dx^2} - \frac{dB}{dx} + C\right)u$$

übereinstimmt. Dazu ist notwendig und hinreichend, daß $B = \frac{dA}{dx}$ ist. Indem wir

$$A = p, \; B = \frac{dp}{dx}, \; C = q$$

setzen, haben wir den **allgemeinsten sich selbst adjungierten linearen Differentialausdruck zweiter Ordnung** (A)

$$L(u) = \frac{d\left(p\frac{du}{dx}\right)}{dx} + qu.$$

Wenn $L(u)$ sich selbst adjungiert ist, geht die Greensche Formel (7) in die speziellere (3) über.

Übrigens kann die lineare **Differentialgleichung** zweiter Ordnung

$$A\frac{d^2u}{dx^2} + B\frac{du}{dx} + Cu = 0$$

durch Multiplikation mit einer Funktion von x auf die Form

$$\frac{d\left(p\frac{du}{dx}\right)}{dx}+qu=p\frac{d^2u}{dx^2}+\frac{dp}{dx}\frac{du}{dx}+qu=0$$

gebracht werden. Man hat zu diesem Zweck nur

$$\frac{\frac{dp}{dx}}{p}=\frac{B}{A},\ \frac{q}{p}=\frac{C}{A}$$

oder

$$p=e^{\int\frac{B}{A}dx},\ q=p\frac{C}{A}$$

zu setzen.

Indem wir in dem oben eingeführten sich selbst adjungierten Differentialausdruck (A) die Funktion p von x **positiv** (von Null verschieden) für $a\leq x\leq b$ voraussetzen, unter λ einen von x unabhängigen Parameter und unter k eine Funktion von x verstehen, welche für $a\leq x\leq b$ stetig und **positiv** ist, führen wir die **homogene lineare Differentialgleichung zweiter Ordnung**

(B) $$L(u)+\lambda k u=0$$

ein. Probleme der mathematischen Physik führen auf die Aufgabe, **eine Funktion u von x zu bestimmen, welche nebst ihrer ersten und zweiten Ableitung in dem Intervall $a\leq x\leq b$ stetig ist, der Differentialgleichung (B) genügt und sowohl für $x=a$ als auch für $x=b$ verschwindet.** An Stelle der Randbedingungen

(8) $$u(a)=0,\ u(b)=0$$

können auch **andere Randbedingungen** treten, z. B.

(9) $$\left(\frac{du}{dx}\right)_{x=a}=0,\ \left(\frac{du}{dx}\right)_{x=b}=0$$

oder

(10) $$\left(\frac{du}{dx}-hu\right)_{x=a}=0,\ \left(\frac{du}{dx}+Hu\right)_{x=b}=0,$$

wo h, H positive Konstante sind, oder

(11) $$u(a)=u(b),\ \left(p\frac{du}{dx}\right)_{x=a}=\left(p\frac{du}{dx}\right)_{x=b}.$$

Wenn die für $x > a$ positive Funktion p für $x = a$ verschwindet, ist unter Umständen ein Integral der Differentialgleichung (B) durch die Forderung, daß u an der singulären Stelle $x = a$ endlich bleiben soll, bis auf einen konstanten Faktor bestimmt. Dann kann man diese Forderung und eine auf $x = b$ bezügliche Forderung als Randbedingungen einführen.

Wir führen die ausgesprochene Randwertaufgabe auf eine lineare Integralgleichung zurück und wenden die Sätze des dritten Kapitels an. Es wird sich ergeben, daß die Randwertaufgabe nur für gewisse Werte des Parameters λ, die man als Eigenwerte bezeichnet, lösbar ist.

Wir beschäftigen uns zunächst mit der Randwertaufgabe in der zuerst ausgesprochenen Form, d. h. mit den Randbedingungen $u(a) = 0$, $u(b) = 0$, die leicht durch andere Randbedingungen ersetzt werden können.

§ 20. Die Greensche Funktion des Differentialausdrucks $L(u)$.

Die Differentialgleichung $L(u) = 0$ (d. i. die Differentialgleichung (B) für $\lambda = 0$) besitzt im allgemeinen keine für $a \leq x \leq b$ nebst der ersten und zweiten Ableitung stetige Lösung u, welche die Randbedingungen $u(a) = 0$, $u(b) = 0$ erfüllt. Eine solche Lösung wäre von der Form

$$u = c_1 u_1 + c_2 u_2,$$

wo c_1, c_2 Konstante und u_1, u_2 zwei voneinander linear unabhängige, nebst ihren Ableitungen erster und zweiter Ordnung stetige Lösungen der Differentialgleichung $L(u) = 0$ darstellen. Damit die Konstanten c_1, c_2 den Randbedingungen $u(a) = 0$, $u(b) = 0$ gemäß bestimmt werden können, muß die Determinante

$$\text{(12)} \qquad \begin{vmatrix} u_1(a), & u_2(a) \\ u_1(b), & u_2(b) \end{vmatrix}$$

verschwinden, was im allgemeinen nicht der Fall ist. Wenn die Determinante (12) von Null verschieden ist, ersetzen wir die Forderung der Stetigkeit der ersten Ableitung durch die Forderung, daß die erste Ableitung an einer zwischen a und b gelegenen Stelle ξ einen Sprung von gegebener Größe erfährt.

Unter der Greenschen Funktion $G(x, \xi)$ des Differentialausdrucks $L(u)$ für die Randbedingungen $u(a) = 0$, $u(b) = 0$ verstehen wir eine Funktion von x und ξ, welche in bezug auf x in dem Intervall $a \leq x \leq b$ nebst ihren Ableitungen erster und zweiter Ordnung — abgesehen von $x = \xi$ — stetig ist und der Differentialgleichung $L(u) = 0$ genügt, für $x = a$ und für $x = b$ verschwindet, die ferner für $x = \xi$ stetig ist, während ihre erste Ableitung die Bedingung erfüllt:

$$\text{(13)} \qquad p(\xi)\left[\left(\frac{dG}{dx}\right)_{x=\xi+0} - \left(\frac{dG}{dx}\right)_{x=\xi-0}\right] = -1.$$

Treten an Stelle unserer jetzigen Randbedingungen $u(a) = 0$, $u(b) = 0$ andere Randbedingungen, so muß die Greensche Funktion diese anderen Randbedingungen erfüllen.

Die Greensche Funktion kann, wenn die Determinante (12) von Null verschieden ist, folgendermaßen gebildet werden. Wir wählen u_1 und u_2 so, daß u_1 für $x = a$ und u_2 für $x = b$ verschwindet. Die Greensche Funktion ist dann gleich $C_1 u_1$ für $a \leq x < \xi$, gleich $C_2 u_2$ für $\xi < x \leq b$, wo C_1 und C_2 Konstante sind; damit die beiden Ausdrücke für $x = \xi$ übereinstimmen, muß

$$C_1 u_1(\xi) = C_2 u_2(\xi)$$

sein; die erste Ableitung besitzt die verlangte Unstetigkeit, wenn

$$C_1 u_1'(\xi) - C_2 u_2'(\xi) = \frac{1}{p(\xi)}$$

ist. Werden u_1 und u_2 überdies so gewählt, daß die Determinante

$$u_2 u_1' - u_1 u_2',$$

welche gleich

$$\frac{\text{Const.}^{1)}}{p(x)}$$

ist, den Wert

$$\frac{1}{p(x)}$$

erhält, so muß

$$C_1 = u_2(\xi), \quad C_2 = u_1(\xi)$$

sein. Demnach ist

$$\text{(14)} \qquad \begin{cases} G(x, \xi) = u_1(x)\, u_2(\xi) \text{ für } x \leq \xi, \\ = u_1(\xi)\, u_2(x) \text{ für } x \geq \xi. \end{cases}$$

Die Greensche Funktion $G(x, \xi)$ ist eine symmetrische Funktion von x und ξ.

Denn sind ξ_1 und $\xi_2 > \xi_1$ zwei dem Intervall $a \ldots b$ angehörige Werte, so ist nach der ersten Formel (14)

$$G(\xi_1, \xi_2) = u_1(\xi_1)\, u_2(\xi_2),$$

nach der zweiten Formel (14)

$$G(\xi_2, \xi_1) = u_1(\xi_1)\, u_2(\xi_2),$$

also

$$\text{(15)} \qquad G(\xi_1, \xi_2) = G(\xi_2, \xi_1).$$

Indem man nur die definierenden Eigenschaften der Greenschen Funktion benutzt, beweist man die Formel (15) folgendermaßen:

---

[1]) Gewöhnliche Differentialgleichungen, 4. Aufl., S. 58.

Wir wenden die Greensche Formel (3), in welcher wir

$$u = G(x, \xi_1) = G_1(x),$$
$$v = G(x, \xi_2) = G_2(x)$$

setzen, auf die drei Intervalle $a \ldots \xi_1 - 0$, $\xi_1 + 0 \ldots \xi_2 - 0$, $\xi_2 + 0 \ldots b$ an und addieren die drei so entstehenden Gleichungen. Da in den genannten Intervallen

$$L[G_1(x)] = 0, \quad L[G_2(x)] = 0$$

ist, so verschwindet die linke Seite der erhaltenen Gleichung, und es ergibt sich unter Anwendung der Bezeichnung

$$D = p\left(G_2 \frac{dG_1}{dx} - G_1 \frac{dG_2}{dx}\right)$$

die Gleichung

$$[D]_a^{\xi_1 - 0} + [D]_{\xi_1 + 0}^{\xi_2 - 0} + [D]_{\xi_2 + 0}^{b} = 0$$

oder

$$[D]_a^b + [D]_{\xi_1 + 0}^{\xi_1 - 0} + [D]_{\xi_2 + 0}^{\xi_2 - 0} = 0.$$

Das erste Glied der letzten Gleichung verschwindet, da die Funktionen G_1 und G_2 für $x = a$ und für $x = b$ verschwinden. Beachten wir, daß $\frac{dG_2}{dx}$ für $x = \xi_1$ und $\frac{dG_1}{dx}$ für $x = \xi_2$ stetig ist, so geht die Gleichung über in

$$p(\xi_1)\, G_2(\xi_1)\left[\left(\frac{dG_1}{dx}\right)_{x=\xi_1 - 0} - \left(\frac{dG_1}{dx}\right)_{x=\xi_1 + 0}\right]$$
$$- p(\xi_2)\, G_1(\xi_2)\left[\left(\frac{dG_2}{dx}\right)_{x=\xi_2 - 0} - \left(\frac{dG_2}{dx}\right)_{x=\xi_2 + 0}\right] = 0.$$

Berücksichtigt man, daß

$$\left(\frac{dG_1}{dx}\right)_{x=\xi_1 - 0} - \left(\frac{dG_1}{dx}\right)_{x=\xi_1 + 0} = -\frac{1}{p(\xi_1)},$$
$$\left(\frac{dG_2}{dx}\right)_{x=\xi_2 - 0} - \left(\frac{dG_2}{dx}\right)_{x=\xi_2 + 0} = -\frac{1}{p(\xi_2)}$$

ist, so hat man die Gleichung

$$G_2(\xi_1) - G_1(\xi_2) = 0$$

oder

$$G(\xi_1, \xi_2) = G(\xi_2, \xi_1),$$

w. z. b. w.

Dieser Beweis für die Symmetrie der Greenschen Funktion bleibt auch im Falle anderer Randbedingungen bestehen, wenn $[D]_a^b = 0$ ist. Da die Funktionen $G_1(x)$, $G_2(x)$ die jeweiligen Randbedingungen erfüllen, so gilt der Satz:

Die Greensche Funktion ist eine symmetrische Funktion von x und ξ, wenn für zwei Funktionen u, v, welche die Randbedingungen erfüllen,

$$\left[p\left(v\frac{du}{dx} - u\frac{dv}{dx}\right)\right]_a^b = 0$$

ist.

Dies trifft für die in § 19 aufgeführten Randbedingungen (9), (10), (11) zu, für die allgemeineren Randbedingungen

$$A_1 u(a) + A_2 u'(a) + A_3 u(b) + A_4 u'(b) = 0,$$
$$B_1 u(a) + B_2 u'(a) + B_3 u(b) + B_4 u'(b) = 0,$$

wie ohne Beweis angegeben sei, nur dann, wenn

$$p(a)(A_3 B_4 - A_4 B_3) = p(b)(A_1 B_2 - A_2 B_1)$$

ist.

§ 21. Die Differentialgleichung $L(u) + h(x) = 0$.

Wir benutzen die Greensche Funktion, um die nichthomogene lineare Differentialgleichung

$$L(u) + h(x) = 0 \tag{16}$$

zu lösen, wo $h(x)$ eine in dem Intervall $a \leq x \leq b$ stetige Funktion von x sei.

Wir nehmen an, die Differentialgleichung (16) habe eine Lösung u, welche für $x = a$ und für $x = b$ verschwindet und für $a \leq x \leq b$ nebst ihrer ersten und zweiten Ableitung stetig ist. In der Formel (3) setzen wir für u diese Lösung und für v die Greensche Funktion $G(x, \xi)$; da die Ableitung der letzteren für $x = \xi$ unstetig ist, so ersetzen wir das Intervall $a \ldots b$ durch die beiden Intervalle $a \ldots \xi - 0$ und $\xi + 0 \ldots b$. Mit Rücksicht auf die Gleichungen

$$L(v) = L[G(x, \xi)] = 0$$

und (15) schreibt sich die Formel (3):

$$\tag{17} \left\{\begin{aligned} &-\int_a^{\xi-0} G(x,\xi)\,h(x)\,dx - \int_{\xi+0}^{b} G(x,\xi)\,h(x)\,dx \\ &= \left[p\left(G(x,\xi)\frac{du}{dx} - u\frac{dG(x,\xi)}{dx}\right)\right]_a^{\xi-0} \\ &+ \left[p\left(G(x,\xi)\frac{du}{dx} - u\frac{dG(x,\xi)}{dx}\right)\right]_{\xi+0}^{b} \\ &= \left[p\left(G(x,\xi)\frac{du}{dx} - u\frac{dG(x,\xi)}{dx}\right)\right]_a^{b} \\ &+ \left[p\left(G(x,\xi)\frac{du}{dx} - u\frac{dG(x,\xi)}{dx}\right)\right]_{\xi+0}^{\xi-0} \end{aligned}\right.$$

Die vorletzte Zeile verschwindet infolge der Randbedingungen, die letzte Zeile wird, da die Funktionen u, $\frac{du}{dx}$ und $G(x, \xi)$ stetig sind, gleich

$$-p(\xi)\,u(\xi)\left[\left(\frac{dG(x,\xi)}{dx}\right)_{x=\xi-0} - \left(\frac{dG(x,\xi)}{dx}\right)_{x=\xi+0}\right] = -u(\xi);$$

die linke Seite der Gleichung (17) ist

$$-\int_a^b G(x,\xi)\,h(x)\,dx.$$

Wir haben also die Gleichung

$$u(\xi) = \int_a^b G(x,\xi)\,h(x)\,dx,$$

die wir unter Vertauschung von ξ und x und Berücksichtigung der Gleichung $G(x,\xi) = G(\xi, x)$ auch schreiben können:

$$u(x) = \int_a^b G(x,\xi)\,h(\xi)\,d\xi. \tag{18}$$

Die durch die Formel (18) dargestellte Funktion $u(x)$ erfüllt die Randbedingungen, weil die unter dem Integralzeichen stehende Funktion $G(x,\xi)$ die Randbedingungen erfüllt. Wir zeigen, daß die Funktion $u(x)$ der Differentialgleichung (16) genügt. Die Differentiation von (18) ergibt

$$\frac{du(x)}{dx} = \int_a^{x-0} \frac{dG(x,\xi)}{dx}\,h(\xi)\,d\xi + \int_{x+0}^b \frac{dG(x,\xi)}{dx}\,h(\xi)\,d\xi,$$

wo die rechte Seite wegen der Unstetigkeit der Ableitung von G in zwei Teile zerlegt ist. Es ist also

$$p(x)\frac{du(x)}{dx} = \int_a^{x-0} p(x)\frac{dG(x,\xi)}{dx}\,h(\xi)\,d\xi + \int_{x+0}^b p(x)\frac{dG(x,\xi)}{dx}\,h(\xi)\,d\xi.$$

Differentiiert man nach der unter dem Integralzeichen und in den Grenzen vorkommenden Veränderlichen x und fügt man den mit $q(x)$ multiplizierten Ausdruck (18) hinzu, so erhält man

$$L(u) = \int_a^{x-0} L[G(x,\xi)]\,h(\xi)\,d\xi + \int_{x+0}^b L[G(x,\xi)]\,h(\xi)\,d\xi$$
$$+\,p(x)\left(\frac{dG(x,\xi)}{dx}\right)_{\xi=x-0} h(x) - p(x)\left(\frac{dG(x,\xi)}{dx}\right)_{\xi=x+0} h(x),$$

da

$$L[G(x, \xi)] = 0,$$

$$\left(\frac{dG(x, \xi)}{dx}\right)_{x=\xi+0} - \left(\frac{dG(x, \xi)}{dx}\right)_{x=\xi-0} = -\frac{1}{p(\xi)}$$

oder

$$\left(\frac{dG(x, \xi)}{dx}\right)_{\xi=x-0} - \left(\frac{dG(x, \xi)}{dx}\right)_{\xi=x+0} = -\frac{1}{p(x)}$$

ist, so ist (16)

$$L(u) = -h(x).$$

Damit ist der Satz bewiesen:

Der Ausdruck

$$u(x) = \int_a^b G(x, \xi)\, h(\xi)\, d\xi,$$

wo $h(x)$ eine in dem Intervall $a \leq x \leq b$ stetige Funktion bedeutet, stellt die einzige Lösung der Differentialgleichung

$$L(u) + h(x) = 0$$

dar, welche die Randbedingungen erfüllt und in dem Intervall $a \leq x \leq b$ nebst ihrer ersten und zweiten Ableitung stetig ist.

Dieser Satz bleibt bestehen, wenn nur vorausgesetzt wird, daß die Funktionen $h(x)$ und $\frac{d^2u}{dx^2}$ in dem Intervall $a \leq x \leq b$ stückweise stetig sind.

Die Greensche Funktion kann übrigens im Anschluß an die Differentialgleichung (16) definiert werden. Die Funktion $h(x)$ sei nur in dem kleinen Intervall $\xi - \varepsilon \leq x \leq \xi + \varepsilon$ von Null verschieden, während sie außerhalb dieses Intervalls verschwindet; es sei

$$\int_{\xi-\varepsilon}^{\xi+\varepsilon} h(x)\, dx = 1.$$

Die Funktion $h(x)$ soll mit Abnahme der Intervallänge 2ε so zunehmen, daß das letzte Integral den Wert 1 behält. Unter Zugrundelegung dieser Funktion $h(x)$ bilden wir die Lösung $u(x)$ der Differentialgleichung (16), welche die Randbedingungen erfüllt. Indem wir beide Seiten der Gleichung

$$\frac{d\left(p\frac{du}{dx}\right)}{dx} + qu = -h(x)$$

zwischen den Grenzen $\xi - \varepsilon$ und $\xi + \varepsilon$ integrieren, erhalten wir die Gleichung

$$\left[p\frac{du}{dx}\right]_{\xi-\varepsilon}^{\xi+\varepsilon} + \int_{\xi-\varepsilon}^{\xi+\varepsilon} qu\, dx = -\int_{\xi-\varepsilon}^{\xi+\varepsilon} h(x)\, dx = -1.$$

Wenn wir unter $G(x, \xi)$ den Grenzwert der Lösung $u(x)$ für $\varepsilon \to 0$ verstehen, geht die letzte Gleichung, in welcher bei dem Grenzübergang das Integral auf der linken Seite verschwindet, in

$$p(\xi)\left[\frac{d\,G(x, \xi)}{d\,x}\right]_{\xi-0}^{\xi+0} = -1$$

über. Die Funktion $G(x, \xi)$ ist stetig, erfüllt die Randbedingungen und genügt für $x \lesseqgtr \xi$ der Differentialgleichung $L(u) = 0$. Demnach hat $G(x, \xi)$ die Eigenschaften, welche wir früher zur Definition der Greenschen Funktion benutzt haben.

§ 22. Die Differentialgleichung $L(u) + \lambda k u = 0$.

Wir besitzen jetzt die Hilfsmittel zur Lösung der in § 19 gestellten Aufgabe in bezug auf die Differentialgleichung

(B) $$L(u) + \lambda\, k\, u = 0.$$

Besitzt die Gleichung (B) ein Integral u, welches für $x = a$ und für $x = b$ verschwindet oder andere zulässige Randbedingungen (§ 20) erfüllt und für $a \leq x \leq b$ nebst seiner ersten und zweiten Ableitung stetig ist, so erhält man, wenn man in der Differentialgleichung (16) $h(x)$ durch $\lambda\, k(x)\, u(x)$ ersetzt und die Formel (18) anwendet, für u die Gleichung

(19) $$u(x) = \lambda \int_a^b G(x, \xi)\, k(\xi)\, u(\xi)\, d\xi,$$

also eine homogene lineare Integralgleichung mit dem im allgemeinen unsymmetrischen Kern $G(x, \xi)\, k(\xi)$.
Die Funktion

(20) $$\bar{u}(x) = u(x)\, \sqrt{k(x)}$$

genügt, wenn

(21) $$K(x, \xi) = G(x, \xi)\, \sqrt{k(x)}\, \sqrt{k(\xi)}$$

gesetzt wird, der Integralgleichung

(22) $$\bar{u}(x) = \lambda \int_a^b K(x, \xi)\, \bar{u}(\xi)\, d\xi,$$

deren Kern $K(x, \xi)$ wegen der Symmetrie der Greenschen Funktion $G(x, \xi)$ symmetrisch ist.

Der Kern $K(x, \xi)$ ist abgeschlossen, da die Gleichung

$$\int_a^b K(x, \xi)\, \bar{h}(\xi)\, d\xi = 0$$

nur dann bestehen kann, wenn die Funktion $\bar{h}(x)$ identisch verschwindet. Diese Gleichung geht nämlich, wenn man

$$h(x) = \bar{h}(x)\sqrt{k(x)}$$

setzt, in

$$\int_a^b G(x, \xi)\, h(\xi)\, d\xi = 0$$

über. Der Ausdruck

$$u = \int_a^b G(x, \xi)\, h(\xi)\, d\xi$$

genügt nach § 21 der Differentialgleichung

$$L(u) = -h(x);$$

wenn u für alle dem Intervall $a \leq x \leq b$ angehörigen Werte von x verschwindet, gilt dasselbe für $L(u)$ und also auch für $h(x)$.

Der abgeschlossene symmetrische Kern $K(x, \xi)$ hat nach § 9 unendlich viele reelle Eigenwerte λ_n mit den zugehörigen Eigenfunktionen $\bar{\varphi}_n(x)$; es ist

$$\bar{\varphi}_n(x) = \lambda_n \int_a^b K(x, \xi)\, \bar{\varphi}_n(\xi)\, d\xi \tag{23}$$

und, wenn wir uns die Eigenfunktionen normiert denken,

$$\int_a^b \bar{\varphi}_n^2\, dx = 1, \quad \int_a^b \bar{\varphi}_m \bar{\varphi}_n\, dx = 0 \quad (m \lessgtr n). \tag{24}$$

Setzt man

$$\bar{\varphi}_n(x) = \varphi_n(x)\sqrt{k(x)}, \tag{25}$$

so genügt φ_n der Integralgleichung

$$\varphi_n(x) = \lambda_n \int_a^b G(x, \xi)\, k(\xi)\, \varphi_n(\xi)\, d\xi, \tag{26}$$

und es ist infolge der Normierung

$$\int_a^b \varphi_n^2 k\, dx = 1, \quad \int_a^b \varphi_m \varphi_n k\, dx = 0 \quad (m \lessgtr n). \tag{27}$$

Die Funktion $\varphi_n(x)$ erfüllt dieselben Randbedingungen wie die Greensche Funktion $G(x, \xi)$, wie aus der Gleichung (26) hervorgeht, und genügt der Differentialgleichung

$$L(u) + \lambda_n k u = 0.$$

Umgekehrt genügt eine die Randbedingungen erfüllende Lösung dieser Differentialgleichung der Gleichung (26). Wir bezeichnen $\varphi_n(x)$ als die zum Eigenwert λ_n gehörige Eigenfunktion der Differentialgleichung (B).

Wir haben daher den Satz:

Die Differentialgleichung

$$L(u) + \lambda k u = 0 \tag{B}$$

besitzt dann und nur dann, wenn λ mit einem Eigenwert λ_n des Kerns

$$G(x, \xi)\sqrt{k(x)}\sqrt{k(\xi)}$$

übereinstimmt, eine Lösung $u = \varphi_n(x)$, welche die Randbedingungen erfüllt und für $a \leq x \leq b$ mit ihrer ersten und zweiten Ableitung stetig ist. Es sind unendlich viele reelle Eigenwerte λ_n vorhanden, deren jedem eine normierte Eigenfunktion $\varphi_n(x)$ entspricht.

Im Falle der Randbedingungen $u(a) = 0$, $u(b) = 0$ sind die Eigenwerte einfach. Denn gehören zu einem Eigenwert λ_n zwei linear unabhängige Eigenfunktionen, so läßt sich jede Lösung der Differentialgleichung (B) für $\lambda = \lambda_n$ als lineare homogene Funktion dieser beiden Eigenfunktionen mit konstanten Koeffizienten darstellen. Es müßte demnach jede Lösung sowohl für $x = a$ als auch für $x = b$ verschwinden, was nicht möglich ist. Mithin ist λ_n ein einfacher Eigenwert.

Dieser Schluß gilt nicht mehr, wenn an Stelle der Randbedingungen $u(a) = 0$, $u(b) = 0$ solche Randbedingungen treten, welche von jeder Lösung der Differentialgleichung erfüllt werden können. Dann kann λ_n ein zweifacher Eigenwert sein (vgl. das Beispiel in § 24).

Es sei $f(x)$ eine gegebene Funktion, welche in dem Intervall $a \leq x \leq b$ nebst der ersten und zweiten Ableitung stetig ist und die Randbedingungen erfüllt. Setzt man

$$L[f(x)] = -h(x),$$

so ist $h(x)$ in dem Intervall $a \leq x \leq b$ stetig. Nach dem in § 21 bewiesenen Satze gestattet die Funktion $f(x)$ die Darstellung

$$f(x) = \int_a^b G(x, \xi)\, h(\xi)\, d\xi.$$

Wenn man

$$\bar{f}(x) = f(x)\sqrt{k(x)},\quad h(x) = \bar{h}(x)\sqrt{k(x)}$$

setzt, ist

$$\bar{f}(x) = \int_a^b K(x, \xi)\, \bar{h}(\xi)\, d\xi,$$

so daß der in § 10 aufgestellte Satz über die Entwicklung nach Eigenfunktionen angewandt werden kann. Es ist

$$\bar{f}(x) = \sum_{n=1}^{\infty} c_n \bar{\varphi}_n(x),\quad c_n = \int_a^b \bar{f}(x)\, \bar{\varphi}_n(x)\, dx$$

oder unter Berücksichtigung der Gleichung $\bar{\varphi}_n(x) = \varphi_n(x)\sqrt{k(x)}$

$$f(x) = \sum_{n=1}^{\infty} c_n \varphi_n(x),\quad c_n = \int_a^b f(x)\, \varphi_n(x)\, k(x)\, dx. \tag{28}$$

Jede Funktion $f(x)$, welche im Intervall $a \leq x \leq b$ nebst ihrer ersten und zweiten Ableitung stetig ist und die Randbedingungen erfüllt, läßt sich in eine absolut und gleichmäßig konvergente Reihe entwickeln, welche nach den Eigenfunktionen $\varphi_n(x)$ der Differentialgleichung (B) *fortschreitet:*

$$f(x) = \sum_{n=1}^{\infty} c_n \varphi_n(x), \quad c_n = \int_a^b f(x) \varphi_n(x) k(x) dx.$$

Dieser Satz gilt auch, wenn die zweite Ableitung von $f(x)$ stückweise stetig ist. Dann ist auch $h(x)$ stückweise stetig, was die Gültigkeit des benutzten Satzes aus § 21 nicht beeinträchtigt[1]).

Eine Lösung der nichthomogenen Integralgleichung

$$L(u) + \lambda k(x) u = r(x), \tag{29}$$

welche die Randbedingungen erfüllt, genügt der Integralgleichung, welche aus (18) dadurch hervorgeht, daß man

$$h(x) = \lambda k(x) - r(x)$$

setzt, d. h. der Integralgleichung

$$u(x) = \lambda \int_a^b G(x, \xi) k(\xi) u(\xi) d\xi + \varrho(x), \tag{30}$$

wobei

$$\varrho(x) = \int_a^b G(x, \xi) r(\xi) d\xi \tag{31}$$

gesetzt ist. Wenn man

$$\bar{u}(x) = u(x) \sqrt{k(x)}, \quad \bar{\varrho}(x) = \varrho(x) \sqrt{k(x)} \tag{32}$$

setzt, hat man die Integralgleichung

$$\bar{u}(x) = \lambda \int_a^b K(x, \xi) \bar{u}(\xi) d\xi + \bar{\varrho}(x), \tag{33}$$

deren symmetrischer Kern $K(x, \xi)$ durch (21) dargestellt wird. Die Integralgleichung (33) kann nach § 11 behandelt werden.

§ 23. Beispiele.

Beispiel 1. Es handle sich um die für $x = 0$ und für $x = l$ verschwindenden Integrale der Differentialgleichung

$$\frac{d^2u}{dx^2} + \lambda k u = 0, \tag{34}$$

wo k eine für $0 \leq x \leq l$ stetige positive Funktion von x ist.

---

[1]) Die über die Funktion $f(x)$ gemachten Voraussetzungen sind bei den physikalischen Anwendungen gewöhnlich nicht erfüllt. Daß die Voraussetzungen eingeschränkt werden können, ist am Schluß von § 24 angedeutet.

Der Differentialausdruck

$$L(u) = \frac{d^2u}{dx^2}$$

hat nach § 20 die Greensche Funktion

$$G(x, \xi) = x\left(1 - \frac{\xi}{l}\right) \text{ für } x \leq \xi, \tag{35}$$

$$= \xi\left(1 - \frac{x}{l}\right) \quad ,, \quad x \geq \xi;$$

denn die Lösungen

$$u_1 = x, \; u_2 = 1 - \frac{x}{l}$$

der Differentialgleichung $L(u) = 0$ verschwinden für $x = 0$ bez. $x = l$, und es ist $u_2 u_1' - u_1 u_2' = 1$.

Nach § 22 sind unendlich viele reelle und einfache Eigenwerte λ_n vorhanden. Die Formel (4), in welcher jetzt $p = 1$, $q = 0$ ist,

$$\int_0^l u \frac{d^2u}{dx^2} dx = -\int_0^l \left(\frac{du}{dx}\right)^2 dx + \left[u \frac{du}{dx}\right]_0^l,$$

geht, wenn man für u die zum Eigenwert λ_n gehörige normierte Eigenfunktion $\varphi_n(x)$ setzt und die Gleichungen

$$L(\varphi_n) = -\lambda_n k \varphi_n, \; \varphi_n(0) = \varphi_n(l) = 0, \int_0^l k \varphi_n^2 dx = 1$$

berücksichtigt, in

$$\lambda_n = \int_0^l \left(\frac{d\varphi_n}{dx}\right)^2 dx$$

über; die Eigenwerte λ_n sind also sämtlich positiv.

In der Differentialgleichung der Schwingungen der nichthomogenen Saite

$$k \frac{\partial^2 u}{\partial t^2} = \frac{\partial^2 u}{\partial x^2}, \tag{36}$$

in welcher $k = \frac{\varrho}{S}$, ϱ die Masse der Längeneinheit und S die Spannung ist, sei jetzt ϱ und damit k eine positive Funktion von x.[1]) Die Saite habe die festen Endpunkte $x = 0$ und $x = l$. Wir haben eine Funktion u von t

[1]) Der Fall eines konstanten k (homogene Saite) ist in § 3 behandelt.

und x zu bestimmen, welche der Differentialgleichung (36), den Randbedingungen

$$u = 0 \text{ für } x = 0 \text{ und } x = l \tag{37}$$

und den Anfangsbedingungen

$$u = f(x), \frac{\partial u}{\partial t} = F(x) \text{ für } t = 0 \tag{38}$$

genügt; dabei sind $f(x)$ und $F(x)$ für $0 \leq x \leq l$ gegebene Funktionen, welche für $x = 0$ und für $x = l$ verschwinden.

Wir wenden die Methode der Partikularlösungen an. Der Ausdruck

$$u = e^{i\nu t} v \tag{39}$$

genügt der Differentialgleichung (36) und den Randbedingungen (37), wenn die Funktion v von x der Differentialgleichung

$$\frac{d^2 v}{dx^2} + \lambda k v = 0 \quad , \lambda = \nu^2 \tag{40}$$

genügt und für $x = 0$ und für $x = l$ verschwindet. Wir haben unendlich viele positive und einfache Eigenwerte $\lambda_n = \nu_n^2$ $(n = 1, 2, \ldots)$ mit den zugehörigen normierten Eigenfunktionen $\varphi_n(x)$. Aus den Lösungen $e^{i\nu_n t}\varphi_n(x)$, $e^{-i\nu_n t}\varphi_n(x)$ der Differentialgleichung (36) setzen wir die Lösung

$$u = \sum_{n=1}^{\infty} (A_n \cos \nu_n t + B_n \sin \nu_n t)\, \varphi_n(x) \tag{41}$$

zusammen. Damit die Anfangsbedingungen (38) erfüllt sind, muß sein:

$$\begin{cases} f(x) = \sum\limits_{n=1}^{\infty} A_n \varphi_n(x), \\ F(x) = \sum\limits_{n=1}^{\infty} \nu_n B_n \varphi_n(x). \end{cases} \tag{42}$$

Wenn die Funktionen $f(x)$, $F(x)$ für $x = 0$ und $x = l$ verschwinden und nebst den Ableitungen erster und zweiter Ordnung stetig sind, gelten die absolut und gleichmäßig konvergenten Reihenentwicklungen (42) mit den Koeffizienten

$$A_n = \int_0^l f(x)\, \varphi_n(x)\, k(x)\, dx, \quad B_n = \frac{1}{\nu_n} \int_0^l F(x)\, \varphi_n(x)\, k(x)\, dx. \tag{43}$$

Dann ist auch die Reihe (41) für alle t und für $0 \leq x \leq l$ absolut und gleichmäßig konvergent. Wir nehmen an, auch die Reihen

$$f''(x) = \sum_{n=1}^{\infty} A_n \varphi_n''(x) = -k(x) \sum_{n=1}^{\infty} \nu_n^2 A_n \varphi_n(x),$$

$$F''(x) = \sum_{n=1}^{\infty} \nu_n B_n \varphi_n''(x) = -k(x) \sum_{n=1}^{\infty} \nu_n^3 B_n \varphi_n(x)$$

seien für $0 \leq x \leq l$ absolut und gleichmäßig konvergent; dasselbe gilt dann auch für die Reihe

$$\sum_{n=1}^{\infty} \nu_n^2 B_n \varphi_n(x).$$

Für $k(x) \frac{\partial^2 u}{\partial t^2}$ und $\frac{\partial^2 u}{\partial x^2}$ ergibt sich derselbe Ausdruck

$$-k(x) \sum_{n=1}^{\infty} \nu_n^2 (A_n \cos \nu_n t + B_n \sin \nu_n t) \varphi_n(x),$$

welcher nun für alle t und für $0 \leq x \leq l$ absolut und gleichmäßig konvergiert. Daher genügt die Reihe (41) der Differentialgleichung (36).

Beispiel 2. Wir betrachten weiter die Differentialgleichung

$$\frac{d\left(p \frac{du}{dx}\right)}{dx} + (\lambda k - q) u = 0, \tag{44}$$

wo p, q und k im Intervall $0 \leq x \leq l$ positive Funktionen von x sind; wir setzen diese drei Funktionen nebst der ersten Ableitung von p als stetig voraus; wir suchen eine Lösung u der Differentialgleichung (44), welche nebst ihrer ersten und zweiten Ableitung im Intervall $0 \leq x \leq l$ stetig ist und die Randbedingungen

$$\left\{\begin{array}{l} \frac{du}{dx} - hu = 0 \text{ für } x = 0 \\ \frac{du}{dx} + Hu = 0 \;\text{,,}\; x = l \end{array}\right. \tag{45}$$

erfüllt, wo h und H positive Konstante sind. (Sturm-Liouvillesche Aufgabe).

Jetzt ist

$$L(u) = \frac{d\left(p \frac{du}{dx}\right)}{dx} - qu.$$

Die Formel (4) schreibt sich, wenn man darin q durch $-q$ ersetzt,

$$\int_0^l u\, L(u)\, dx = -\int_0^l \left[p \left(\frac{du}{dx}\right)^2 + qu^2\right] dx + \left[pu \frac{du}{dx}\right]_0^l.$$

Für $u = \varphi_n$ unter Berücksichtigung der Gleichung

$$L(\varphi_n) = -\lambda_n k \varphi_n$$

und der Randbedingungen erhält man

$$\lambda_n = \int_0^l \left[p\left(\frac{d\varphi_n}{dx}\right)^2 + q\varphi_n^2\right]dx + hp(0)[\varphi_n(0)]^2 + Hp(l)[\varphi_n(l)]^2;$$

demnach ist λ_n positiv und von Null verschieden.

Es seien u_1 und u_2 Lösungen der Differentialgleichung $L(u) = 0$, welche bez. die Bedingungen

$$u_1'(0) - h u_1(0) = 0, \quad u_2'(l) + H u_2(l) = 0$$

erfüllen; u_1 und u_2 sind voneinander verschieden, denn sonst wäre eine die beiden Randbedingungen (45) erfüllende Lösung der Differentialgleichung $L(u) = 0$ vorhanden, d. h. $\lambda = 0$ wäre Eigenwert der Differentialgleichung (44). Wir denken uns die in u_1 und u_2 enthaltenen unbestimmten konstanten Faktoren so gewählt, daß $p(u_2 u_1' - u_1 u_2') = 1$ wird. Dann hat der Differentialausdruck $L(u)$ die Greensche Funktion

$$(46)\qquad \begin{cases} G(x, \xi) = u_1(x)\, u_2(\xi) \text{ für } x \leq \xi, \\ = u_1(\xi)\, u_2(x) \quad ,, \quad x \geq \xi. \end{cases}$$

Die Eigenwerte λ_n, welche in unendlicher Zahl auftreten, sind sämtlich einfach.

Auf die behandelte Randwertaufgabe werden wir in § 42 bei der Integration der (parabolischen) Differentialgleichung der Wärmeleitung in einem nicht homogenen Stabe geführt.

Beispiel 3. Die Differentialgleichung

$$(47)\qquad x\frac{d^2u}{dx^2} + \frac{du}{dx} + \lambda x u = 0$$

oder

$$(x\sqrt{\lambda})\frac{d^2u}{d(x\sqrt{\lambda})^2} + \frac{du}{d(x\sqrt{\lambda})} + (x\sqrt{\lambda})u = 0$$

hat die Besselschen Funktionen 0ter Ordnung, erster und zweiter Art mit dem Argument $x\sqrt{\lambda}$

$$J_0(x\sqrt{\lambda}),\ Y_0(x\sqrt{\lambda})$$

als Lösungen[1]). Da

$$Y_0(x) = J_0(x)\log x + \mathfrak{P}(x),$$

wo $\mathfrak{P}(x)$ eine Potenzreihe darstellt, für $x = 0$ unendlich wird, so ist Const. $J_0(x\sqrt{\lambda})$ die einzige Lösung der Differentialgleichung (47), welche für $x = 0$ endlich bleibt. Wir fragen nach denjenigen Lösungen von (47), welche für $x = 0$ endlich sind und für $x = 1$ verschwinden. Es sind dies die Funktionen

$$u = J_0(x\sqrt{\lambda_n}),$$

[1]) Gewöhnliche Differentialgleichungen, 4. Aufl., S. 132 f.

welche den Wurzeln $\lambda = \lambda_n$ der Gleichung

$$J_0(\sqrt{\lambda_n}) = 0$$

entsprechen.

Die Greensche Funktion $G(x, \xi)$ des Differentialausdrucks

$$L(u) = x\frac{d^2u}{dx^2} + \frac{du}{dx} = \frac{d}{dx}\left(x\frac{du}{dx}\right)$$

ergibt sich aus den je eine Randbedingung erfüllenden Lösungen

$$u_1 = 1, \; u_2 = -\log x$$

von $L(u) = 0$ in der Form

$$(48)\qquad \begin{cases} G(x, \xi) = -\log \xi \text{ für } x \leq \xi, \\ = -\log x \;\;\text{,,}\;\; x \geq \xi; \end{cases}$$

sie erfüllt dieselben Randbedingungen wie die gesuchten Lösungen von (47).

Die Eigenwerte λ_n, welche der Gleichung

$$(49)\qquad J_0(\sqrt{\lambda}) = 1 - \frac{\lambda}{2^2} + \frac{\lambda^2}{2^2.4^2} - \frac{\lambda^3}{2^2.4^2.6^2} + \cdots = 0$$

genügen, sind einfach und reell; sie sind überdies positiv, da $J_0(\sqrt{\lambda})$ nach (49) für negative λ positiv ist. Zum Eigenwert λ_n gehört die Eigenfunktion $J_0(x\sqrt{\lambda_n})$ oder die normierte Eigenfunktion

$$\varphi_n(x) = \frac{J_0(x\sqrt{\lambda_n})}{\sqrt{\int\limits_0^1 x\left[J_0(x\sqrt{\lambda_n})\right]^2 dx}} = \frac{\sqrt{2}\, J_0(x\sqrt{\lambda_n})}{J_0'(\sqrt{\lambda_n})};$$

denn mit Rücksicht auf die Gleichung $J_0(x\sqrt{\lambda_n}) = 0$ ist[1])

$$(50)\qquad \int\limits_0^1 x\left[J_0(x\sqrt{\lambda_n})\right]^2 dx = \tfrac{1}{2}\left[J_0'(x\sqrt{\lambda_n})\right]^2.$$

In § 42 werden wir bei der Integration der Differentialgleichung der Wärmeleitung im Zylinder auf die soeben behandelte Randwertaufgabe geführt.

§ 24. Die Greensche Funktion im erweiterten Sinne.

In § 20 war die den Randbedingungen entsprechende Greensche Funktion $G(x, \xi)$ des Differentialausdrucks $L(u)$ unter der Voraussetzung bestimmt worden, daß die Differentialgleichung $L(u) = 0$ keine im Intervall $a \leq x \leq b$ nebst ihren Ableitungen erster und zweiter Ordnung stetige Lösung besitzt, welche die Randbedingungen erfüllt.

---

[1]) Vgl. z. B. Schafheitlin, Besselsche Funktionen, S. 69, 72.

Wir nehmen jetzt an, es sei eine und abgesehen von einem konstanten Faktor nur eine solche Lösung $\varphi_0(x)$ vorhanden; wir denken uns diese so normiert, daß

$$\int_a^b [\varphi_0(x)]^2 k(x)\,dx = 1$$

ist, wo $k(x)$ eine im Intervall $a \leq x \leq b$ gegebene positive Funktion bedeutet.[1])

Dann führen wir als **Greensche Funktion im erweiterten Sinne** ein Integral $G(x, \xi)$ der Differentialgleichung

$$L(u) = k(x)\,\varphi_0(x)\,\varphi_0(\xi) \tag{51}$$

ein, welches die Randbedingungen erfüllt und im Intervall $a \leq x \leq b$ stetig ist, während die erste Ableitung in diesem Intervall mit Ausnahme von $x = \xi$ stetig ist, bei $x = \xi$ aber die durch die Gleichung (13)

$$p(\xi)\left[\left(\frac{dG}{dx}\right)_{x=\xi+0} - \left(\frac{dG}{dx}\right)_{x=\xi-0}\right] = -1$$

dargestellte Unstetigkeit besitzt; außerdem soll

$$\int_a^b G(x, \xi)\,\varphi_0(x)\,k(x)\,dx = 0 \tag{52}$$

sein.

Eine Funktion, welche diese Bedingungen mit Ausnahme der letzten erfüllt, kann um $C\varphi_0(x)$ vermehrt werden; die Konstante C ist durch die letzte Bedingung bestimmt.

Daß die so definierte Funktion $G(x, \xi)$ eine symmetrische Funktion von x und ξ ist, beweist man wieder, indem man in der Greenschen Formel (3)

$$u = G(x, \xi_1), \quad v = G(x, \xi_2)$$

setzt und die definierenden Eigenschaften der jetzigen Greenschen Funktion $G(x, \xi)$ benutzt.

Soll die Differentialgleichung (16)

$$L(u) + h(x) = 0$$

eine Lösung $u(x)$ besitzen, welche im Intervall $a \leq x \leq b$ nebst ihrer ersten und zweiten Ableitung stetig ist und die Randbedingungen erfüllt, so muß

$$\int_a^b h(x)\,\varphi_0(x)\,dx = 0 \tag{53}$$

sein; wenn die Lösung $u(x)$ die Bedingung

$$\int_a^b u(x)\,\varphi_0(x)\,k(x)\,dx = 0 \tag{54}$$

[1]) Unser Ziel ist die Bestimmung der Eigenwerte und Eigenfunktionen von $L(u) + \lambda k u = 0$ $(k > 0)$.

erfüllt, ist (18)

$$u(x) = \int_a^b G(x, \xi)\, h(\xi)\, d\xi.$$

Die Orthogonalität von $h(x)$ und $\varphi_0(x)$ folgt aus der Gleichung (3), indem man darin u gleich einer die Randbedingungen erfüllenden Lösung von (16) und $v = \varphi_0(x)$ setzt. Da eine solche Lösung u der Differentialgleichung (16) um $C\varphi_0(x)$ vermehrt werden kann, so ist es zulässig, zur Bestimmung der Konstanten C die Bedingung (54) vorzuschreiben. Wenn man in der Greenschen Formel (3) u ebenso einführt wie vorhin, aber $v = G(x, \xi)$ setzt, erhält man unter Berücksichtigung von (54) den Ausdruck (18).

Der Ausdruck (18)

$$u(x) = \int_a^b G(x, \xi)\, h(\xi)\, d\xi,$$

worin die für $a \leq x \leq b$ stetige Funktion $h(x)$ die Bedingung (53)

$$\int_a^b h(x)\, \varphi_0(x)\, dx = 0$$

erfüllt, genügt der Differentialgleichung (16)

$$L(u) + h(x) = 0$$

und erfüllt die Bedingung (54)

$$\int_a^b u(x)\, \varphi_0(x)\, k(x)\, dx = 0.$$

Die Gleichung (54) folgt aus der in der Definition der Greenschen Funktion enthaltenen Gleichung (52). Wenn man den Ausdruck (18) in $L(u)$ einführt und die Orthogonalität von $h(x)$ und $\varphi_0(x)$ berücksichtigt, ergibt sich die Gleichung (16).

In der Differentialgleichung (16) setzen wir jetzt

$$h(x) = \lambda\, k(x)\, u(x).$$

Besitzt die Differentialgleichung

$$\text{(B)} \qquad L(u) + \lambda k u = 0$$

für $\lambda \neq 0$ ein Integral $u(x)$, welches die Randbedingungen erfüllt und nebst seinen beiden ersten Ableitungen für $a \leq x \leq b$ stetig ist, so ist

$$\int_a^b u(x)\, \varphi_0(x)\, k(x)\, dx = 0,$$

und man hat die Integralgleichung

$$\text{(55)} \qquad u(x) = \lambda \int_a^b G(x, \xi)\, k(\xi)\, u(\xi)\, d\xi$$

mit dem Kern $G(x, \xi)\, k(\xi)$, der wie in § 22 auf einen symmetrischen Kern zurückgeführt werden kann. Ist λ_n ein Eigenwert und $\varphi_n(x)$ die zugehörige Eigenfunktion, so ist

$$\int_a^b \varphi_0(x)\, \varphi_n(x)\, k(x)\, dx = 0. \tag{56}$$

Wenn $f(x)$ eine gegebene, nebst den beiden ersten Ableitungen im Intervall $a \leq x \leq b$ stetige Funktion ist, welche die Randbedingungen erfüllt, so gilt dasselbe für die Funktion

$$F(x) = f(x) - c_0\, \varphi_0(x), \quad c_0 = \int_a^b f(x)\, \varphi_0(x)\, k(x)\, dx,$$

und es ist

$$\int_a^b F(x)\varphi_0(x)k(x)\,dx = \int_a^b f(x)\varphi_0(x)\,k(x)\,dx - c_0\int_a^b [\varphi_0(x)]^2 k(x)\,dx = c_0 - c_0 = 0.$$

Wird

$$L[F(x)] = -h(x)$$

gesetzt, so ist

$$\int_a^b h(x)\, \varphi_0(x)\, dx = 0,$$

denn dies ist die Bedingung dafür, daß die Gleichung (16) ein die Randbedingungen erfüllendes Integral $u = F(x)$ besitzt; ferner ist

$$F(x) = \int_a^b G(x, \xi)\, h(\xi)\, d\xi.$$

Nach § 10 besteht die gleichmäßig konvergente Reihenentwicklung

$$F(x) = \sum_{n=1}^{\infty} c_n \varphi_n(x),$$

$$c_n = \int_a^b F(x)\, \varphi_n(x)\, k(x)\, dx = \int_a^b [f(x) - c_0\, \varphi_0(x)]\, \varphi_n(x)\, k(x)\, dx$$

$$= \int_a^b f(x)\, \varphi_n(x)\, k(x)\, dx \qquad (n = 1, 2, \ldots).$$

Demnach ist

$$f(x) = \sum_{n=0}^{\infty} c_n\, \varphi_n(x), \quad c_n = \int_a^b f(x)\, \varphi_n(x)\, k(x)\, dx \quad (n = 0, 1, 2, \ldots). \tag{57}$$

Wie in § 22 genügt es, daß $f(x)$ eine stückweise stetige zweite Ableitung hat.

Beispiel. Die im Intervall $-1 \leq x \leq 1$ nebst ihren Ableitungen erster und zweiter Ordnung stetigen **Lösungen der Differentialgleichung**

$$\frac{d^2 u}{dx^2} + \lambda u = 0, \tag{58}$$

welche die **Randbedingungen**

$$u(1) = u(-1), \quad u'(1) = u'(-1) \tag{59}$$

erfüllen, also die Periode 2 besitzen, ergeben sich ohne weiteres aus dem allgemeinen Integral

$$u = c_1 \cos\left(\sqrt{\lambda}\, x\right) + c_2 \sin\left(\sqrt{\lambda}\, x\right).$$

Es ist der einfache Eigenwert $\lambda = 0$ mit der Eigenfunktion 1 oder der normierten Eigenfunktion $\varphi_0(x) = \frac{1}{\sqrt{2}}$ und der zweifache Eigenwert $\lambda = n^2 \pi^2$ $(n = 1, 2, \ldots)$ mit den beiden normierten Eigenfunktionen $\cos n\pi x$, $\sin n\pi x$ vorhanden.

Die Greensche Funktion im erweiterten Sinne $u = G(x, \xi)$ genügt der Differentialgleichung

$$\frac{d^2 u}{dx^2} = \tfrac{1}{2};$$

es ist also

$$u = A_1 + A_2 x + \tfrac{1}{4} x^2; \quad \frac{du}{dx} = A_2 + \tfrac{1}{2} x \text{ für } x \leq \xi,$$

$$u = B_1 + B_2 x + \tfrac{1}{4} x^2, \quad \frac{du}{dx} = B_2 + \tfrac{1}{2} x \text{ für } x \geq \xi.$$

Für $x = \xi$ müssen beide Ausdrücke für u übereinstimmen, während die Differenz der beiden Ausdrücke für $\frac{du}{dx}$ gleich 1 sein muß; es ist also $A_2 - B_2 = 1$ und $A_1 - B_1 + (A_2 - B_2)\,\xi = 0$ oder $A_1 - B_1 = -\xi$. Die Periodizitätsbedingungen, bei deren Aufstellung für $x = -1$ der erste, für $x = 1$ der zweite Ausdruck für u zu benutzen ist, ergeben $A_1 - B_1 - (A_2 + B_2) = 0$, $A_2 - B_2 = -1$ oder $A_2 - B_2 = 1$, $A_2 + B_2 = -\xi$, also

$$A_2 = \frac{1 - \xi}{2}, \quad B_2 = -\frac{1 + \xi}{2}.$$

Die Bedingung (52) oder

$$\int_{-1}^{1} u\,dx = \int_{-1}^{\xi} u\,dx + \int_{\xi}^{1} u\,dx = 0$$

ergibt

$$A_1 + B_1 = \frac{\xi^2}{2} + \tfrac{1}{3};$$

mit Rücksicht auf $A_1 - B_1 = -\xi$ ist

$$A_1 = \frac{\xi^2}{4} - \frac{\xi}{2} + \tfrac{1}{6}, \quad B_1 = \frac{\xi^2}{4} + \frac{\xi}{2} + \tfrac{1}{6}.$$

Hiernach ist

(60) $$G(x, \xi) = \frac{(x-\xi)^2}{4} \pm \frac{x-\xi}{2} + \tfrac{1}{6},$$

wo das Zeichen $+$ für $x \leq \xi$, das Zeichen $-$ für $x \geq \xi$ gilt.

Nach dem Entwicklungssatz gilt für eine Funktion $f(x)$, welche eine stetige erste und eine stückweise stetige zweite Ableitung hat und die Periode 2 besitzt, die absolut und gleichmäßig konvergente Fouriersche Reihe

(61) $$f(x) = \tfrac{1}{2}\int_{-1}^{1} f(x)\,dx + \sum_{n=1}^{\infty} \cos n\pi x \int_{-1}^{1} f(x) \cos n\pi x\,dx$$
$$+ \sum_{n=1}^{\infty} \sin n\pi x \int_{-1}^{1} f(x) \sin n\pi x\,dx.$$

Die Theorie der Fourierschen Reihen (vgl. § 7) lehrt, daß die Reihe (61) konvergiert und die Funktion $f(x)$ bzw. das arithmetische Mittel $\frac{f(x+0)+f(x-0)}{2}$ darstellt, wenn die zu entwickelnde Funktion $f(x)$ etwa nebst ihrer ersten Ableitung im Intervall $-1 \cdots 1$ stückweise stetig ist, ohne daß die Randbedingungen (59) $f(1) = f(-1)$, $f'(1) = f'(-1)$ erfüllt zu sein brauchen. Auch in den in § 23 behandelten Beispielen gelten die Reihenentwicklungen, wenn die zu entwickelnde Funktion, ohne die Randbedingungen zu erfüllen, nebst ihrer ersten Ableitung stückweise stetig ist.

Andere Methoden[1]) führen hier weiter als die Theorie der Integralgleichungen. Wie man im Anschluß an die Theorie der Integralgleichungen die in § 22 angegebenen Voraussetzungen des Entwicklungssatzes einschränken kann, hat A. Kneser[2]) gezeigt.

---

[1]) Vgl. Enzyklopädie der math. Wiss. II 3, 2, S. 1244f.

[2]) Die Integralgleichungen, 2. Aufl. 1923.

Fünftes Kapitel.

Randwertaufgaben für elliptische Differentialgleichungen.

§ 25. Eigenschaften der Lösungen der Differentialgleichung $\Delta u = 0$.

Als einfachste elliptische Differentialgleichung betrachten wir die Laplacesche Differentialgleichung

$$\Delta u = 0, \tag{A}$$

wobei die Bezeichnung benutzt ist:

$$\Delta u = \frac{\partial^2 u}{\partial x^2} + \frac{\partial^2 u}{\partial y^2}. \tag{1}$$

Eine Funktion u der reellen Veränderlichen x, y, welche in einem gewissen Gebiet der xy-Ebene nebst ihren partiellen Ableitungen erster und zweiter Ordnung stetig ist und der Laplaceschen Differentialgleichung $\Delta u = 0$ genügt, wird als harmonische Funktion oder als reguläre Potentialfunktion bezeichnet.

In der Theorie der Differentialgleichung $\Delta u = 0$ oder, wie man sagen kann, in der Potentialtheorie[1]), spielen die Formeln von Green, die wir jetzt herleiten, eine wichtige Rolle. Von den Formeln, die in § 2 für die allgemeine lineare partielle Differentialgleichung zweiter Ordnung aufgestellt waren, machen wir hierbei keinen Gebrauch.

Die Funktionen u, v von x, y seien in dem beschränkten Gebiet $\mathfrak{G}$ und auf der Randkurve $\mathfrak{C}$ nebst ihren partiellen Ableitungen erster und zweiter Ordnung stetig. Durch Addition der beiden Gleichungen

$$\frac{\partial u}{\partial x}\frac{\partial v}{\partial x} = \frac{\partial}{\partial x}\left(u\frac{\partial v}{\partial x}\right) - u\frac{\partial^2 v}{\partial x^2},$$

$$\frac{\partial u}{\partial y}\frac{\partial v}{\partial y} = \frac{\partial}{\partial y}\left(u\frac{\partial v}{\partial y}\right) - u\frac{\partial^2 v}{\partial y^2}$$

ergibt sich, wenn

$$P = u\frac{\partial v}{\partial x},\; Q = u\frac{\partial v}{\partial y}$$

gesetzt wird, die Gleichung

$$\frac{\partial u}{\partial x}\frac{\partial v}{\partial x} + \frac{\partial u}{\partial y}\frac{\partial v}{\partial y} = \frac{\partial P}{\partial x} + \frac{\partial Q}{\partial y} - u\Delta v$$

---

[1]) Wangerin, Theorie des Potentials und Goursat, Cours d'analyse, Bd. III, Kap. 28 behandeln die Potentialtheorie auch für den Raum.

und hieraus durch Integration über das Gebiet $\mathfrak{G}$

$$\iint_{\mathfrak{G}} \left(\frac{\partial u}{\partial x}\frac{\partial v}{\partial x} + \frac{\partial u}{\partial y}\frac{\partial v}{\partial y}\right) dx\,dy = \iint_{\mathfrak{G}} \left(\frac{\partial P}{\partial x} + \frac{\partial Q}{\partial y}\right) dx\,dy - \iint_{\mathfrak{G}} u \Delta v\, dx\,dy.$$

Nach § 2, Formel (11) ist

$$\iint_{\mathfrak{G}} \left(\frac{\partial P}{\partial x} + \frac{\partial Q}{\partial y}\right) dx\,dy = \int_{\mathfrak{C}} (P\,dy - Q\,dx) = \int_{\mathfrak{C}} u \left(\frac{\partial v}{\partial x} dy - \frac{\partial v}{\partial y} dx\right).$$

Die ins Innere des Gebietes $\mathfrak{G}$ gerichtete Normale der Randkurve $\mathfrak{C}$ werde mit n bezeichnet. Die positive Richtung der Tangente der Kurve $\mathfrak{C}$ werde so gewählt, daß sie durch eine positive Drehung um den Winkel $\frac{\pi}{2}$ in die Richtung von n übergeht. Ist α der Winkel der Tangente mit der x-Achse, so ist, wenn ds das positiv genommene Bogenelement ist,

$$dy = ds \sin \alpha, \quad dx = ds \cos \alpha.$$

Die Winkel der inneren Normale n mit den Achsen y und x sind

$$(n, y) = \alpha, \quad (n, x) = \alpha + \frac{\pi}{2};$$

also hat man

$$dy = -ds \cos(n, x), \quad dx = ds \cos(n, y).$$

Demnach ist

$$\frac{\partial v}{\partial x} dy - \frac{\partial v}{\partial y} dx = -\left(\frac{\partial v}{\partial x} \cos(n, x) + \frac{\partial v}{\partial y} \cos(n, y)\right) ds.$$

Geht man vom Punkt (x, y) der Randkurve $\mathfrak{C}$ auf der Normale um die unendlich kleine Strecke dn ins Innere, so erfährt die Funktion v den Zuwachs

$$dv = \left(\frac{\partial v}{\partial x} \cos(n, x) + \frac{\partial v}{\partial y} \cos(n, y)\right) dn.$$

Der Ausdruck

$$\frac{\partial v}{\partial n} = \frac{\partial v}{\partial x} \cos(n, x) + \frac{\partial v}{\partial y} \cos(n, y)$$

wird als Ableitung von v nach der inneren Normale von $\mathfrak{C}$ bezeichnet. Hiernach ist

$$\frac{\partial v}{\partial x} dy - \frac{\partial v}{\partial y} dx = -\frac{\partial v}{\partial n} ds.$$

Es gilt also die Formel

$$\iint_{\mathfrak{G}} \left(\frac{\partial u}{\partial x}\frac{\partial v}{\partial x} + \frac{\partial u}{\partial y}\frac{\partial v}{\partial y}\right) dx\,dy = -\int_{\mathfrak{C}} u \frac{\partial v}{\partial n} ds - \iint_{\mathfrak{G}} u\, \Delta v\, dx\,dy. \tag{2}$$

Durch Vertauschung von u und v erhält man hieraus die Gleichung

$$(3)\qquad \iint\limits_{\mathfrak{G}} \left(\frac{\partial u}{\partial x}\frac{\partial v}{\partial x}+\frac{\partial u}{\partial y}\frac{\partial v}{\partial y}\right) dx\,dy = -\int\limits_{\mathfrak{C}} v\frac{\partial u}{\partial n}\,ds - \iint\limits_{\mathfrak{G}} v\,\Delta\,u\,dx\,dy.$$

Indem man die beiden Gleichungen (2) und (3) mit einander verbindet, erhält man die Greensche Formel

$$(4)\qquad \int\limits_{\mathfrak{C}} \left(u\frac{\partial v}{\partial n} - v\frac{\partial u}{\partial n}\right) ds + \iint\limits_{\mathfrak{G}} (u\,\Delta\,v - v\,\Delta\,u)\,dx\,dy = 0.$$

Wie in § 2 ist vorausgesetzt, daß die Randkurve $\mathfrak{C}$ des Gebietes $\mathfrak{G}$ von einer Parallelen zu einer Koordinatenachse nur in einer endlichen Anzahl von Punkten geschnitten wird. Die Formeln (2), (3) und (4) gelten auch für ein mehrfach zusammenhängendes Gebiet $\mathfrak{G}$, wenn nur auf jedem Teil des Randes $\mathfrak{C}$ die Ableitungen $\frac{\partial u}{\partial n}$ und $\frac{\partial v}{\partial n}$ nach der ins Innere des Gebietes $\mathfrak{G}$ gerichteten Normale genommen werden.

Setzt man in der Formel (2) $u = v$, so erhält man die später zu benutzende Formel

$$(5)\qquad \iint\limits_{\mathfrak{G}} \left[\left(\frac{\partial u}{\partial x}\right)^2 + \left(\frac{\partial u}{\partial y}\right)^2\right] dx\,dy = -\int\limits_{\mathfrak{C}} u\frac{\partial u}{\partial n}\,ds - \iint\limits_{\mathfrak{G}} u\,\Delta\,u\,dx\,dy.$$

Die Formel (4) geht, wenn man $v = 1$ setzt, über in

$$(6)\qquad \int\limits_{\mathfrak{C}} \frac{\partial u}{\partial n}\,ds = -\iint\limits_{\mathfrak{G}} \Delta\,u\,dx\,dy.$$

Die bisher abgeleiteten Formeln benutzen wir zur Untersuchung der harmonischen Funktionen.

Jede Funktion u, welche in dem von der Kurve $\mathfrak{C}$ begrenzten Gebiet harmonisch ist, erfüllt die Gleichung

$$(7)\qquad \int\limits_{\mathfrak{C}} \frac{\partial u}{\partial n}\,ds = 0.$$

Denn aus (6) ergibt sich, da $\Delta\,u = 0$ ist, die Gleichung (7).

Ist u im Gebiet $\mathfrak{G}$ mit der Randkurve $\mathfrak{C}$ harmonisch, so ist

$$(8)\qquad \iint\limits_{\mathfrak{G}} \left[\left(\frac{\partial u}{\partial x}\right)^2 + \left(\frac{\partial u}{\partial y}\right)^2\right] dx\,dy = -\int\limits_{\mathfrak{C}} u\frac{\partial u}{\partial n}\,ds.$$

Diese Formel folgt aus (5), wenn $\Delta.u = 0$ ist.

Sind die beiden Funktionen u und v im Gebiet $\mathfrak{G}$ mit der Randkurve $\mathfrak{C}$ harmonisch, so ist

$$\int\limits_{\mathfrak{C}} \left(u \frac{\partial v}{\partial n} - v \frac{\partial u}{\partial n}\right) ds = 0. \tag{9}$$

Diese Gleichung folgt aus (4), da $\Delta u = 0$, $\Delta v = 0$ ist.

Die Funktionen u, v brauchen nur im Innern des Gebietes $\mathfrak{G}$ mit Ausschluß des Randes nebst den partiellen Ableitungen erster und zweiter Ordnung stetig zu sein, wenn nur die Funktionen u, v nebst den Ableitungen $\frac{\partial u}{\partial n}$, $\frac{\partial v}{\partial n}$ bei der Annäherung an den Rand $\mathfrak{C}$ stetig bleiben. Unter dieser Voraussetzung bleiben die Formeln (7), (8) und (9) bestehen.

Zum Beweise stellen wir die Greenschen Formeln für ein Gebiet $\mathfrak{G}'$ auf, das von einer zu $\mathfrak{C}$ parallelen, innerhalb $\mathfrak{G}$ verlaufenden Kurve $\mathfrak{C}'$ begrenzt wird. Um die Kurve $\mathfrak{C}'$ zu erhalten, errichten wir in jedem Punkt von $\mathfrak{C}$ die innere Normale und tragen auf dieser die konstante Strecke δ ab. Wenn δ zur Grenze Null geht, geht $\mathfrak{G}'$ in $\mathfrak{G}$, $\mathfrak{C}'$ in $\mathfrak{C}$ über. Wegen der vorausgesetzten Stetigkeit von $u, v, \frac{\partial u}{\partial n}, \frac{\partial v}{\partial n}$ gehen die über die Kurve $\mathfrak{C}'$ erstreckten Integrale in Integrale über die ursprüngliche Randkurve $\mathfrak{C}$ über.

Es sei u eine im Gebiet $\mathfrak{G}$ harmonische Funktion. Ist längs der Kurve $\mathfrak{C}$ $u = 0$ oder $\frac{\partial u}{\partial n} = 0$, so ist nach (8)

$$\iint\limits_{\mathfrak{G}} \left[\left(\frac{\partial u}{\partial x}\right)^2 + \left(\frac{\partial u}{\partial y}\right)^2\right] dx\, dy = 0,$$

was nur möglich ist, wenn im Gebiet $\mathfrak{G}$

$$\left(\frac{\partial u}{\partial x}\right)^2 + \left(\frac{\partial u}{\partial y}\right)^2 = 0$$

oder

$$\frac{\partial u}{\partial x} = 0, \quad \frac{\partial u}{\partial y} = 0$$

ist. Daraus folgt, daß im Gebiet $\mathfrak{G}$ u konstant sein muß. Dieser konstante Wert muß gleich 0 sein, falls u längs der Randkurve $\mathfrak{C}$ verschwindet.

Es gilt also der Satz:

Eine im Gebiet $\mathfrak{G}$ harmonische Funktion u verschwindet im Gebiet $\mathfrak{G}$, wenn sie längs der Randkurve $\mathfrak{C}$ verschwindet; sie ist im Gebiet $\mathfrak{G}$ konstant, wenn längs der Kurve $\mathfrak{C}$ ihre Ableitung $\frac{\partial u}{\partial n}$ nach der inneren Normale verschwindet.

Daraus folgt:

Es kann nicht mehr als eine im Gebiet $\mathfrak{G}$ harmonische Funktion geben, welche auf der Randkurve $\mathfrak{C}$ gegebene Werte annimmt.

Denn wären zwei harmonische Funktionen u' und u'' mit denselben Randwerten vorhanden, so wäre die Differenz $u = u' - u''$ längs der Randkurve $\mathfrak{C}$ gleich Null; nach dem vorhergehenden Satze müßte u im ganzen Gebiet $\mathfrak{G}$ gleich Null sein.

Ferner folgt:

Die allgemeinste im Gebiet $\mathfrak{G}$ harmonische Funktion u, deren normale Ableitung $\frac{\partial u}{\partial n}$ längs der Randkurve $\mathfrak{C}$ gegebene Werte annimmt, unterscheidet sich von einer solchen Funktion nur um eine additive Konstante.

Denn sind u' und u'' zwei solche Funktionen mit der Differenz $u = u' - u''$, so ist $\frac{\partial u}{\partial n}$ längs $\mathfrak{C}$ gleich Null; also ist u im Gebiet $\mathfrak{G}$ konstant.

Die Funktion

$$v = \log \frac{1}{r}, \tag{10}$$

wo

$$r = \sqrt{(x-\xi)^2 + (y-\eta)^2}$$

die Entfernung des Punktes (x, y) von dem festen Punkte (ξ, η) ist, stellt ein partikuläres Integral der Differentialgleichung $\Delta v = 0$ dar.

Es ist nämlich

$$\frac{\partial r}{\partial x} = \frac{x-\xi}{r}, \quad \frac{\partial \log \frac{1}{r}}{\partial x} = -\frac{x-\xi}{r^2}, \quad \frac{\partial^2 \log \frac{1}{r}}{\partial x^2} = -\frac{1}{r^2} + \frac{2\,(x-\xi)^2}{r^4};$$

da für die partiellen Ableitungen nach y entsprechende Ausdrücke gelten, so ist

$$\Delta \log \frac{1}{r} = 0. \tag{11}$$

Der Punkt (ξ, η), in welchem die Funktion $v = \log \frac{1}{r}$ unstetig ist, befinde sich im Innern des von der Kurve $\mathfrak{C}$ begrenzten Gebietes $\mathfrak{G}$; u sei eine in $\mathfrak{G}$ harmonische Funktion. Wir beschreiben um (ξ, η) einen kleinen Kreis Γ mit dem Radius ϱ und wenden die Formel (9) auf das von der Kurve $\mathfrak{C}$ und dem Kreis Γ begrenzte Gebiet $\mathfrak{G}'$ an. Es ist also

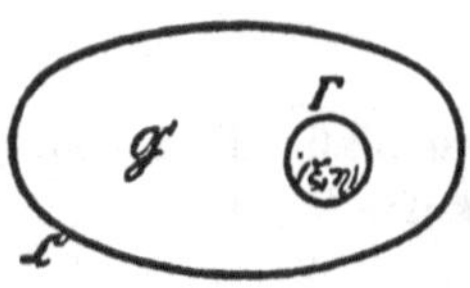

Fig. 6.

$$\int\limits_{\mathfrak{C}} \left(\log \frac{1}{r} \frac{\partial u}{\partial n} - u \frac{\partial \log \frac{1}{r}}{\partial n} \right) ds + \int\limits_{\Gamma} \left(\log \frac{1}{r} \frac{\partial u}{\partial n} - u \frac{\partial \log \frac{1}{r}}{\partial n} \right) ds = 0,$$

wo die Ableitungen im ersten Integral nach der inneren Normale der Kurve $\mathfrak{C}$, im zweiten Integral nach der ins Innere des Gebietes $\mathfrak{G}'$ gerichteten Normale des Kreises Γ, d. h. nach der äußeren Normale von Γ zu nehmen sind. Wir berechnen das zweite Integral, welches von dem Radius ϱ des Kreises Γ unabhängig sein muß. Zunächst ist

$$\int\limits_{\Gamma} \log \frac{1}{r} \frac{\partial u}{\partial n} ds = \log \frac{1}{\varrho} \int\limits_{\Gamma} \frac{\partial u}{\partial n} ds = 0$$

nach Formel (7). Ferner ist auf Γ (für $r = \varrho$)

$$\frac{\partial \log \frac{1}{r}}{\partial n} = \frac{d \log \frac{1}{r}}{dr} = -\frac{1}{r},$$

da die Richtung der äußeren Normale von Γ die Richtung der wachsenden r ist. Demnach ist

$$\int\limits_{\Gamma} u \frac{\partial \log \frac{1}{r}}{\partial n} ds = -\frac{1}{\varrho} \int\limits_{\Gamma} u ds;$$

für kleine ϱ weicht dieses Integral wenig von

$$-\frac{1}{\varrho} \cdot u(\xi, \eta) \cdot 2\pi\varrho = -2\pi u(\xi, \eta)$$

ab; da das Integral von ϱ unabhängig ist, so ist genau

$$\int\limits_{\Gamma} u \frac{\partial \log \frac{1}{r}}{\partial n} ds = -2\pi u(\xi, \eta).$$

Demnach ist

$$u(\xi, \eta) = \frac{1}{2\pi} \int\limits_{\mathfrak{C}} \left(u \frac{\partial \log \frac{1}{r}}{\partial n} - \log \frac{1}{r} \frac{\partial u}{\partial n} \right) ds. \tag{12}$$

Sind also die Werte von u und $\frac{\partial u}{\partial n}$ auf der Kurve $\mathfrak{C}$ bekannt, so kennt man auch die Werte der harmonischen Funktion u in jedem Punkte (ξ, η) im Innern des von der Kurve $\mathfrak{C}$ begrenzten Gebietes. Man kann aber nicht etwa die Werte von u und $\frac{\partial u}{\partial n}$ auf der Randkurve $\mathfrak{C}$ willkürlich vorschreiben.

Ist in der Formel (12) die Kurve $\mathfrak{C}$ ein Kreis vom Mittelpunkt (ξ, η) und vom Radius R, so hat man auf $\mathfrak{C}$

$$\frac{\partial \log \frac{1}{r}}{\partial n} = -\frac{d \log \frac{1}{r}}{dr} = \frac{1}{r};$$

die Formel (12) geht über in

$$u(\xi, \eta) = -\frac{1}{2\pi} \log \frac{1}{R} \int_{\mathfrak{C}} \frac{\partial u}{\partial n} ds + \frac{1}{2\pi R} \int_{\mathfrak{C}} u\, ds$$

oder mit Rücksicht auf (7)

$$u(\xi, \eta) = \frac{1}{2\pi R} \int_{\mathfrak{C}} u\, ds. \tag{13}$$

Da hiernach der Wert der Funktion u im Kreismittelpunkt (ξ, η) gleich dem Mittelwert der Funktionswerte auf der Peripherie ist, so kann im Punkt (ξ, η) kein Maximum oder Minimum der Funktion u vorhanden sein.

In einem Punkt, in dessen Umgebung die Funktion u harmonisch ist, kann sie weder ein Maximum noch ein Minimum haben.

§ 26. Das logarithmische Potential der einfachen und der doppelten Belegung.

Wir vertauschen in der Formel (12) die Punkte (ξ, η) und (x, y), so daß (ξ, η) ein Punkt der Randkurve $\mathfrak{C}$, (x, y) ein innerer Punkt des Gebietes $\mathfrak{G}$ ist. Jede im Gebiete $\mathfrak{G}$ harmonische Funktion u gestattet die Darstellung

$$u(x, y) = -\frac{1}{2\pi} \int_{\mathfrak{C}} \log \frac{1}{r} \frac{\partial u}{\partial n} ds + \frac{1}{2\pi} \int_{\mathfrak{C}} u \frac{\partial \log \frac{1}{r}}{\partial n} ds, \tag{14}$$

wo r die Entfernung des Punktes (x, y) vom Randpunkte (ξ, η), in welchem sich das Bogenelement ds befindet, darstellt.

Die im Gebiet $\mathfrak{G}$ harmonische Funktion u drückt sich durch zwei über die Randkurve $\mathfrak{C}$ erstreckte Integrale von der Form

$$v = \int_{\mathfrak{C}} \varkappa \log \frac{1}{r} ds, \tag{15}$$

$$w = \int_{\mathfrak{C}} \mu \frac{\partial \log \frac{1}{r}}{\partial n} ds \tag{16}$$

aus, wo $\varkappa$ und μ längs der Kurve $\mathfrak{C}$ gegebene Funktionen sind.

Das Integral v wird als logarithmisches Potential einer einfachen Belegung der Kurve $\mathfrak{C}$ von der Dichtigkeit $\varkappa$, das Integral w als logarithmisches Potential einer Doppelbelegung der Kurve $\mathfrak{C}$ vom Moment μ bezeichnet.

Es ist in § 25 gezeigt worden, daß

$$\Delta \log \frac{1}{r} = 0$$

ist.

Das Potential v der einfachen Belegung genügt demnach der Laplaceschen Gleichung $\Delta\, v = 0$.

Die Bezeichnung des Integrals w als Potential einer Doppelbelegung erklärt sich folgendermaßen. Wir denken uns in den Endpunkten des Bogenelements ds der Kurve die inneren Normalen gezogen und auf diesen dieselbe Strecke δ abgetragen; dem Bogenelement ds entspricht so ein Bogenelement ds' einer Parallelkurve $\mathfrak{C}'$, die eine Belegung von der Dichtigkeit $\varkappa'$ tragen möge, so daß $\varkappa'\, ds' = -\varkappa ds$ ist. Neben dem logarithmischen Potential

$$v = \int\limits_{\mathfrak{C}} \varkappa \log \frac{1}{r}\, ds$$

haben wir das logarithmische Potential

$$v' = \int\limits_{\mathfrak{C}'} \varkappa' \log \frac{1}{r'}\, ds';$$

dabei ist r' die Entfernung des Punktes (ξ', η') der Parallelkurve $\mathfrak{C}'$, welcher dem Punkte (ξ, η) der Kurve $\mathfrak{C}$ entspricht, vom Punkt (x, y). Die Summe der beiden logarithmischen Potentiale ist

$$v + v' = \int\limits_{\mathfrak{C}} \varkappa \log \frac{1}{r}\, ds - \int\limits_{\mathfrak{C}} \varkappa \log \frac{1}{r'}\, ds = -\int\limits_{\mathfrak{C}} \varkappa\delta \cdot \frac{\log \frac{1}{r'} - \log \frac{1}{r}}{\delta}\, ds,$$

wir lassen δ zur Grenze Null gehen und $\varkappa$ so zunehmen, daß $\lim \varkappa\delta = -\mu$ endlich ist; dann hat die Summe $v + v'$ den Grenzwert

$$\int\limits_{\mathfrak{C}} \mu \frac{\partial \log \frac{1}{r}}{\partial n}\, ds = w.$$

Ist n wie bisher die innere Normale der Kurve $\mathfrak{C}$ im Punkte (ξ, η), so ist

$$\frac{\partial r}{\partial n} = -\cos(r, n),$$

wo (r, n) den Winkel darstellt, welchen die (in der Richtung von (ξ, η) nach (x, y) genommene) Verbindungslinie der Punkte (ξ, η) und (x, y) mit der inneren Normale der Kurve $\mathfrak{C}$ im Punkte (ξ, η) bildet. Demnach ist

$$\frac{\partial \log \frac{1}{r}}{\partial n} = -\frac{1}{r}\frac{\partial r}{\partial n} = \frac{\cos(r, n)}{r},$$

so daß das Potential der Doppelbelegung in der Form geschrieben werden kann:

$$w = \int_{\mathfrak{C}} \mu \frac{\cos(r, n)}{r} ds. \tag{17}$$

Aus

$$\Delta \log \frac{1}{r} = 0$$

folgt

$$\Delta \frac{\partial \log \frac{1}{r}}{\partial n} = 0;$$

daher gilt auch für das Potential der Doppelbelegung die Laplacesche Gleichung $\Delta w = 0$.

§ 27. Verhalten harmonischer Funktionen im Unendlichen.

Wenn sich das Gebiet $\mathfrak{G}$ ins Unendliche erstreckt, bleiben die Formeln (7), (8) und (9) bestehen, wenn die Funktionen u und v im Unendlichen regulär sind. Wir nennen eine Funktion u, welche außerhalb eines gewissen Kreises harmonisch ist, im Unendlichen regulär, wenn u bei unbegrenzt wachsender Entfernung R vom Koordinatenanfang gegen einen endlichen konstanten Wert c konvergiert, während $R^2 \frac{\partial u}{\partial x}$ und $R^2 \frac{\partial u}{\partial y}$ beschränkt sind[1]).

Wir beweisen z. B. die Formel (8) unter der Annahme, daß $\mathfrak{G}$ das Außengebiet einer geschlossenen Kurve $\mathfrak{C}$ ist. Wir beschreiben um den Anfangspunkt einen Kreis $\mathfrak{K}$ von beliebig großem Radius R, welcher ganz außerhalb der Kurve $\mathfrak{C}$ verläuft, und verstehen unter $\mathfrak{G}'$ das Gebiet, welches von dem Kreis $\mathfrak{K}$ und der Kurve $\mathfrak{C}$ begrenzt wird. Die auf dieses Gebiet $\mathfrak{G}'$ angewandte Formel (8) ergibt

$$\iint_{\mathfrak{G}'} \left[\left(\frac{\partial u}{\partial x}\right)^2 + \left(\frac{\partial u}{\partial y}\right)^2\right] dx dy = -\int_{\mathfrak{C}} u \frac{\partial u}{\partial n} ds - \int_{\mathfrak{K}} u \frac{\partial u}{\partial n} ds, \tag{18}$$

[1]) Diese Bedingungen sind eine Folge von $\lim u = c$.

wo unter n im ersten Glied der rechten Seite die ins Innere von $\mathfrak{G}'$ gerichtete Normale der Kurve $\mathfrak{C}$ und im zweiten Integral die ins Innere von $\mathfrak{G}'$ gerichtete Normale des Kreises $\mathfrak{K}$ (d. h. die innere Normale von $\mathfrak{K}$) verstanden wird. Wenn man

$$ds = R d\vartheta, \quad \frac{\partial u}{\partial n} = -\frac{\partial u}{\partial R}$$

setzt, hat man

$$-\int_{\mathfrak{K}} u \frac{\partial u}{\partial n} ds = \int_{\mathfrak{K}} u \cdot R \frac{\partial u}{\partial R} d\vartheta;$$

zufolge der Bedingungen, welchen die Funktion u im Unendlichen unterworfen ist, hat dieses Integral für $R \to \infty$ den Grenzwert Null. Die Formel (18) geht also für $R \to \infty$ über in

$$\text{(19)} \qquad \iint_{\mathfrak{G}} \left[\left(\frac{\partial u}{\partial x}\right)^2 + \left(\frac{\partial u}{\partial y}\right)^2\right] dx\,dy = -\int_{\mathfrak{C}} u \frac{\partial u}{\partial n} ds.$$

Wenn die im Unendlichen reguläre Funktion u oder deren normale Ableitung $\frac{\partial u}{\partial n}$ längs $\mathfrak{C}$ verschwindet, so verschwindet das Integral auf der rechten Seite von (19), und man schließt wie in § 25, daß u im Außengebiet der Kurve $\mathfrak{C}$ konstant ist; dieser konstante Wert ist gleich Null, wenn u auf der Kurve $\mathfrak{C}$ verschwindet oder wenn u im Unendlichen verschwindet.

Wir wenden jetzt die Formel (14) auf das soeben beschriebene Gebiet $\mathfrak{G}'$ an. Wenn sich der Punkt (x, y) innerhalb $\mathfrak{G}'$ befindet, ist

$$u(x, y) = -\frac{1}{2\pi}\int_{\mathfrak{C}} \log\frac{1}{r}\frac{\partial u}{\partial n} ds + \frac{1}{2\pi}\int_{\mathfrak{C}} u \frac{\partial \log\frac{1}{r}}{\partial n} ds$$
$$-\frac{1}{2\pi}\int_{\mathfrak{K}} \log\frac{1}{r}\frac{\partial u}{\partial n} ds + \frac{1}{2\pi}\int_{\mathfrak{K}} u \frac{\partial \log\frac{1}{r}}{\partial n} ds$$

wo n die äußere Normale der Kurve $\mathfrak{C}$ bez. die innere Normale des Kreises $\mathfrak{K}$ bedeutet. Es ist

$$\frac{1}{2\pi}\int_{\mathfrak{K}} u \frac{\partial \log\frac{1}{r}}{\partial n} ds = \frac{1}{2\pi}\int_0^{2\pi} u(R, \varphi)\, d\varphi,$$

d. i. der Mittelwert von u auf dem Kreise $\mathfrak{K}$, welcher wegen $\lim\limits_{R \to \infty} u = c$ den Grenzwert c hat. Ferner ist

$$-\int_{\mathfrak{K}} \log\frac{1}{r}\frac{\partial u}{\partial n} ds = R \log R \int_0^{2\pi} \frac{\partial u}{\partial n} d\varphi;$$

der Grenzwert dieses Integrals für $R \to \infty$ verschwindet, weil $R^2 \frac{\partial u}{\partial n}$ beschränkt und daher

$$\lim_{R \to \infty} R \log R \frac{\partial u}{\partial n} = 0$$

ist.

Eine im Außengebiet der geschlossenen Kurve $\mathfrak{C}$ harmonische und im Unendlichen reguläre Funktion u gestattet also in jedem außerhalb $\mathfrak{C}$ gelegenen Punkte (x, y) die Darstellung

$$(20) \quad u(x, y) = -\frac{1}{2\pi} \int_{\mathfrak{C}} \log \frac{1}{r} \frac{\partial u}{\partial n} ds + \frac{1}{2\pi} \int_{\mathfrak{C}} u \frac{\partial \log \frac{1}{r}}{\partial n} ds + c.$$

Um das Verhalten der Potentiale v und w im Unendlichen zu untersuchen, wenden wir die Transformation durch reziproke Radien an.

Wir setzen

$$(21) \qquad x' = \frac{x}{R^2}, \quad y' = \frac{y}{R^2}; \quad R^2 = x^2 + y^2,$$

so daß, wenn $R'^2 = x'^2 + y'^2$ gesetzt wird, $RR' = 1$ ist. Dann ist

$$\begin{aligned} r^2 &= (x - \xi)^2 + (y - \eta)^2 = R^2 - 2(x\xi + y\eta) + \xi^2 + \eta^2 \\ &= R^2 \{1 - 2(x'\xi + y'\eta) + R'^2(\xi^2 + \eta^2)\}, \\ r &= R\{1 - (x'\xi + y'\eta) + \dots\}, \\ \log \frac{1}{r} &= \log \frac{1}{R} + (x'\xi + y'\eta) + \dots, \end{aligned}$$

wo die weggelassenen Glieder mindestens vom zweiten Grad in x', y' sind. Demnach haben wir

$$(22) \qquad v = \int_{\mathfrak{C}} \varkappa \log \frac{1}{r} ds = m \log \frac{1}{R} + Ax' + By' + \cdots,$$

wo

$$m = \int_{\mathfrak{C}} \varkappa ds$$

die gesamte Masse darstellt. Weiter ist

$$\frac{\partial \log \frac{1}{r}}{\partial n} = x' \frac{\partial \xi}{\partial n} + y' \frac{\partial \eta}{\partial n} + \cdots,$$

also

$$(23) \qquad w = Cx' + Dy' + \cdots.$$

Das Potential w der Doppelbelegung ist im Unendlichen regulär, das Potential v der einfachen Belegung aber nur im Falle $m = 0$.

Die im Unendlichen reguläre harmonische Funktion u gestattet also eine Entwicklung von der Form

$$u = c + c_1 x' + c_2 y' + \cdots = c + c_1 \frac{x}{x^2 + y^2} + c_2 \frac{y}{x^2 + y^2} + \cdots .$$

Durch Einführung der neuen Veränderlichen x', y' in den Differentialausdruck Δu erhält man die Gleichung

$$R^4 \left(\frac{\partial^2 u}{\partial x^2} + \frac{\partial^2 u}{\partial y^2} \right) = \frac{\partial^2 u}{\partial x'^2} + \frac{\partial^2 u}{\partial y'^2}.$$

Die harmonische Funktion u von x, y genügt demnach der Gleichung

$$\frac{\partial^2 u}{\partial x'^2} + \frac{\partial^2 u}{\partial y'^2} = 0 ;$$

sie ist also eine harmonische Funktion von x', y', die sich in der Umgebung von $x' = 0$, $y' = 0$ regulär verhält.

In § 25 hatte sich ergeben, daß eine Funktion in einem Punkte, in dessen Umgebung sie harmonisch ist, weder ein Maximum noch ein Minimum haben kann. Die im Unendlichen reguläre harmonische Funktion u kann auch im Unendlichen kein Maximum oder Minimum annehmen. Denn wäre c ein extremer Wert von u im Unendlichen, so hätte die harmonische Funktion

$$u = c + c_1 x' + c_2 y' + \cdots$$

im Punkte $x' = 0$, $y' = 0$ den extremen Wert c, was dem früheren Satze widerspricht.

§ 28. Unstetigkeitseigenschaften des Potentials der Doppelbelegung.

Wir betrachten zunächst das Potential (17) der Doppelbelegung mit dem konstanten Moment $\mu = 1$, d. h. das Integral

$$\int_{\mathfrak{C}} \frac{\cos(r, n)}{r} \, ds. \tag{24}$$

Wir verbinden den Punkt (x, y) mit den Endpunkten des Bogenelements ds; die Verbindungsstrahlen schneiden auf dem um den Punkt (x, y) mit dem Radius 1 beschriebenen Kreise ein Bogenelement

$$d\vartheta = \frac{\cos(r, n)}{r} \, ds$$

aus, welches positiv oder negativ ausfällt, je nachdem der Winkel (r, n) spitz oder stumpf ist. Man kann $d\vartheta$ als den Winkel bezeichnen, unter welchem das Bogenelement ds vom Punkt (x, y) aus erscheint.

Liegt (x, y) außerhalb des Gebietes $\mathfrak{G}$, so schneiden die von (x, y) nach den Endpunkten von $d\vartheta$ gezogenen Strahlen auf der Kurve $\mathfrak{C}$ eine gerade Anzahl von Bogenelementen ds aus; nehmen wir an, es seien zwei derartige Bogenelemente ds vorhanden, so ist der Winkel (r, n) für das eine spitz, für das andere stumpf; die den beiden Bogenelementen ds entsprechenden Elemente $\frac{\cos(r, n)}{r} ds$ des Integrals (24) haben entgegengesetzt gleiche Werte, heben sich also gegenseitig auf. Daher verschwindet das Integral (24), wenn der Punkt (x, y) außerhalb des Gebiets $\mathfrak{G}$ liegt.

Liegt der Punkt (x, y) innerhalb des Gebiets $\mathfrak{G}$, so schneidet ein von diesem Punkte ausgehender (einseitig unbegrenzter) Strahl die Kurve $\mathfrak{C}$ in einer ungeraden Anzahl von Punkten. Nehmen wir, um einen bestimmten Fall vor Augen zu haben, an, jeder Strahl habe nur einen Punkt mit der Kurve $\mathfrak{C}$ gemein, so entspricht jedem Bogenelement $d\vartheta$ des um (x, y) beschriebenen Kreises vom Radius 1 ein Element ds der Kurve $\mathfrak{C}$, für welches (r, n) spitz, also $\frac{\cos(r, n)}{r} ds = d\vartheta$ positiv ist, und das über die geschlossene Kurve $\mathfrak{C}$ erstreckte Integral (24) ist gleich der Summe aller Bogenelemente $d\vartheta$ des Kreises vom Radius 1, also gleich 2π. Demnach ist das Integral (24) gleich 2π, wenn der Punkt (x, y) innerhalb des Gebietes $\mathfrak{G}$ liegt.

Ist (x, y) ein Punkt der Randkurve $\mathfrak{C}$ mit bestimmter Tangente, so liegen die von (x, y) ausgehenden Strahlen auf einer Seite der Tangente; sie schneiden die Kurve $\mathfrak{C}$ in einer ungeraden Anzahl von Punkten, z. B. in einem Punkt, und die Elemente des um (x, y) beschriebenen Kreises vom Radius 1 bilden eine halbe Kreisperipherie von der Länge π. Demnach hat das Integral (24) den Wert π, wenn (x, y) ein Punkt der Randkurve $\mathfrak{C}$ mit bestimmter Tangente ist.

Wir untersuchen nun das Verhalten des Potentials w der Doppelbelegung beim Durchgang des Punktes (x, y) durch die Kurve $\mathfrak{C}$.

Wir verstehen unter s einen festen, unter t einen beliebigen Punkt von $\mathfrak{C}$; in t haben wir das Bogenelement dt, die innere Normale n; die Entfernung des Punktes (x, y) vom Punkt t sei r. Das Moment der Doppelbelegung an der Stelle t sei μ, während sich μ_s auf den Punkt s bezieht; μ möge eine stetige Funktion von t sein. Wir setzen

$$(25)\qquad \left\{\begin{aligned} w &= \int_{\mathfrak{C}} \mu \frac{\cos(r, n)}{r} dt \\ &= \mu_s \int_{\mathfrak{C}} \frac{\cos(r, n)}{r} dt + \int_{\mathfrak{C}} (\mu - \mu_s) \frac{\cos(r, n)}{r} dt \\ &= \mu_s \int_{\mathfrak{C}} \frac{\cos(r, n)}{r} dt + W \end{aligned}\right.$$

und zeigen, daß

$$W = \int_{\mathfrak{C}} (\mu - \mu_s) \frac{\cos(r, n)}{r} dt \tag{26}$$

eine an der Stelle s stetige Funktion von (x, y) ist. Wir beschreiben zu diesem Zweck um s als Mittelpunkt einen Kreis mit dem kleinen Radius ϱ und bezeichnen mit γ den innerhalb dieses Kreises gelegenen Teil der Kurve $\mathfrak{C}$. Wir nehmen ϱ so klein an, daß der absolute Betrag von $\mu - \mu_s$ kleiner als eine gegebene beliebig kleine positive Größe δ ist, wenn der Punkt t dem Kurvenstück γ angehört. Das Integral W zerlegen wir in zwei Teile W' und W'', so daß W' über das Kurvenstück γ, W'' über den übrigen Teil der Kurve $\mathfrak{C}$ erstreckt wird. Es ist, wo auch der Punkt (x, y) liegen mag,

$$|W'| < \delta \int_{\gamma} \frac{|\cos(r, n)|}{r} dt;$$

das mit δ multiplizierte Integral, welches die Summe der absoluten Beträge der Winkel $d\vartheta$ darstellt, unter welchen die Elemente des Bogens γ vom Punkt (x, y) aus erscheinen, liegt unter einer endlichen Schranke. Das Integral W'' ist stetig, wenn der Punkt (x, y) innerhalb des um den Punkt s mit dem Radius ϱ beschriebenen Kreises bleibt. Demnach ist auch W in der Umgebung von s stetig.

Wir verstehen jetzt unter w_s den Wert von w im Punkte s der Kurve $\mathfrak{C}$, unter w_i den Grenzwert, welchem sich w nähert, wenn sich der Punkt (x, y) von innen her dem Punkte s nähert, unter w_a den Grenzwert, welchem w zustrebt, wenn sich (x, y) von außen dem Punkte s nähert. Wegen der Stetigkeit der Funktion

$$W = w - \mu_s \int_{\mathfrak{C}} \frac{\cos(r, n)}{r} dt$$

unter Berücksichtigung der Eigenschaften des Integrals (24) ist der Wert von W in s, nämlich $w_s - \pi\mu_s$, sowohl gleich dem Grenzwert $w_i - 2\pi\mu_s$, welchem W zustrebt, wenn sich (x, y) von innen dem Punkte s nähert, als auch gleich dem Grenzwert w_a, welchem W zustrebt, wenn (x, y) von außen an s heranrückt. Es ist also

$$w_a = w_s - \pi\mu_s = w_i - 2\pi\mu_s,$$

folglich

$$w_i = w_s + \pi\mu_s, \quad w_a = w_s - \pi\mu_s \tag{27}$$

oder

$$\tfrac{1}{2}(w_i - w_a) = \pi\mu_s, \quad \tfrac{1}{2}(w_i + w_a) = w_s, \tag{28}$$

wo

$$w_s = \int_{\mathfrak{C}} \mu \frac{\cos(r, n)}{r} dt \tag{29}$$

ist; hierbei ist dt ein Bogenelement von $\mathfrak{C}$ an der beliebigen Stelle t, auf welche sich μ bezieht, n die nach innen gerichtete Normale an der Stelle t und r die Entfernung des beliebigen Kurvenpunktes t von dem festen Kurvenpunkte s.

Wir fassen unser Ergebnis in den Satz zusammen:

Das Potential w einer Doppelbelegung der Kurve $\mathfrak{C}$ mit dem stetig veränderlichen Moment μ erfährt beim Durchgang durch einen Punkt s von $\mathfrak{C}$ mit bestimmter Tangente eine Unstetigkeit, welche durch die Gleichungen dargestellt wird:

$$\tfrac{1}{2}(w_i - w_a) = \pi \mu_s, \tag{30}$$

$$\tfrac{1}{2}(w_i + w_a) = \int_{\mathfrak{C}} \mu_t \frac{\cos(r, n_t)}{r}\, dt; \tag{31}$$

dabei sind w_i und w_a die Grenzwerte, welchen w bei der von innen bzw. von außen erfolgenden Annäherung an den Punkt s zustrebt; dt ist ein Bogenelement der Kurve $\mathfrak{C}$ an der beliebigen Stelle t mit der inneren Normale n_t und $r = r_{st}$ die Entfernung der Punkte s und t.

Durch Addition und Subtraktion der Gleichungen (30) und (31) erhält man

$$w_i = \pi \mu_s + \int_{\mathfrak{C}} \mu_t \frac{\cos(r, n_t)}{r}\, dt, \tag{32}$$

$$w_a = -\pi \mu_s + \int_{\mathfrak{C}} \mu_t \frac{\cos(r, n_t)}{r}\, dt. \tag{33}$$

Das Poissonsche Integral stellt eine harmonische Funktion im Innern eines Kreises dar, wenn die Funktionswerte auf der Peripherie gegeben sind.

Wir gehen aus von dem Potential

$$w = \int_{\mathfrak{C}} \mu \frac{\cos(r, n)}{r}\, dt$$

einer Doppelbelegung der Kreisperipherie $\mathfrak{C}$ mit dem stetig veränderlichen Moment μ; r ist die Entfernung des beliebigen Punktes (x, y) von dem Punkt t der Kreisperipherie, in welchem sich das Bogenelement dt befindet und n die innere Normale ist. Die Formel stellt das Potential w_s im Peripheriepunkt s dar, wenn unter r die Verbindungssehne der Punkte s und t verstanden wird. Wenn der Radius des Kreises mit R bezeichnet wird, ist $r = 2R\cos(r, n)$, also

$$w_s = \int_{\mathfrak{C}} \mu \frac{dt}{2R}$$

unabhängig von s. Die harmonische Funktion

$$(34)\qquad u = w - w_s = \int\limits_{\mathfrak{C}} \mu \left(\frac{\cos(r, n)}{r} - \frac{1}{2R}\right) dt$$

geht, wenn sich der Punkt (x, y) von innen her dem Peripheriepunkt s nähert, in

$$u_i = w_i - w_s = \pi \mu_s$$

[nach Formel (27)] über.

Der Kreismittelpunkt sei als Koordinatenanfang genommen, der Punkt (x, y) innerhalb des Kreises habe die Polarkoordinaten ϱ, θ, der Peripheriepunkt t die Polarkoordinaten R, ψ; $f(\psi)$ sei der in diesem Peripheriepunkt vorgeschriebene Wert der harmonischen Funktion. Wenn $\mu_\sigma = \frac{f(\psi)}{\pi}$ gesetzt wird, stellt (34) eine im Kreise harmonische Funktion mit den vorgeschriebenen Randwerten dar. Wegen

$$\varrho^2 = R^2 + r^2 - 2Rr\cos(r, n)$$

ist

$$\frac{\cos(r, n)}{r} - \frac{1}{2R} = \frac{R^2 - \varrho^2}{2Rr^2};$$

setzt man noch

$$r^2 = R^2 + \varrho^2 - 2R\varrho\cos(\psi - \theta)$$

und $dt = R\,d\psi$, so hat man die Formel von Poisson:

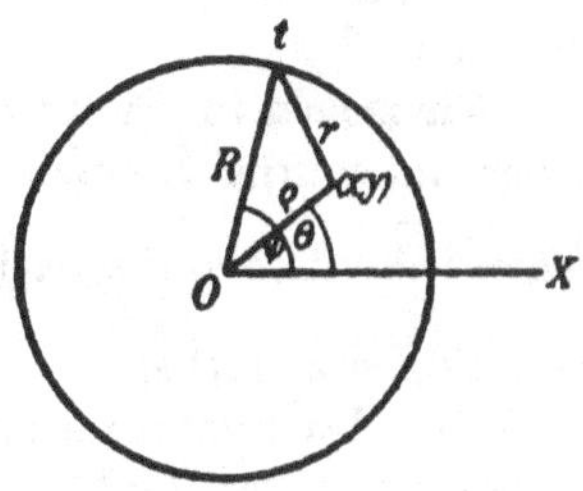

Fig. 7.

$$(35)\qquad u = \frac{1}{2\pi}\int\limits_0^{2\pi} f(\psi)\,\frac{R^2 - \varrho^2}{R^2 + \varrho^2 - 2R\varrho\cos(\psi - \theta)}\,d\psi.$$

§ 29. Unstetigkeitseigenschaften des Potentials der einfachen Belegung.

Das logarithmische Potential (15)

$$v = \int\limits_{\mathfrak{C}} \varkappa \log\frac{1}{r}\,ds$$

einer einfachen Belegung mit der stetig veränderlichen Dichtigkeit $\varkappa$ bleibt auch dann stetig, wenn der Punkt (x, y) durch die Kurve $\mathfrak{C}$ hindurchgeht.

Wir verstehen unter (x, y) einen beliebigen Punkt, der auch mit dem Punkt s der Kurve $\mathfrak{C}$ zusammenfallen darf. Wir bezeichnen dann mit t die einem beliebigen Punkt der Kurve $\mathfrak{C}$ entsprechende Bogenlänge und mit

dt das in diesem Punkt befindliche Bogenelement. Wenn r die Entfernung der Punkte (x, y) und t darstellt, handelt es sich um das Integral

$$v = \int_{\mathfrak{C}} \varkappa_t \log \frac{1}{r}\, dt. \tag{36}$$

Wir beschreiben um den Punkt s einen kleinen Kreis vom Radius ϱ und bezeichnen den innerhalb dieses Kreises gelegenen Teil der Kurve $\mathfrak{C}$ mit γ. Wir zerlegen das über die Kurve $\mathfrak{C}$ erstreckte Integral v in die beiden Bestandteile v' und v'', von denen der erste über die Kurve γ, der zweite über den übrigen Teil der Kurve $\mathfrak{C}$ erstreckt wird. Das Integral v'' ist stetig, wenn der Punkt (x, y) hinreichend nahe bei s bleibt. Das Integral

$$v' = \int_{\gamma} \varkappa_t \log \frac{1}{r}\, dt$$

kann dadurch beliebig klein gemacht werden, daß man ϱ hinreichend klein annimmt.

Wir ziehen im Punkt s der Kurve $\mathfrak{C}$, die jetzt eine stetige Krümmung haben möge, die Normale n, deren positive Richtung ins Innere gehen möge. Wir bilden die nach der Richtung n genommene Ableitung $\frac{\partial v}{\partial n}$ der Funktion v zunächst in einem Punkt (x, y), welcher auf der Normale in der Nähe des Punktes s innerhalb oder außerhalb der Kurve $\mathfrak{C}$ liegt. Je nachdem sich der Punkt (x, y) von innen oder von außen her dem Kurvenpunkte s nähert, nähert sich die Ableitung $\frac{\partial v}{\partial n}$ dem Grenzwert $\frac{\partial v_i}{\partial n}$ oder dem Grenzwert $\frac{\partial v_a}{\partial n}$.

Es ist dann, wie wir zeigen werden,

$$\tfrac{1}{2}\left(\frac{\partial v_a}{\partial n} - \frac{\partial v_i}{\partial n}\right) = \pi \varkappa_s,$$

$$\tfrac{1}{2}\left(\frac{\partial v_a}{\partial n} + \frac{\partial v_i}{\partial n}\right) = \int_{\mathfrak{C}} \varkappa_t \frac{\cos(r, n_s)}{r}\, dt,$$

wenn unter $r = r_{st}$ die Entfernung des Kurvenpunktes s von dem beliebigen Kurvenpunkt t und unter $n = n_s$ die innere Normale in s verstanden wird.

Hat ein beliebiger Punkt (x, y) von dem Kurvenpunkt t mit den Koordinaten ξ, η die Entfernung r und ist

$$\vartheta = arctg \frac{y - \eta}{x - \xi}$$

der Winkel, welchen r mit der x-Achse bildet, so ist, wenn

$$z = x + iy, \quad \zeta = \xi + i\eta$$

gesetzt wird,

$$z - \zeta = (x - \xi) + i(y - \eta) = r e^{i\vartheta},$$

$$\log \frac{1}{z - \zeta} = \log \frac{1}{r} - i\vartheta.$$

Zwischen den beiden Integralen

$$v = \int_{\mathfrak{C}} \varkappa \log \frac{1}{r}\, dt, \tag{36}$$

$$\bar{v} = -\int_{\mathfrak{C}} \varkappa \vartheta\, dt \tag{37}$$

besteht hiernach ein solcher Zusammenhang, daß $v + i\bar{v}$ eine analytische Funktion der komplexen Veränderlichen z ist. In der Cauchy-Riemannschen Differentialgleichung

$$\frac{\partial \bar{v}}{\partial x} = -\frac{\partial v}{\partial y}$$

kann man die aufeinander senkrechten Richtungen der x-Achse und der y-Achse durch die Richtungen der Tangente und der Normale in einem Punkt s der Kurve $\mathfrak{C}$ ersetzen, falls (x, y) in s fällt. In diesem Falle ist

$$\frac{\partial \bar{v}}{\partial s} = -\frac{\partial v}{\partial n}. \tag{38}$$

Das Integral $\bar{v}$ läßt sich auf das Potential einer Doppelbelegung zurückführen. Wir wählen als Anfangspunkt der Integration den Punkt auf $\mathfrak{C}$, von welchem aus s gemessen ist, und setzen

$$\varkappa dt = d\mu, \quad \int_0^s \varkappa dt = \mu = \mu_s.$$

Dann geht

$$\bar{v} = -\int_{\mathfrak{C}} \vartheta d\mu$$

durch partielle Integration in

$$\bar{v} = -[\vartheta\mu]_0^l + \int_{\mathfrak{C}} \mu d\vartheta = -[\vartheta\mu]_0^l + w \tag{39}$$

über, wo l die Länge der Kurve $\mathfrak{C}$ ist. Dabei ist

$$w = \int_{\mathfrak{C}} \mu d\vartheta \tag{40}$$

das in § 28 untersuchte Potential einer Doppelbelegung der Kurve $\mathfrak{C}$ mit dem Moment μ. Wie in § 28 seien w_i und w_a die Grenzwerte, welchen sich

w nähert, wenn sich der Punkt (x, y) von innen oder von außen dem Kurvenpunkt s nähert; entsprechend sind die Grenzwerte $\bar{v}_i$ und $\bar{v}_a$ definiert Da sich $\bar{v}$ von w um eine Konstante unterscheidet, so ist

$$\frac{\partial \bar{v}_i}{\partial s} = \frac{\partial w}{\partial s}, \quad \frac{\partial \bar{v}_a}{\partial s} = \frac{\partial w_a}{\partial s};$$

wegen

$$\frac{\partial \bar{v}_i}{\partial s} = -\frac{\partial v_i}{\partial n}, \quad \frac{\partial \bar{v}_a}{\partial s} = -\frac{\partial v_a}{\partial n}$$

ist

$$\frac{\partial w_i}{\partial s} = -\frac{\partial v_i}{\partial n}, \quad \frac{\partial w_a}{\partial s} = -\frac{\partial v_a}{\partial n}. \tag{41}$$

Indem wir die Gleichungen (30) und (31)

$$\tfrac{1}{2}(w_i - w_a) = \pi \mu_s,$$

$$\tfrac{1}{2}(w_i + w_a) = \int_{\mathfrak{C}} \mu_t \, d\vartheta_{st} = \text{Const.} - \int_{\mathfrak{C}} \vartheta_{st} \, d\mu_t = \text{Const.} - \int_{\mathfrak{C}} \varkappa_t \vartheta_{st} \, dt$$

nach s differentiieren und die Gleichungen (41) berücksichtigen, erhalten wir

$$\tfrac{1}{2}\left(\frac{\partial v_a}{\partial n} - \frac{\partial v_i}{\partial n}\right) = \pi \varkappa_s, \tag{42}$$

$$\tfrac{1}{2}\left(\frac{\partial v_a}{\partial n} + \frac{\partial v_i}{\partial n}\right) = \int_{\mathfrak{C}} \varkappa_t \frac{\partial \vartheta_{st}}{\partial s} \, dt = \int_{\mathfrak{C}} \varkappa_t \frac{\cos(r_{st}, n_s)}{r_{st}} \, dt. \tag{43}$$

Damit ist der folgende Satz bewiesen:

Das Potential einer einfachen Belegung der Kurve $\mathfrak{C}$ ist beim Durchgang durch $\mathfrak{C}$ stetig. Die nach der inneren Normale n genommene Ableitung $\frac{\partial v}{\partial n}$ erfährt beim Durchgang durch den Punkt s von $\mathfrak{C}$ eine Unstetigkeit, welche durch die Gleichungen **(42), (43)**

$$\tfrac{1}{2}\left(\frac{\partial v_a}{\partial n} - \frac{\partial v_i}{\partial n}\right) = \pi \varkappa_s,$$

$$\tfrac{1}{2}\left(\frac{\partial v_a}{\partial n} + \frac{\partial v_i}{\partial n}\right) = \int_{\mathfrak{C}} \varkappa_t \frac{\cos(r, n_s)}{r} \, dt$$

dargestellt wird; dabei sind $\frac{\partial v_i}{\partial n}$ und $\frac{\partial v_a}{\partial n}$ die Grenzwerte, welchen $\frac{\partial v}{\partial n}$ bei der von innen bezw. von außen erfolgenden Annäherung an den Punkt s zustrebt; dt ist ein Bogenelement der Kurve $\mathfrak{C}$ an der beliebigen Stelle t und r die Entfernung der Punkte s und t.

Durch Addition und Subtraktion von (42) und (43) ergeben sich die Gleichungen

$$\frac{\partial v_i}{\partial n} = -\pi \varkappa_s + \int_{\mathfrak{C}} \varkappa_t \frac{\cos(r, n_s)}{r}\, dt, \tag{44}$$

$$\frac{\partial v_a}{\partial n} = \pi \varkappa_s + \int_{\mathfrak{C}} \varkappa_t \frac{\cos(r, n_s)}{r}\, dt. \tag{45}$$

§ 30. Das logarithmische Potential einer Flächenbelegung.

Behufs späterer Verwendung betrachten wir das logarithmische Potential einer Flächenbelegung

$$u = \iint_{\mathfrak{G}} \nu(\xi, \eta) \log \frac{1}{r}\, d\xi\, d\eta\,; \tag{46}$$

(ξ, η) sei ein beliebiger Punkt des beschränkten Gebiets $\mathfrak{G}$ mit der Randkurve $\mathfrak{C}$ und r seine Entfernung von einem beliebigen Punkt (x, y) der Ebene innerhalb oder außerhalb des Gebietes $\mathfrak{G}$; die Funktion $\nu = \nu(\xi, \eta)$ sei in $\mathfrak{G}$ stetig.

So lange sich der Punkt (x, y) außerhalb $\mathfrak{G}$ befindet, ist $u = u(x, y)$ eine stetige Funktion von x, y mit stetigen partiellen Ableitungen, die man durch Differentiation von $\log \frac{1}{r}$ unter dem Integralzeichen erhält. Wegen $\Delta \log \frac{1}{r} = 0$ gilt die Laplacesche Gleichung $\Delta u = 0$.

Wir nehmen jetzt (x, y) im Gebiet $\mathfrak{G}$ oder auf der Randkurve $\mathfrak{C}$ an und weisen nach, daß u eine stetige Funktion von x, y ist, daß die partiellen Ableitungen erster Ordnung durch die Formeln

$$\left\{\begin{aligned} \frac{\partial u}{\partial x} &= \iint_{\mathfrak{G}} \nu(\xi, \eta) \frac{\partial \log \frac{1}{r}}{\partial x}\, d\xi\, d\eta, \\ \frac{\partial u}{\partial y} &= \iint_{\mathfrak{G}} \nu(\xi, \eta) \frac{\partial \log \frac{1}{r}}{\partial y}\, d\xi\, d\eta \end{aligned}\right. \tag{47}$$

dargestellt werden und ebenfalls stetige Funktionen von x, y sind.

Wir beschreiben um den Punkt (x, y) einen kleinen Kreis vom Radius ϱ, dessen Fläche mit $\mathfrak{K}$, dessen Peripherie mit Γ bezeichnet sei; wir bezeichnen das Integral u mit u' oder mit u'', je nachdem es über die Kreisfläche $\mathfrak{K}$ oder über die Fläche $\mathfrak{G}$ mit Ausschluß dieses Kreises erstreckt wird.

Durch Einführung von Polarkoordinaten r, ϑ vermittels der Gleichungen $\xi = x + r\cos\vartheta,\ \eta = y + r\sin\vartheta$ erhält man

$$u' = \int_0^{\varrho} dr \int_0^{2\pi} v \log\frac{1}{r} \cdot r\,d\vartheta;$$

da $|v|$ unter einer endlichen Schranke liegt, wird $|u'|$ beliebig klein, wenn man ϱ hinreichend klein annimmt, und zwar gilt dies bei beliebiger Lage von (x, y). Demnach konvergiert u'' für $\varrho \to 0$ — und zwar gleichmäßig für jede Lage von (x, y) — gegen einen Grenzwert u, der eine stetige Funktion von x, y ist.

Ebenso beweist man die Konvergenz und die Stetigkeit des Integrals

$$X = \iint_{\mathfrak{G}} v \frac{\partial \log\frac{1}{r}}{\partial x}\,d\xi\,d\eta = \iint_{\mathfrak{G}} v \frac{\xi - x}{r^2}\,d\xi\,d\eta.$$

Dieses Integral werde mit X' oder mit X'' bezeichnet, je nachdem es über die Kreisfläche $\mathfrak{K}$ oder über die Fläche $\mathfrak{G}$ mit Ausschluß der Kreisfläche $\mathfrak{K}$ erstreckt wird.

Um zu zeigen, daß $\frac{\partial u}{\partial x} = X$ ist, nehmen wir $|\Delta x| < \varrho$ an und bilden den Differenzenquotienten

$$\frac{u(x+\Delta x, y) - u(x, y)}{\Delta x}$$
$$= \frac{u'(x+\Delta x, y) - u'(x, y)}{\Delta x} + \frac{u''(x+\Delta x, y) - u''(x, y)}{\Delta x}.$$

Es ist

$$\lim_{\Delta x \to 0} \frac{u''(x+\Delta x, y) - u''(x, y)}{\Delta x} = \frac{\partial u''}{\partial x} = X'',$$

weil (x, y) außerhalb des Integrationsgebietes von u'' und X'' liegt. Weiter ist, wenn r und r_1 die Entfernungen der Punkte (x, y) und $(x + \Delta x, y)$ von einem beliebigen Punkt (ξ, η) der Kreisfläche $\mathfrak{K}$ sind,

$$\frac{u'(x+\Delta x, y) - u'(x, y)}{\Delta x} = \iint_{\mathfrak{K}} v \frac{\log r_1 - \log r}{\Delta x}\,d\xi\,d\eta;$$

nun liegt der Differenzenquotient

$$\frac{\log r_1 - \log r}{r_1 - r}$$

nach dem Mittelwertsatz zwischen $\frac{1}{r}$ und $\frac{1}{r_1}$, er ist also kleiner als $\frac{1}{r} + \frac{1}{r_1}$;

ferner ist $|r_1 - r| \leq |\Delta x|$; wenn N eine obere Schranke für ν im Kreis $\mathfrak{K}$ darstellt, ist

$$\left|\frac{u'(x+\Delta x, y) - u'(x, y)}{\Delta x}\right| < N\left(\iint_{\mathfrak{K}} \frac{d\xi d\eta}{r} + \iint_{\mathfrak{K}} \frac{d\xi d\eta}{r_1}\right)$$

$$< N[2\pi\varrho + 2\pi(\varrho + |\Delta x|)] < 6\pi N\varrho,$$

also beliebig klein, wenn ϱ hinreichend klein gewählt wird. Es ist nämlich

$$\iint_{\mathfrak{K}} \frac{d\xi d\eta}{r} = \int_0^{\varrho}\int_0^{2\pi} \frac{r dr d\varphi}{r} = 2\pi\varrho;$$

das Integral, welches hieraus hervorgeht, indem man r durch r_1 ersetzt, wird vergrößert, wenn man $\mathfrak{K}$ durch den Kreis vom Mittelpunkt $(x + \Delta x, y)$ und vom Radius $\varrho + |\Delta x|$ ersetzt, es ist also

$$\iint_{\mathfrak{K}} \frac{d\xi d\eta}{r_1} < \iint_{\mathfrak{K}} \frac{d\xi d\eta}{r_1} = 2\pi(\varrho + |\Delta x|).$$

X'' weicht bei hinreichend kleinem ϱ beliebig wenig von X ab. Also hat der Differenzenquotient

$$\frac{u(x+\Delta x, y) - u(x, y)}{\Delta x}$$

den Grenzwert X. Es bestehen demnach die Gleichungen

$$\frac{\partial u}{\partial x} = X, \quad \frac{\partial u}{\partial y} = Y.$$

Wir beweisen weiter den Satz:

Das logarithmische Potential (46) *einer Flächenbelegung genügt im Gebiet* $\mathfrak{G}$ *der Poissonschen Gleichung*

(48) $$\Delta u = -2\pi\nu(x, y),$$

wenn stetige partielle Ableitungen $\frac{\partial \nu}{\partial x}, \frac{\partial \nu}{\partial y}$ *vorhanden sind.*

Die erste Formel (47) kann man wegen

$$\frac{\partial r}{\partial x} = -\frac{\partial r}{\partial \xi}$$

schreiben:

$$\frac{\partial u}{\partial x} = -\iint_{\mathfrak{G}} \nu(\xi, \eta) \frac{\partial \log \frac{1}{r}}{\partial \xi} d\xi d\eta$$

Um diesen Ausdruck umzuformen, setzen wir in der Formel

$$\iint_{\mathfrak{G}} \frac{\partial P}{\partial \xi}\, d\xi\, d\eta = \int_{\mathfrak{C}} P\, d\eta,$$

die in § 2 aufgestellt wurde,

$$P = \nu(\xi, \eta) \log \frac{1}{r}.$$

Wir erhalten so

$$\text{(49)} \quad \frac{\partial u}{\partial x} = -\int_{\mathfrak{C}} \nu(\xi, \eta) \log \frac{1}{r} \cos(n, x)\, ds + \iint_{\mathfrak{G}} \frac{\partial \nu}{\partial \xi} \log \frac{1}{r}\, d\xi\, d\eta.$$

Hierin ist das erste Glied ein Kurvenpotential mit der Dichtigkeit

$$\nu(\xi, \eta) \cos(n, x)$$

und das zweite Glied ein Flächenpotential mit der Dichtigkeit $\frac{\partial \nu}{\partial \xi}$. Da beide Potentiale partiell nach x differentiiert werden, indem man $\log \frac{1}{r}$ durch

$$\frac{\partial \log \frac{1}{r}}{\partial x} = -\frac{\partial \log \frac{1}{r}}{\partial \xi}$$

ersetzt, so haben wir

$$\text{(50)} \quad \frac{\partial^2 u}{\partial x^2} = -\int_{\mathfrak{C}} \nu \frac{\partial \log \frac{1}{r}}{\partial \xi} \cos(n, x)\, ds - \iint_{\mathfrak{G}} \frac{\partial \nu}{\partial \xi} \frac{\partial \log \frac{1}{r}}{\partial \xi}\, d\xi\, d\eta.$$

Addiert man hierzu den entsprechenden Ausdruck für $\frac{\partial^2 u}{\partial y^2}$ und berücksichtigt man, daß

$$\frac{\partial \log \frac{1}{r}}{\partial n} = \frac{\partial \log \frac{1}{r}}{\partial \xi} \cos(n, x) + \frac{\partial \log \frac{1}{r}}{\partial \eta} \cos(n, y)$$

ist, so erhält man

$$\text{(51)} \quad \Delta u = -\int_{\mathfrak{C}} \nu \frac{\partial \log \frac{1}{r}}{\partial n}\, ds - \iint_{\mathfrak{G}} \left(\frac{\partial \nu}{\partial \xi} \frac{\partial \log \frac{1}{r}}{\partial \xi} + \frac{\partial \nu}{\partial \eta} \frac{\partial \log \frac{1}{r}}{\partial \eta} \right) d\xi\, d\eta.$$

Zur Umformung des letzten Doppelintegrals wenden wir die Formel (2) in § 25

$$\iint_{\mathfrak{G}} \left(\frac{\partial U}{\partial \xi} \frac{\partial V}{\partial \xi} + \frac{\partial U}{\partial \eta} \frac{\partial V}{\partial \eta} \right) d\xi\, d\eta = -\int_{\mathfrak{C}} U \frac{\partial V}{\partial n}\, ds - \iint_{\mathfrak{G}} U \Delta V\, d\xi\, d\eta,$$

indem wir

$$U = \nu, \quad V = \log \frac{1}{r}$$

setzen, auf das Gebiet $\mathfrak{G}'$ an, welches übrig bleibt, wenn man aus dem Gebiet $\mathfrak{G}$ einen kleinen Kreis mit dem Mittelpunkt (x, y) und dem Radius ϱ, dessen Peripherie Γ heißen möge, ausscheidet. Es ergibt sich so

$$\text{(52)} \qquad \iint\limits_{\mathfrak{G}'} \left(\frac{\partial \nu}{\partial \xi} \frac{\partial \log \frac{1}{r}}{\partial \xi} + \frac{\partial \nu}{\partial \eta} \frac{\partial \log \frac{1}{r}}{\partial \eta} \right) d\xi \, d\eta$$

$$= - \int\limits_{\mathfrak{C}} \nu \frac{\partial \log \frac{1}{r}}{\partial n} ds - \int\limits_{\Gamma} \nu \frac{\partial \log \frac{1}{r}}{\partial n} ds - \iint\limits_{\mathfrak{G}'} \nu \, \Delta \log \frac{1}{r} \, d\xi \, d\eta;$$

im zweiten Integral der rechten Seite ist n die äußere Normale des Kreises Γ (d. h. die ins Innere von $\mathfrak{G}'$ gerichtete Normale). Das letzte Integral der rechten Seite verschwindet wegen

$$\Delta \log \frac{1}{r} = \left(\frac{\partial^2}{\partial \xi^2} + \frac{\partial^2}{\partial \eta^2} \right) \log \frac{1}{r} = 0.$$

Auf dem Kreis Γ vom Mittelpunkt (x, y) ist

$$\frac{\partial \log \frac{1}{r}}{\partial n} = \frac{d \log \frac{1}{r}}{dr} = - \frac{1}{\varrho},$$

also, wenn $ds = \varrho \, d\vartheta$ gesetzt wird,

$$\int\limits_{\Gamma} \nu \frac{\partial \log \frac{1}{r}}{\partial n} ds = - \int\limits_{0}^{2\pi} \nu \, d\vartheta,$$

$$\lim_{\varrho \to 0} \int\limits_{\Gamma} \nu \frac{\partial \log \frac{1}{r}}{\partial n} ds = - 2 \pi \nu (x, y).$$

Für $\lim \varrho = 0$ erhält man aus (52)

$$\text{(53)} \qquad \iint\limits_{\mathfrak{G}} \left(\frac{\partial \nu}{\partial \xi} \frac{\partial \log \frac{1}{r}}{\partial \xi} + \frac{\partial \nu}{\partial \eta} \frac{\partial \log \frac{1}{r}}{\partial \eta} \right) d\xi \, d\eta$$

$$= - \int\limits_{\mathfrak{C}} \nu \frac{\partial \log \frac{1}{r}}{\partial n} ds - 2 \pi \nu (x, y).$$

Durch Einsetzung dieses Wertes in (51) ergibt sich die Poissonsche Gleichung (48)

$$\Delta u = -2\pi \nu (x, y),$$

w. z. b. w.

Die Poissonsche Gleichung (48) gilt auch, wenn die Funktion $\nu (x, y)$ nebst den Ableitungen $\frac{\partial \nu}{\partial x}, \frac{\partial \nu}{\partial y}$ im Gebiet $\mathfrak{G}$ stückweise stetig ist. Zum Beweis zerlegt man das Gebiet $\mathfrak{G}$ durch eine endliche Anzahl von Kurven mit stetiger Tangente in Teilgebiete $\mathfrak{G}_\mu$ $(\mu = 1, \ldots, m)$, so daß $\nu, \frac{\partial \nu}{\partial x}, \frac{\partial \nu}{\partial y}$ im Gebiet $\mathfrak{G}_\mu$ stetig sind und sich bei Annäherung an den Rand von $\mathfrak{G}_\mu$ bestimmten Grenzwerten nähern. Man stellt das Integral (46) als Summe von m Integralen dar, deren jedes über ein Gebiet $\mathfrak{G}_\mu$ erstreckt wird.

§ 31. Lösung der ersten Randwertaufgabe.

Mit den bisherigen Hilfsmitteln können wir die folgende Randwertaufgabe lösen.

Es sei längs der stetig gekrümmten Randkurve $\mathfrak{C}$ des beschränkten Gebietes $\mathfrak{G}$ eine stetige Funktion $f(s)$ gegeben. Es wird eine Funktion w von x, y gesucht, welche im Gebiet $\mathfrak{G}$ harmonisch ist und auf der Randkurve $\mathfrak{C}$ die gegebenen Werte $f(s)$ annimmt.

Genauer ausgedrückt, $f(s)$ soll der Grenzwert w_i sein, welchem die Funktion w zustrebt, wenn sich der Punkt (x, y) von innen her dem Punkte s der Randkurve $\mathfrak{C}$ nähert.

In § 25 hat sich bereits ergeben, daß die gestellte Randwertaufgabe, die man auch als Dirichletsches Problem bezeichnet, nicht mehr als eine Lösung besitzt.

Wir suchen, um die Aufgabe zu lösen, das Moment $\mu = \mu_s$ einer Doppelbelegung der Kurve $\mathfrak{C}$ so zu bestimmen, daß das Potential der Doppelbelegung (17)

$$w = \int_{\mathfrak{C}} \mu \frac{\cos (r, n)}{r} ds,$$

welches nach § 26 der Differentialgleichung $\Delta w = 0$ genügt, die Randbedingung

$$w_i = f(s) \tag{54}$$

erfüllt.

Nach (32) ist

$$w_i = \pi \mu_s + \int_{\mathfrak{C}} \mu_t \frac{\cos (r, n_t)}{r} dt.$$

Unter Benutzung der Bezeichnung

$$\pi K(s, t) = \frac{\cos(r, n_t)}{r} \tag{55}$$

nimmt die Randbedingung (54) die Form der Integralgleichung

$$\mu_s + \int_{\mathfrak{C}} K(s, t)\, \mu_t\, dt = \frac{f(s)}{\pi} \tag{56}$$

an.

Indem wir den Parameter λ einführen, betrachten wir die Integralgleichung

$$\mu_s - \lambda \int_{\mathfrak{C}} K(s, t)\, \mu_t\, dt = \frac{f(s)}{\pi}, \tag{57}$$

auf welche wir die Fredholmsche Methode anwenden. Nachträglich wird $\lambda = -1$ gesetzt.

Die Integralgleichung (57) mit beliebigem λ entspricht der Randbedingung

$$\tfrac{1}{2}(w_i - w_a) - \frac{\lambda}{2}(w_i + w_a) = f(s),$$

wo w_a den Grenzwert bedeutet, welchem w zustrebt, wenn sich (x, y) von außen her der Kurve $\mathfrak{C}$ nähert; denn nach (30) und (31) ist

$$\pi \mu_s = \tfrac{1}{2}(w_i - w_a),$$

$$\pi \int_{\mathfrak{C}} K(s, t)\, \mu_t\, dt = \tfrac{1}{2}(w_i + w_a).$$

Es sei bemerkt, daß der Parameterwert $\lambda = 1$ der Randbedingung

$$w_a = -f(s)$$

entspricht.

Versteht man unter ϑ den Winkel, welchen die Verbindungsgerade der beiden Punkte $x(s)$, $y(s)$ und $x(t)$, $y(t)$ der Randkurve $\mathfrak{C}$ mit der x-Achse bildet, so ist

$$\vartheta = \operatorname{arctg} \frac{y(s) - y(t)}{x(s) - x(t)};$$

dann stellt

$$d\vartheta = \frac{\partial}{\partial t} \operatorname{arctg} \frac{y(s) - y(t)}{x(s) - x(t)}\, dt$$

den Winkel dar, unter welchem das Bogenelement dt vom Punkt $x(s)$, $y(s)$ aus erscheint; da auch

$$d\vartheta = \frac{\cos(r, n_t)}{r}\, dt$$

ist, so hat man

$$K(s,t) = \frac{1}{\pi}\frac{\partial}{\partial t} arctg \frac{y(s) - y(t)}{x(s) - x(t)}. \tag{58}$$

Die in der Mitte der Sehne $\overline{st}$ der Kurve $\mathfrak{C}$ errichtete Senkrechte schneidet die Normale n_t im Punkte q; dann ist

$$\pi K(s,t) = \frac{\cos(r, n_t)}{r} = \frac{1}{r}\cdot\frac{r}{2\cdot\overline{qs}} = \frac{1}{2\cdot\overline{qs}}.$$

Nähert sich der Punkt t dem Punkte s, so geht die Strecke $\overline{qs}$ in den Krümmungsradius ϱ_s über, und man hat

$$K(s,s) = \frac{1}{2\pi\varrho_s};$$

der Kern bleibt endlich.

Man erhält nach § 12 und § 13 die lösende Funktion des Kerns $K(s,t)$ in der Form

$$\Gamma(s,t;\lambda) = \frac{D(s,t;\lambda)}{D(\lambda)}, \tag{59}$$

vorausgesetzt, daß die Determinante $D(\lambda)$ von Null verschieden ist; hierauf ergibt sich die Lösung μ_s der Integralgleichung (57) aus der Formel

$$\pi\mu_s = f(s) + \lambda\int_{\mathfrak{C}} \Gamma(s,t;\lambda) f(t)\,dt. \tag{60}$$

Die ursprünglich gestellte Randwertaufgabe wird durch die Gleichungen (59) und (60) mit dem Wert $\lambda = -1$ gelöst, da, wie wir in § 32 zeigen werden, $D(-1)$ von Null verschieden ist.

Der Wert $\lambda = 1$ ist eine Wurzel der Gleichung $D(\lambda) = 0$, und die homogene Integralgleichung

$$\mu_s - \int_{\mathfrak{C}} K(s,t)\,\mu_t\,dt = 0 \tag{61}$$

hat die Lösung $\mu_s = 1$; denn nach § 28 ist

$$\int_{\mathfrak{C}} \frac{\cos(r, n_t)}{r}\,dt = \pi$$

oder

$$1 - \int_{\mathfrak{C}} K(s,t)\,dt = 0. \tag{62}$$

§ 32. Lösung der zweiten Randwertaufgabe.

Die Theorie der Integralgleichungen gestattet auch die Lösung der folgenden Randwertaufgabe, die bisweilen als **Neumannsches Problem** bezeichnet wird.

Es sei längs der stetig gekrümmten Randkurve $\mathfrak{C}$ des beschränkten Gebietes $\mathfrak{G}$ eine stetige Funktion $f(s)$ gegeben, welche die Bedingung

$$\int_{\mathfrak{C}} f(s)\, ds = 0 \tag{63}$$

erfüllt. Es wird eine Funktion v von x, y gesucht, welche im Gebiet $\mathfrak{G}$ harmonisch ist, während die nach der inneren Normale von $\mathfrak{C}$ genommene Ableitung $\dfrac{\partial v}{\partial n}$ längs der Randkurve $\mathfrak{C}$ die gegebenen Werte $f(s)$ annimmt.

Genauer heißt das, daß $f(s)$ der Grenzwert $\dfrac{\partial v_i}{\partial n}$ ist, welchem $\dfrac{\partial v}{\partial n}$ zustrebt, wenn sich (x, y) von innen her dem Punkt s der Randkurve $\mathfrak{C}$ nähert.

Die Bedingung (63) ist nichts anderes als die Gleichung (7)

$$\int_{\mathfrak{C}} \frac{\partial v}{\partial n}\, ds = 0,$$

welche von jeder Funktion v erfüllt wird, die in dem von der Kurve $\mathfrak{C}$ begrenzten Gebiet harmonisch ist.

In § 25 ist gezeigt worden, daß, wenn überhaupt eine Lösung der zweiten Randwertaufgabe vorhanden ist, daraus die allgemeinste Lösung entsteht, indem man eine willkürliche Konstante addiert.

Wir suchen die Dichtigkeit $\varkappa = \varkappa_s$ einer einfachen Belegung der Kurve $\mathfrak{C}$ so zu bestimmen, daß das Potential dieser Belegung (15)

$$v = \int_{\mathfrak{C}} \varkappa \log \frac{1}{r}\, ds,$$

welches nach § 26 der Differentialgleichung $\Delta v = 0$ genügt, die Randbedingung

$$\frac{\partial v_i}{\partial n} = f(s) \tag{64}$$

erfüllt.

Nach (44) ist

$$\frac{\partial v_i}{\partial n} = -\pi \varkappa_s + \int_{\mathfrak{C}} \varkappa_t \frac{\cos(r, n_s)}{r}\, dt.$$

In § 31 war

$$\frac{\cos(r, n_t)}{r} = \pi K(s, t)$$

gesetzt; also ist

$$\frac{\cos(r, n_s)}{r} = \pi K(t, s)$$

und

$$\int_{\mathfrak{C}} \varkappa_t \frac{\cos(r, n_s)}{r} dt = \pi \int_{\mathfrak{C}} \varkappa_t K(t, s)\, dt,$$

so daß die Randbedingung (64) die Form der Integralgleichung

(65) $$\varkappa_s - \int_{\mathfrak{C}} \varkappa_t K(t, s)\, dt = -\frac{f(s)}{\pi}.$$

annimmt.

Wir betrachten zunächst die Integralgleichung mit dem Parameter λ

(66) $$\varkappa_s - \lambda \int_{\mathfrak{C}} \varkappa_t K(t,s)\, dt = -\frac{f(s)}{\pi},$$

welche nach (42) und (43) der Randbedingung

$$\frac{1}{2}\left(\frac{\partial v_i}{\partial n} - \frac{\partial v_a}{\partial n}\right) + \frac{\lambda}{2}\left(\frac{\partial v_i}{\partial n} + \frac{\partial v_a}{\partial n}\right) = f(s)$$

entspricht, und setzen nachträglich $\lambda = 1$. Zum Wert $\lambda = -1$ gehört die Randbedingung

$$\frac{\partial v_a}{\partial n} = -f(s).$$

Der Kern $K(t, s)$ hat dieselbe Determinante $D(\lambda)$ wie der Kern $K(s, t)$. Die beiden homogenen Integralgleichungen

(67) $$\mu_s - \lambda \int_{\mathfrak{C}} K(s, t)\, \mu_t\, dt = 0,$$

(68) $$\varkappa_s - \lambda \int_{\mathfrak{C}} \varkappa_t K(t, s)\, dt = 0$$

sind für dieselben Werte von λ, die Nullstellen von $D(\lambda)$, lösbar und haben dieselbe Anzahl linear unabhängiger Lösungen.

Für $\lambda = 1$ ist die Gleichung (67) und damit auch die Gleichung (68) lösbar. Unten wird sich ergeben, daß, abgesehen von einem konstanten Faktor, nur eine Lösung vorhanden ist.

Die Bedingung dafür, daß die nicht homogene Integralgleichung (66) für $\lambda = 1$ lösbar ist, deckt sich nach § 16 mit Rücksicht darauf, daß die homogene Integralgleichung (67) für $\lambda = 1$ die Lösung $\mu_s = 1$ besitzt, mit der Bedingung (63).

Nach § 16 erscheint eine Lösung der Integralgleichung (66) für $\lambda = 1$ in der Form

(69) $$-\pi \varkappa_s = f(s) + \int_{\mathfrak{C}} \Gamma(t, s) f(t)\, dt;$$

dabei ist

(70) $$\Gamma(t, s) = \frac{D(t, t'; s, s'; 1)}{D(t', s'; 1)},$$

wo die Konstanten t', s' so gewählt sind, daß $D(t', s'; 1)$ nicht verschwindet. Vermittels der durch (69) gelieferten Funktion $\varkappa_s$ erscheint die Lösung der zweiten Randwertaufgabe in der Form

(71) $$v = \int_{\mathfrak{C}} \varkappa_s \log \frac{1}{r}\, ds + \text{Const.},$$

vorausgesetzt, daß die vorgeschriebenen Randwerte $f(s)$ die Bedingung (63) erfüllen.

Wir beweisen die in § 31 ausgesprochene Behauptung, daß $D(-1) \neq 0$ ist.

Wäre $D(-1) = 0$, so hätte die homogene Integralgleichung (68) für $\lambda = -1$ eine nicht identisch verschwindende Lösung $\varkappa_s$. Durch Multiplikation der Gleichung

$$\varkappa_s + \int_{\mathfrak{C}} \varkappa_t K(t, s)\, dt = 0$$

mit ds und Integration über die Kurve $\mathfrak{C}$ erhält man

$$\int_{\mathfrak{C}} \varkappa_s\, ds + \int_{\mathfrak{C}} \varkappa_t\, dt \int_{\mathfrak{C}} K(t, s)\, ds = 0.$$

Aus (62) folgt durch Vertauschung von s und t

$$\int_{\mathfrak{C}} K(t, s)\, ds = 1.$$

Demnach ist

$$\int_{\mathfrak{C}} \varkappa_s\, ds + \int_{\mathfrak{C}} \varkappa_t\, dt = 0$$

oder

$$\int_{\mathfrak{C}} \varkappa_s\, ds = 0.$$

Das mit der Dichtigkeit $\varkappa_s$ gebildete Potential v, dessen Gesamtbelegung $\int_{\mathfrak{C}} \varkappa_s\, ds$ gleich Null ist, ist nach § 27 im Unendlichen regulär. Die homogene Integralgleichung (68) für $\lambda = -1$ hat die Randbedingung

$$\frac{\partial v_a}{\partial n} = 0$$

zur Folge. Nach einem in § 27 bewiesenen Satze ist v im Außengebiet konstant. Wegen $\int\limits_{\mathfrak{C}} \varkappa_s \, ds = 0$ verschwindet nach § 27 v im Unendlichen, also im ganzen Außengebiet, am Rande und im Innengebiet. Wegen (42) ist $\varkappa_s$ identisch Null, was der Annahme widerspricht.

Wir wissen, daß für $\lambda = 1$ die homogene Integralgleichung (68) eine nicht identisch verschwindende Lösung $\varkappa_s$ besitzt. Aus

$$\varkappa_s - \int\limits_{\mathfrak{C}} \varkappa_t \, K(t, s) \, dt = 0 \tag{72}$$

folgt

$$\frac{\partial v_i}{\partial n} = 0;$$

das Potential v mit der Dichtigkeit $\varkappa_s$ ist im Innengebiet, also auch auf dem Rande konstant, aber die Gesamtbelegung $\int\limits_{\mathfrak{C}} \varkappa_s \, ds$ ist nicht Null. Besitzt die Integralgleichung (72) eine weitere Lösung $\overline{\varkappa}_s$, so hat sie auch die Lösung $\overline{\varkappa}_s - c\varkappa_s$, wo c eine Konstante bedeutet, die man so bestimmen kann, daß

$$\int\limits_{\mathfrak{C}} (\overline{\varkappa}_s - c\varkappa_s) \, ds = 0$$

ist. Das Potential mit der Dichtigkeit $\overline{\varkappa}_s - c\varkappa_s$ ist auch wieder im Innengebiet und auf dem Rande konstant; da die Gesamtbelegung verschwindet, ist es im Unendlichen gleich Null, also konstant gleich Null. Daher ist $\overline{\varkappa}_s - c\varkappa_s = 0$ oder $\overline{\varkappa}_s = c\varkappa_s$. Damit ist gezeigt, daß die homogene Integralgleichung (72) abgesehen von einem konstanten Faktor nur eine Lösung besitzt.

§ 33. Die Greensche Funktion des Differentialausdrucks Δu.

Ist (ξ, η) ein Punkt innerhalb des von der Kurve $\mathfrak{C}$ begrenzten Gebietes $\mathfrak{G}$, so ist die Funktion $\log r$, wo

$$r = \sqrt{(x - \xi)^2 + (y - \eta)^2}$$

die Entfernung der Punkte (x, y) und (ξ, η) darstellt, in allen Punkten (x, y) der Randkurve $\mathfrak{C}$ stetig. Nach § 31 ist eine Funktion $g(x, y)$ vorhanden, welche im Gebiet $\mathfrak{G}$ harmonisch ist und längs $\mathfrak{C}$ dieselben Werte wie $\log r$ annimmt. Da die Funktion $\log \frac{1}{r}$ eine Lösung der Differentialgleichung $\Delta u = 0$ darstellt, welche nur im Punkte (ξ, η) unstetig ist, so ist

$$G(x, y;\ \xi, \eta) = \log \frac{1}{r} + g(x, y) \tag{73}$$

eine Funktion von x, y, welche nebst ihren partiellen Ableitungen erster und zweiter Ordnung im Gebiet $\mathfrak{G}$, abgesehen von der Stelle (ξ, η), stetig ist, der partiellen Differentialgleichung $\Delta u = 0$ genügt, längs der Randkurve $\mathfrak{C}$ verschwindet und für $x = \xi$, $y = \eta$ wie $\log \frac{1}{r}$ unendlich wird. Die Funktion $G(x, y;\ \xi, \eta)$, welche durch diese Eigenschaften eindeutig bestimmt ist, wird als **Greensche Funktion des Differentialausdrucks** Δu bezeichnet.

Wir verstehen unter (ξ_1, η_1) und (ξ_2, η_2) zwei Punkte im Innern des Gebietes $\mathfrak{G}$ und betrachten die beiden Funktionen

$$G_1(x, y) = G(x, y;\ \xi_1, \eta_1), \quad G_2(x, y) = G(x, y;\ \xi_2, \eta_2) \tag{74}$$

mit den Unstetigkeitsstellen (ξ_1, η_1) bzw. (ξ_2, η_2). Wir beschreiben um den Punkt (ξ_1, η_1) einen kleinen Kreis Γ_1 vom Radius ϱ_1 und um den Punkt (ξ_2, η_2) einen kleinen Kreis Γ_2 vom Radius ϱ_2. In dem Gebiet $\mathfrak{G}'$ innerhalb der Kurve $\mathfrak{C}$ und außerhalb der Kreise Γ_1 und Γ_2 sind die Funktionen G_1 und G_2 harmonisch; daher ist nach Formel (9)

$$\int \left(G_1 \frac{\partial G_2}{\partial n} - G_2 \frac{\partial G_1}{\partial n}\right) ds = 0,$$

wo das Integral über die Begrenzung des Gebietes $\mathfrak{G}'$ zu erstrecken ist; da die Funktionen G_1 und G_2 auf $\mathfrak{C}$ verschwinden, ist nur über die beiden Kreise Γ_1 und Γ_2 zu integrieren; n ist jedesmal die ins Innere von $\mathfrak{G}'$ gerichtete Normale, d. h. die äußere Normale des Kreises Γ_1 bzw. Γ_2.

Wenn die Entfernung der Punkte (x, y) und (ξ_1, η_1) mit r_1 bezeichnet wird, ist

$$G_1 = g_1 + \log \frac{1}{r_1}, \quad \frac{\partial G_1}{\partial n} = \frac{\partial g_1}{\partial n} - \frac{1}{r_1},$$

wo g_1 im Kreise Γ_1 harmonisch ist. Auf Γ_1 ist $r_1 = \varrho_1$, also

$$\int\limits_{\Gamma_1} \left(G_1 \frac{\partial G_2}{\partial n} - G_2 \frac{\partial G_1}{\partial n}\right) ds = \int\limits_{\Gamma_1} \left(g_1 \frac{\partial G_2}{\partial n} - G_2 \frac{\partial g_1}{\partial n}\right) ds$$
$$+ \log \frac{1}{\varrho_1} \int\limits_{\Gamma_1} \frac{\partial G_2}{\partial n} ds + \frac{1}{\varrho_1} \int\limits_{\Gamma_1} G_2\, ds.$$

Da im Kreise Γ_1 die Funktionen g_1 und G_2 harmonisch sind, ist nach (9) und (7)

$$\int\limits_{\Gamma_1} \left(g_1 \frac{\partial G_2}{\partial n} - G_2 \frac{\partial g_1}{\partial n}\right) ds = 0, \quad \int\limits_{\Gamma_1} \frac{\partial G_2}{\partial n} ds = 0,$$

also

$$\int\limits_{\Gamma_1} \left(G_1 \frac{\partial G_2}{\partial n} - G_2 \frac{\partial G_1}{\partial n}\right) ds = \frac{1}{\varrho_1} \int\limits_{\Gamma_1} G_2\, ds. \tag{75}$$

Entsprechend findet man

$$(76)\qquad \int\limits_{\Gamma_2}\left(G_1\frac{\partial G_2}{\partial n}-G_2\frac{\partial G_1}{\partial n}\right)ds=-\frac{1}{\varrho_2}\int\limits_{\Gamma_2}G_1\,ds.$$

Die Summe der beiden letzten Integrale verschwindet unabhängig von der Wahl der Radien ϱ_1 und ϱ_2;

$$\frac{1}{\varrho_1}\int\limits_{\Gamma_1}G_2\,ds-\frac{1}{\varrho_2}\int\limits_{\Gamma_2}G_1\,ds$$

weicht, wenn ϱ_1 und ϱ_2 sehr klein angenommen werden, von

$$\frac{1}{\varrho_1}\int\limits_0^{2\pi}G_2(\xi_1,\eta_1)\,\varrho_1\,d\vartheta-\frac{1}{\varrho_2}\int\limits_0^{2\pi}G_1(\xi_2,\eta_2)\,\varrho_2\,d\vartheta$$
$$=2\pi G_2(\xi_1,\eta_1)-2\pi G_1(\xi_2,\eta_2)$$

nur wenig ab. Demnach verschwindet der letzte Ausdruck, es ist

$$G_2(\xi_1,\eta_1)=G_1(\xi_2,\eta_2)$$

oder ausführlicher geschrieben

$$(77)\qquad G(\xi_1,\eta_1;\ \xi_2,\eta_2)=G(\xi_2,\eta_2;\ \xi_1,\eta_1).$$

Wir haben also den Satz:

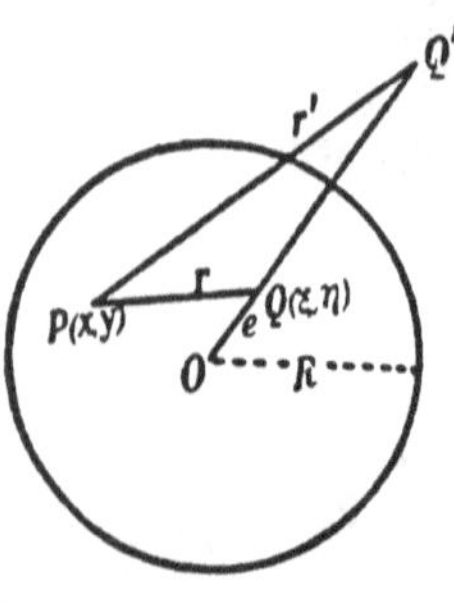

Figur 8.

Die Greensche Funktion $G(x, y; \xi, \eta)$ bleibt ungeändert, wenn man die beiden innerhalb des Gebietes $\mathfrak{G}$ gelegenen Punkte (x, y) und (ξ, η) vertauscht.

Die Greensche Funktion des Kreises läßt sich leicht angeben.

Der Punkt $Q(\xi, \eta)$ liege innerhalb des Kreises vom Mittelpunkt O und vom Radius R im Abstand e von O; auf der Verlängerung von OQ liege der Punkt Q' so, daß $OQ.OQ' = R^2$ ist. Der Punkt $P(x, y)$ habe von Q und Q' die Entfernungen r bzw. r'. Dann ist die Greensche Funktion

$$(77)\qquad G(x,y;\ \xi,\eta)=\log\frac{e\,r'}{R\,r}=\log\frac{1}{r}+\log\frac{e\,r'}{R};$$

denn $\log\frac{er'}{R}$ ist innerhalb des Kreises harmonisch; wenn P auf der Peripherie liegt, ist $\frac{r'}{r}$ gleich $\frac{R}{e}$, also $\frac{er'}{Rr}=1$ und der Logarithmus dieses Ausdrucks gleich Null.

§ 34. Die Differentialgleichung $\Delta u + 2\pi h(x, y) = 0$.

In der Differentialgleichung

$$\Delta u + 2\pi h(x,y) = 0 \tag{78}$$

sei $h(x, y)$ eine im Gebiet $\mathfrak{G}$ stetige Funktion. Wir nehmen an, es sei eine Lösung $u(x, y)$ der Differentialgleichung (78) vorhanden, welche im Gebiet $\mathfrak{G}$ nebst ihren partiellen Ableitungen erster und zweiter Ordnung stetig ist und auf der Randkurve $\mathfrak{C}$ verschwindet.

Wir verstehen unter (ξ, η) einen Punkt im Innern des Gebietes $\mathfrak{G}$ und bezeichnen mit $G(x, y; \xi, \eta)$ die oben definierte Greensche Funktion von Δu. Wir umgeben den Punkt (ξ, η) mit einem kleinen Kreis Γ vom Radius ϱ und bezeichnen mit $\mathfrak{G}'$ denjenigen Teil des Gebietes $\mathfrak{G}$, welcher außerhalb des Kreises Γ liegt.

Die auf das Gebiet $\mathfrak{G}'$ angewandte Greensche Formel (4) schreibt sich

$$\tag{79} \left\{ \begin{aligned} \iint\limits_{\mathfrak{G}'} (v\Delta u - u\Delta v)\, dx\, dy &= \int\limits_{\mathfrak{C}} \left(u \frac{\partial v}{\partial n} - v \frac{\partial u}{\partial n}\right) ds \\ &\quad + \int\limits_{\Gamma} \left(u \frac{\partial v}{\partial n} - v \frac{\partial u}{\partial n}\right) ds, \end{aligned} \right.$$

wo das letzte Integral über die Kreisperipherie Γ zu erstrecken ist, während n die ins Innere des Gebietes $\mathfrak{G}'$ gerichtete Normale, also die äußere Normale des Kreises Γ darstellt. Nachträglich gehen wir, indem wir ϱ unendlich klein werden lassen, zum Gebiet $\mathfrak{G}$ über. Wir setzen für u die oben als vorhanden vorausgesetzte Lösung der Differentialgleichung (78) und für v die Greensche Funktion (73)

$$G(x, y; \xi, \eta) = g + \log \frac{1}{r}.$$

Das erste Integral auf der rechten Seite der Gleichung (79) verschwindet, da u und G auf der Kurve $\mathfrak{C}$ verschwinden. Das zweite Integral nimmt, da für einen Punkt auf Γ $r = \varrho$ und

$$\frac{\partial \log \frac{1}{r}}{\partial n} = \frac{d \log \frac{1}{r}}{dr} = -\frac{1}{r} = -\frac{1}{\varrho}$$

ist, die Form an:

$$\begin{aligned} \int\limits_{\Gamma} \left(u \frac{\partial G}{\partial n} - G \frac{\partial u}{\partial n}\right) ds &= \int\limits_{\Gamma} \left(u \frac{\partial g}{\partial n} - g \frac{\partial u}{\partial n}\right) ds \\ &\quad - \int\limits_{\Gamma} \left(\frac{u}{\varrho} + \log \frac{1}{\varrho} \frac{\partial u}{\partial n}\right) ds; \end{aligned}$$

wenn ϱ und damit der Integrationsweg Γ unendlich klein wird, verschwindet das erste Teilintegral; das zweite Teilintegral ist

$$-\frac{1}{\varrho}\int_{\Gamma} u\,ds - \log\frac{1}{\varrho}\int_{\Gamma}\frac{\partial u}{\partial n}\,ds = -\frac{1}{\varrho}\int_{0}^{2\pi} u\varrho\,d\vartheta - \log\frac{1}{\varrho}\int_{0}^{2\pi}\frac{\partial u}{\partial n}\varrho\,d\vartheta$$

und geht für $\varrho \to 0$ in

$$-2\pi u(\xi, \eta)$$

über.

Die linke Seite von (79) schreibt sich wegen $v = G$, $\Delta v = 0$, $\Delta u = -2\pi h$:

$$-2\pi\iint_{\mathfrak{G}'} h(x, y)\, G(x, y;\ \xi, \eta)\, dx\, dy;$$

sie geht für $\varrho \to 0$ in

$$-2\pi\iint_{\mathfrak{G}} h(x, y)\, G(x, y;\ \xi, \eta)\, dx\, dy$$

über. Denn in

$$\iint_{\mathfrak{G}} h(x, y)\, G(x, y; \xi, \eta)\, dx\, dy = \iint_{\mathfrak{G}} h(x, y)\, g\, dx\, dy + \iint_{\mathfrak{G}} h(x, y)\log\frac{1}{r}\, dx\, dy$$

hat das erste Teilintegral einen stetigen Integranden hg, das zweite Teilintegral ist nach § 30 ein konvergentes logarithmisches Flächenpotential.

Es ist demnach

$$u(\xi, \eta) = \iint_{\mathfrak{G}} G(x, y; \xi, \eta)\, h(x, y)\, dx\, dy$$

oder, da die Funktion G in Bezug auf die Punkte x, y und ξ, η symmetrisch ist,

$$u(x, y) = \iint_{\mathfrak{G}} G(x, y; \xi, \eta)\, h(\xi, \eta)\, d\xi\, d\eta. \tag{80}$$

Es gilt der Satz:

Wenn eine auf der Kurve $\mathfrak{C}$ verschwindende und im Gebiete $\mathfrak{G}$ nebst ihren partiellen Ableitungen erster und zweiter Ordnung stetige Lösung $u(x, y)$ der Differentialgleichung (78) *vorhanden ist, so wird sie durch die Formel* (80) *dargestellt. Die Funktion* (80) *verschwindet längs der Randkurve $\mathfrak{C}$, ist nebst ihren partiellen Ableitungen erster und zweiter Ordnung im Gebiet $\mathfrak{G}$ stetig und genügt der Differentialgleichung* (78), *wenn die Funktion $h(x, y)$ stetige partielle Ableitungen erster Ordnung $\frac{\partial h}{\partial x}$ und $\frac{\partial h}{\partial y}$ hat.*

Der zweite Teil dieses Satzes ist noch zu beweisen.

Wir haben bereits gesehen, daß das Doppelintegral (80) einen Sinn hat. Da die Funktion $G(x, y; \xi, \eta)$ längs $\mathfrak{C}$ verschwindet, so gilt das gleiche für die durch die Formel (80) dargestellte Funktion $u(x, y)$.

Wegen (73)

$$G(x, y; \xi, \eta) = g(x, y; \xi, \eta) + \log \frac{1}{r}$$

ist

$$\text{(81)} \qquad \begin{cases} u = v + w, \\ v = \iint\limits_{\mathfrak{G}} g(x, y; \xi, \eta)\, h(\xi, \eta)\, d\xi\, d\eta, \\ w = \iint\limits_{\mathfrak{G}} h(\xi, \eta) \log \frac{1}{r}\, d\xi\, d\eta. \end{cases}$$

Da $\Delta g = 0$ ist, ist auch $\Delta v = 0$; w genügt als logarithmisches Potential einer Flächenbelegung mit der Dichtigkeit h unter den über h gemachten Voraussetzungen nach § 30 der Poissonschen Gleichung

$$\Delta w = -2\pi h(x, y).$$

Daher ist auch (78)

$$\Delta u = -2\pi h(x, y),$$

w. z. b. w.

Nach § 30 genügt es, stückweise Stetigkeit von $h, \frac{\partial h}{\partial x}, \frac{\partial h}{\partial y}$ vorauszusetzen.

§ 35. Eigenwerte und Eigenfunktionen der Differentialgleichung $\Delta u + \lambda k(x, y)\, u = 0$ $(k > 0)$.

Wir können jetzt die Methode des § 34 auf die partielle Differentialgleichung

$$\text{(B)} \qquad \Delta u + \lambda k(x, y)\, u = 0$$

übertragen, wo $k(x, y)$ eine im Gebiet $\mathfrak{G}$ mit der Randkurve $\mathfrak{C}$ positive stetige Funktion darstellt.

Wenn die Gleichung (B) ein Integral u besitzt, welches im Gebiet $\mathfrak{G}$ nebst den partiellen Ableitungen erster und zweiter Ordnung stetig ist und auf der Randkurve $\mathfrak{C}$ verschwindet, so besteht die Gleichung, welche aus (80) dadurch hervorgeht, daß man $2\pi h(x, y)$ durch $\lambda k(x, y)\, u(x, y)$ ersetzt, d. h. die homogene lineare Integralgleichung

$$\text{(82)} \qquad u(x, y) = \frac{\lambda}{2\pi} \iint\limits_{\mathfrak{G}} G(x, y; \xi, \eta)\, k(\xi, \eta)\, u(\xi, \eta)\, d\xi\, d\eta$$

mit dem Kern

$$\frac{1}{2\pi} G(x, y; \xi, \eta)\, k(\xi, \eta).$$

Die Funktion

$$\bar{u}(x, y) = u(x, y)\sqrt{k(x, y)} \tag{83}$$

genügt der Integralgleichung

$$\bar{u}(x, y) = \lambda \iint_{\mathfrak{G}} K(x, y; \xi, \eta)\, \bar{u}(\xi, \eta)\, d\xi\, d\eta \tag{84}$$

mit dem symmetrischen Kern

$$K(x, y; \xi, \eta) = \frac{1}{2\pi} G(x, y; \xi, \eta)\sqrt{k(x, y)}\sqrt{k(\xi, \eta)}. \tag{85}$$

Der Kern K ist für alle dem Gebiet $\mathfrak{G}$ angehörigen, von (ξ, η) verschiedenen Punkte (x, y) stetig; er wird im Punkt (ξ, η) unendlich wie

$$\frac{k(\xi, \eta)}{2\pi} \log \frac{1}{r}.$$

Demnach kann die im dritten Kapitel entwickelte Theorie unter Berücksichtigung des § 18 angewandt werden.

Daß der Kern K abgeschlossen ist, kann wie in § 22 bewiesen werden. Er hat daher unendlich viele reelle Eigenwerte λ_n mit den Eigenfunktionen $\bar{\varphi}_n(x, y)$; es ist

$$\bar{\varphi}_n(x, y) = \lambda_n \iint_{\mathfrak{G}} K(x, y; \xi, \eta)\, \bar{\varphi}_n(\xi, \eta)\, d\xi\, d\eta\,; \tag{86}$$

wir denken uns die Eigenfunktionen so normiert, daß

$$\iint_{\mathfrak{G}} \bar{\varphi}_n^2\, dx\, dy = 1, \quad \iint_{\mathfrak{G}} \bar{\varphi}_m \bar{\varphi}_n\, dx\, dy = 0 \quad (m \lessgtr n) \tag{87}$$

ist. Die Funktion

$$\varphi_n(x, y) = \frac{\bar{\varphi}_n(x, y)}{\sqrt{k(x, y)}} \tag{88}$$

genügt der Integralgleichung

$$\varphi_n(x, y) = \frac{\lambda_n}{2\pi} \iint_{\mathfrak{G}} G(x, y; \xi, \eta)\, k(\xi, \eta)\, \varphi_n(\xi, \eta)\, d\xi\, d\eta. \tag{89}$$

Sie verschwindet längs der Randkurve $\mathfrak{C}$ und erfüllt die Differentialgleichung (B). Denn wegen (73) ist

$$\varphi_n(x, y) = \frac{\lambda_n}{2\pi} \iint_{\mathfrak{G}} \log \frac{1}{r}\, k(\xi, \eta)\, \varphi_n(\xi, \eta)\, d\xi\, d\eta$$

$$+ \frac{\lambda_n}{2\pi} \iint_{\mathfrak{G}} g(x, y; \xi, \eta)\, k(\xi, \eta)\, \varphi_n(\xi, \eta)\, d\xi\, d\eta;$$

das erste Teilintegral als logarithmisches Flächenpotential und das zweite Teilintegral haben stetige partielle Ableitungen erster Ordnung nach x und y; dasselbe gilt also auch für $\varphi_n(x, y)$. Hat k und damit auch $k\varphi_n$ stetige partielle Ableitungen erster Ordnung, so gilt nach § 30 füı das erste Teilintegral die Poissonsche Gleichung, während das zweite Teilintegral der Laplaceschen Gleichung genügt; es ist also $\Delta\varphi_n = -\lambda_n k\varphi_n$.

Es genügt, an Stelle der Stetigkeit von $k, \frac{\partial k}{\partial x}, \frac{\partial k}{\partial y}$ im Gebiet $\mathfrak{G}$ die stückweise Stetigkeit vorauszusetzen.

Infolge der Normierung ist

$$(90) \qquad \iint_{\mathfrak{G}} \varphi_n^2\, k\, dx\, dy = 1, \quad \iint_{\mathfrak{G}} \varphi_m \varphi_n\, k\, dx\, dy = 0 \ (m \lesseqgtr n).$$

Die Gleichung (5)

$$-\iint_{\mathfrak{G}} u\Delta u\, dx\, dy = \iint_{\mathfrak{G}} \left[\left(\frac{\partial u}{\partial x}\right)^2 + \left(\frac{\partial u}{\partial y}\right)^2\right] dx\, dy + \int_{\mathfrak{C}} u \frac{\partial u}{\partial n}\, ds$$

geht, wenn man für u die Eigenfunktion φ_n setzt, unter Berücksichtigung der Gleichung $-\Delta\varphi_n = \lambda_n k\varphi_n$ und der ersten Gleichung (90) in

$$\lambda_n = \iint_{\mathfrak{G}} \left[\left(\frac{\partial \varphi_n}{\partial x}\right)^2 + \left(\frac{\partial \varphi_n}{\partial y}\right)^2\right] dx\, dy$$

über; d. h. alle Eigenwerte sind positiv.

Damit ist der Satz bewiesen:

Die Differentialgleichung

$$(\mathrm{B}) \qquad \Delta u + \lambda k(x, y)\, u = 0,$$

wo $k(x, y)$ in dem von der Kurve $\mathfrak{C}$ begrenzten Gebiet positiv und nebst den partiellen Ableitungen erster Ordnung stetig ist, besitzt dann und nur dann, wenn λ einer der unendlich vielen reellen und positiven Eigenwerte λ_n ist, eine auf der Kurve $\mathfrak{C}$ verschwindende, im Gebiet $\mathfrak{G}$ nebst ihren partiellen Ableitungen erster und zweiter Ordnung stetige Lösung (Eigenfunktion) $u = \varphi_n(x, y)$.

Die Entwicklung einer gegebenen Funktion in eine nach den Eigenfunktionen fortschreitende Reihe ergibt sich wie in § 22. Die Funktion $f(x, y)$ verschwinde auf $\mathfrak{C}$ und sei in $\mathfrak{G}$ nebst den partiellen Ableitungen erster und zweiter Ordnung stetig. Wird

$$\Delta f(x, y) = -2\pi h(x, y)$$

gesetzt, so ist $h(x, y)$ in $\mathfrak{G}$ stetig. Nach § 34 ist

$$f(x, y) = \iint_{\mathfrak{G}} G(x, y; \xi, \eta)\, h(\xi, \eta)\, d\xi\, d\eta.$$

Setzt man

$$\bar{f}(x, y) = f(x, y)\sqrt{k(x, y)}, \quad h(x, y) = \bar{h}(x, y)\sqrt{k(x, y)},$$

so ist

$$\overline{f}(x, y) = \iint K(x, y; \xi, \eta)\overline{h}(\xi, \eta)\, d\xi\, d\eta.$$

Aus dem Entwicklungssatze in § 10 folgt:

Jede Funktion $f(x, y)$, welche im Gebiet $\mathfrak{G}$ nebst ihren partiellen Ableitungen erster und zweiter Ordnung stetig ist und längs der Randkurve $\mathfrak{C}$ verschwindet, läßt sich in eine absolut und gleichmäßig konvergente Reihe

$$(91)\quad f(x, y) = \sum_{n=1}^{\infty} c_n \varphi_n(x, y); \quad c_n = \iint_{\mathfrak{G}} f(x, y)\, \varphi_n(x, y)\, k(x, y)\, dx\, dy$$

entwickeln, welche nach den Eigenfunktionen $\varphi_n(x, y)$ der Differentialgleichung (B) *fortschreitet.*

Es genügt, die partiellen Ableitungen zweiter Ordnung von $f(x\,y)$ als stückweise stetig vorauszusetzen.

§ 36. Die Differentialgleichung der schwingenden Membran.

Für die Schwingungen einer gleichmäßig gespannten Membran gilt die Differentialgleichung

$$(92)\qquad k(x, y)\,\frac{\partial^2 u}{\partial t^2} = \Delta u,$$

wobei wie bisher die Bezeichnung benutzt ist:

$$\Delta u = \frac{\partial^2 u}{\partial x^2} + \frac{\partial^2 u}{\partial y^2};$$

u ist die Verschiebung, welche der Punkt der Membran mit den rechtwinkligen Koordinaten x, y normal zur xy-Ebene zur Zeit t erfährt; $k(x, y)$ ist eine positive Funktion oder Konstante. Längs des festgehaltenen Randes $\mathfrak{C}$ der Membran muß stets $u = 0$ sein; weiter ist

$$(93)\qquad u = f(x, y),\quad \frac{\partial u}{\partial t} = F(x, y) \text{ für } t = 0,$$

wo $f(x, y)$ und $F(x, y)$ in dem von der Kurve $\mathfrak{C}$ begrenzten Gebiet $\mathfrak{G}$ gegeben sind und längs des Randes $\mathfrak{C}$ verschwinden.

Der Ausdruck

$$(94)\qquad u = e^{\pm i\nu t}\, v$$

genügt der Differentialgleichung (92) und verschwindet längs der Randkurve $\mathfrak{C}$, wenn v eine Funktion von x, y ist, welche der Differentialgleichung

$$(95)\qquad \Delta v + \lambda k v = 0,\quad \lambda = \nu^2$$

genügt und auf der Kurve $\mathfrak{C}$ verschwindet. Nach § 35 sind unendlich viele positive (nicht notwendig einfache) Eigenwerte $\lambda_n = \nu_n^2$ mit den zugehörigen normierten und paarweise orthogonalen Eigenfunktionen $\varphi_n(x, y)$ vorhanden.

Die Differentialgleichung (92) hat die Lösungen

$$e^{i\nu_n t}\,\varphi_n(x, y),\; e^{-i\nu_n t}\,\varphi_n(x, y),$$

also auch die Lösung

(96) $$u = (A_n \cos \nu_n t + B_n \sin \nu_n t)\,\varphi_n(x, y)$$

mit den willkürlichen Konstanten A_n, B_n. Die Lösung, welche die vorgeschriebenen Anfangsbedingungen erfüllt, bildet man wie bei der Aufgabe der Saitenschwingungen (§ 3 und § 23).

Für den Fall des **Kreises** läßt sich, wenn k konstant, etwa gleich 1 ist, die partielle Differentialgleichung (95), welche jetzt die Form

(97) $$\Delta v + \lambda v = 0$$

hat, auf gewöhnliche Differentialgleichungen zurückführen.

Indem man vermittels der Gleichungen

$$x = r \cos \vartheta, \quad y = r \sin \vartheta$$

Polarkoordinaten r, ϑ einführt, geht die Gleichung (97) in

(98) $$\frac{\partial^2 v}{\partial r^2} + \frac{1}{r}\frac{\partial v}{\partial r} + \frac{1}{r^2}\frac{\partial^2 v}{\partial \vartheta^2} + \lambda v = 0$$

über. Wir suchen diejenigen Lösungen von (98), welche längs des kreisförmigen Randes $r = R$ verschwinden und in bezug auf ϑ die Periode 2π besitzen. Der Ausdruck

(99) $$v = V e^{im\vartheta}$$

erfüllt die angegebenen Bedingungen, wenn m eine ganze positive Zahl und V eine für $0 \leq r \leq R$ stetige Funktion von r ist, welche der Differentialgleichung

(100) $$r^2 \frac{d^2 V}{dr^2} + r\frac{dV}{dr} + (\lambda r^2 - m^2)\,V = 0$$

genügt und für $r = R$ verschwindet.

Die Differentialgleichung (100), welche wir in der Form

$$(r\sqrt{\lambda})^2 \frac{d^2 V}{d(r\sqrt{\lambda})^2} + (r\sqrt{\lambda})\frac{dV}{d(r\sqrt{\lambda})} + \left((r\sqrt{\lambda})^2 - m^2\right) V = 0$$

schreiben, hat die beiden Lösungen $J_m(r\sqrt{\lambda})$, $Y_m(r\sqrt{\lambda})$, wo J_m die Besselsche Funktion $m$ter Ordnung erster Art, Y_m die Besselsche Funktion $m$ter Ordnung zweiter Art bedeutet. Da Y_m für den Nullwert des Arguments unendlich wird, so kommt hier nur die Lösung

(101) $$V = J_m(r\sqrt{\lambda})$$

in Betracht. Da diese für $r = R$ verschwinden soll, so haben wir die zur Bestimmung von λ dienende Gleichung

(102) $$J_m(R\sqrt{\lambda}) = 0.$$

Wenn wir die unendlich vielen positiven Wurzeln der Gleichung $J_m(\varrho) = 0$ mit ϱ_{mn} $(n = 1, 2, \ldots)$ bezeichnen, so hat die Gleichung (102) die Wurzeln

$$\lambda = \lambda_{mn} = \left(\frac{\varrho_{mn}}{R}\right)^2 \qquad (n = 1, 2, \ldots); \tag{103}$$

es ist also

$$V = J_m\left(\frac{\varrho_{mn}}{R}\, r\right). \tag{104}$$

§ 37. Die dritte Randwertaufgabe.

An die in § 31 und § 32 behandelten Randwertaufgaben der Potentialtheorie schließt sich die folgende dritte Randwertaufgabe an.

Längs der stetig gekrümmten Randkurve $\mathfrak{C}$ des beschränkten Gebietes $\mathfrak{G}$ seien die stetigen Funktionen $f(s)$ und $h(s)$ gegeben; es sei $h(s) \geqq 0$, aber $\int\limits_{\mathfrak{C}} h(s)\, ds > 0$. Es wird eine im Gebiet $\mathfrak{G}$ harmonische Funktion v von x, y gesucht, welche längs der Randkurve $\mathfrak{C}$ die Bedingung erfüllt:

$$\frac{\partial v_i}{\partial n} = h(s)\, v_i + f(s). \tag{105}$$

Hätte diese Randwertaufgabe zwei Lösungen v' und v'', so wäre $v = v' - v''$ eine harmonische Funktion mit der Randbedingung

$$\frac{\partial v_i}{\partial n} = h(s)\, v_i.$$

Unter Berücksichtigung dieser Randbedingung folgt aus Formel (8) die Gleichung

$$\iint\limits_{\mathfrak{G}} \left[\left(\frac{\partial v}{\partial x}\right)^2 + \left(\frac{\partial v}{\partial y}\right)^2\right] dx\, dy = -\int\limits_{\mathfrak{C}} v\, \frac{\partial v}{\partial n}\, ds = -\int\limits_{\mathfrak{C}} h v^2 ds,$$

in welcher die linke Seite $\geqq 0$, die rechte Seite $\leqq 0$ ist. Es ist also

$$\iint\limits_{\mathfrak{G}} \left[\left(\frac{\partial v}{\partial x}\right)^2 + \left(\frac{\partial v}{\partial y}\right)^2\right] dx\, dy = 0,$$

mithin $\dfrac{\partial v}{\partial x} = 0$, $\dfrac{\partial v}{\partial y} = 0$, v konstant in $\mathfrak{G}$, und

$$\int\limits_{\mathfrak{C}} h v^2 ds = 0;$$

die letzte Gleichung kann aber nur bestehen, wenn der in $\mathfrak{G}$ und wegen der Stetigkeit auch auf $\mathfrak{C}$ konstante Wert von v gleich Null ist, w. z. b. w.

Die gestellte Randwertaufgabe kann also nicht mehr als eine Lösung besitzen.

Wir machen wie bei der zweiten Randwertaufgabe (§ 32) den Ansatz (15)

$$v = \int_{\mathfrak{C}} \varkappa \log \frac{1}{r}\, ds$$

und suchen $\varkappa = \varkappa_s$ so zu bestimmen, daß die Randbedingung (105) erfüllt wird.

Nach (44) ist

$$\frac{\partial v_i}{\partial n} = -\pi \varkappa_s + \int_{\mathfrak{C}} \varkappa_t \frac{\cos(r, n_s)}{r}\, dt;$$

ferner ist

$$v_i = v_s = \int_{\mathfrak{C}} \varkappa_t \log \frac{1}{r}\, dt,$$

also

$$f(s) = \frac{\partial v_i}{\partial n} - h(s)\, v_i$$

$$= -\pi \varkappa_s + \int_{\mathfrak{C}} \varkappa_t \left\{ \frac{\cos(r, n_s)}{r} - h(t) \log \frac{1}{r} \right\} dt$$

oder, wenn

(106) $$K(s, t) = \frac{1}{\pi} \left\{ \frac{\cos(r, n_s)}{r} - h(t) \log \frac{1}{r} \right\}$$

gesetzt wird,

(107) $$\varkappa_s - \int_{\mathfrak{C}} K(s, t)\, \varkappa_t\, dt = -\frac{f(s)}{\pi}.$$

Unter Einführung eines Parameters λ betrachten wir die Integralgleichung

(108) $$\varkappa_s - \lambda \int_{\mathfrak{C}} K(s, t)\, \varkappa_t\, dt = -\frac{f(s)}{\pi},$$

deren Kern $K(s, t)$ für $s = t$ logarithmisch unendlich wird, so daß die Fredholmsche Theorie mit der in § 18 angegebenen Abänderung angewandt werden kann. Die nach § 18 gebildete Determinante $D(\lambda)$ des Kerns $K(s, t)$ kann für $\lambda = 1$ nicht verschwinden, denn im Falle $D(1) = 0$ wäre die homogene Integralgleichung

$$\varkappa_s - \int_{\mathfrak{C}} K(s, t)\, \varkappa_t dt = 0$$

lösbar oder, mit anderen Worten, die dritte Randwertaufgabe hätte im Falle $f(s) \equiv 0$ eine nicht identisch verschwindende Lösung, was sich als unmöglich herausgestellt hat.

Ähnliche Betrachtungen wie diejenigen, welche wir in §§ 33—36 an die erste Randwertaufgabe angeknüpft haben, lassen sich auch an die dritte Randwertaufgabe anschließen.

Wie in § 33 die Greensche Funktion $G(x, y; \xi, \eta)$ des Differentialausdrucks Δu für die Randbedingung $u = 0$ eingeführt wurde, führen wir jetzt die Greensche Funktion des Differentialausdrucks Δu für die Randbedingung $\frac{\partial u}{\partial n} = hu$ ein, die wir auch wieder mit $G(x, y; \xi, \eta)$ bezeichnen. Ist (ξ, η) ein Punkt innerhalb $\mathfrak{G}$ und r die Entfernung der Punkte (x, y) und (ξ, η), so ist eine im Gebiet $\mathfrak{G}$ harmonische Funktion $g(x, y)$ vorhanden, welche die Randbedingung

$$\frac{\partial g}{\partial n} - hg = -\frac{\partial \log \frac{1}{r}}{\partial n} + h \log \frac{1}{r}$$

erfüllt. Unsere jetzige Greensche Funktion

$$G(x, y; \xi, \eta) = \log \frac{1}{r} + g(x, y)$$

hat dieselben Eigenschaften wie die Greensche Funktion in § 33 mit dem einzigen Unterschied, daß an die Stelle der Randbedingung $G = 0$ jetzt die Bedingung

$$\frac{\partial G}{\partial n} = hG$$

längs $\mathfrak{C}$ tritt. Auch jetzt gilt das Symmetriegesetz:

$$G(x, y; \xi, \eta) = G(\xi, \eta; x, y).$$

Wie in § 34 erhält man den Satz:

Eine etwaige im Gebiet $\mathfrak{G}$ nebst den partiellen Ableitungen erster und zweiter Ordnung stetige, die Randbedingung $\frac{\partial u}{\partial n} = hu$ erfüllende Lösung der Differentialgleichung (78)

$$\Delta u + 2\pi h(x, y) = 0$$

wird durch die Formel (80)

$$u(x, y) = \iint\limits_{\mathfrak{G}} G(x, y; \xi, \eta)\, h(\xi, \eta)\, d\xi\, d\eta$$

dargestellt. Der Ausdruck (80) stellt wirklich eine Lösung der Differentialgleichung (78) mit den angegebenen Eigenschaften dar, wenn $h, \frac{\partial h}{\partial x}, \frac{\partial h}{\partial y}$ stetig sind.

Wie in § 35 führt man die Differentialgleichung (B)

$$\Delta u + \lambda k(x, y) u = 0 \quad (k > 0),$$

deren im Gebiet $\mathfrak{G}$ nebst den partiellen Ableitungen erster und zweiter Ordnung stetige Lösungen mit der Randbedingung

$$\frac{\partial u}{\partial n} = h(s)\,u; \quad h(s) \geqq 0, \int_{\mathfrak{C}} h(s)\,ds > 0$$

jetzt bestimmt werden sollen, auf die Integralgleichung

$$u(x, y) = \frac{\lambda}{2\pi} \iint_{\mathfrak{G}} G(x, y; \xi, \eta)\, k(\xi, \eta)\, u(\xi, \eta)\, d\xi\, d\eta$$

zurück. Wir setzen wie früher die positive Funktion $k(x, y)$ nebst ihren partiellen Ableitungen erster Ordnung als stetig voraus. Man findet wieder, daß dann und nur dann, wenn λ einer der unendlich vielen reellen und positiven Eigenwerte λ_n ist, eine Lösung (Eigenfunktion) $u_n = \varphi_n(x, y)$ mit den verlangten Eigenschaften vorhanden ist.

Daß die Eigenwerte positiv sind, ergibt sich jetzt aus der Gleichung

$$\lambda_n = \iint_{\mathfrak{G}} \left[\left(\frac{\partial \varphi_n}{\partial x}\right)^2 + \left(\frac{\partial \varphi_n}{\partial y}\right)^2\right] dx\, dy + \int_{\mathfrak{C}} h \varphi_n^2\, ds,$$

die aus der Formel (5) folgt, wenn man $u = \varphi_n$ setzt und die Randbedingung $\frac{\partial \varphi_n}{\partial n} = h \varphi_n$ berücksichtigt.

Um eine physikalische Anwendung zu haben, welche derjenigen in § 36 entspricht, betrachten wir die **Differentialgleichung der Wärmeleitung** unter der Voraussetzung, daß die Temperatur u außer von der Zeit t nur von den beiden Koordinaten x, y abhängt:

$$k(x, y)\,\frac{\partial u}{\partial t} = \Delta u. \tag{109}$$

Dabei ist $k = \frac{\varrho c}{\varkappa}$ (ϱ Masse der Volumeneinheit, c spezifische Wärme, $\varkappa$ Wärmeleitfähigkeit) eine positive Konstante oder Funktion von x, y. Die Differentialgleichung (109) soll für die positiven Werte von t und für die Punkte x, y im Gebiet $\mathfrak{G}$ gelten; auf der Randkurve $\mathfrak{C}$ soll die Strahlungsbedingung

$$\frac{\partial u}{\partial n} = h u \qquad (h > 0) \tag{110}$$

erfüllt und schließlich soll

$$u = f(x, y) \text{ für } t = 0 \tag{111}$$

sein.

Der Ausdruck

$$u = e^{-\lambda t}\, v$$

genügt der Differentialgleichung (109) und der Randbedingung (110), wenn v eine Funktion von x, y ist, welche der Differentialgleichung

$$\Delta v + \lambda k v = 0$$

und der Randbedingung

$$\frac{\partial v}{\partial n} = h v$$

genügt. Es sind unendlich viele positive Eigenwerte λ_n mit den Eigenfunktionen $\varphi_n(x, y)$ vorhanden. Die Differentialgleichung (109) hat die Lösungen $e^{-\lambda_n t}\varphi_n(x, y)$, also auch die Lösung

$$u = \sum_{n=1}^{\infty} c_n e^{-\lambda_n t} \varphi_n(x, y) \tag{112}$$

mit den Konstanten c_n, welche der Anfangsbedingung (111) gemäß bestimmt werden.

§ 38. Greensche Funktion im erweiterten Sinne im Anschluß an die zweite Randwertaufgabe.

Die Methode des § 33 zur Definition der Greenschen Funktion kann nicht ohne weiteres auf die zweite Randwertaufgabe übertragen werden. Es sei wieder r die Entfernung der in $\mathfrak{G}$ gelegenen Punkte (x, y) und (ξ, η), $g(x, y)$ eine in $\mathfrak{G}$ harmonische Funktion und

$$G(x, y; \xi, \eta) = \log\frac{1}{r} + g(x, y).$$

Wollte man $g(x, y)$ so bestimmen, daß $\frac{\partial G}{\partial n}$ auf $\mathfrak{C}$ verschwindet, so müßte auf $\mathfrak{C}$

$$\frac{\partial g}{\partial n} = -\frac{\partial \log\frac{1}{r}}{\partial n}$$

sein. Nun ist aber nach (7)

$$\int\limits_{\mathfrak{C}} \frac{\partial g}{\partial n}\, ds = 0$$

und nach § 28

$$\int\limits_{\mathfrak{C}} \frac{\partial \log\frac{1}{r}}{\partial n}\, ds = \int\limits_{\mathfrak{C}} \frac{\cos(r, n)}{r}\, ds = 2\pi.$$

Jetzt ist eine Funktion u vorhanden, welche im Gebiet $\mathfrak{G}$ nebst ihren partiellen Ableitungen erster und zweiter Ordnung stetig ist, der Gleichung

$\Delta u = 0$ genügt und die Randbedingung $\frac{\partial u}{\partial n} = 0$ erfüllt; die allgemeinste derartige Funktion ist $u = \text{Const.}$ oder

$$\varphi_0(x, y) = \frac{1}{\sqrt{\iint\limits_{\mathfrak{G}} k(\xi, \eta)\, d\xi\, d\eta}};$$

dabei ist im Hinblick auf die Gleichung (B) so normiert, daß

$$\iint\limits_{\mathfrak{G}} [\varphi_0(x, y)]^2\, k(x, y)\, dx\, dy = 1$$

ist. Die positive Funktion $k(x, y)$ möge nebst $\frac{\partial k}{\partial x}, \frac{\partial k}{\partial y}$ in $\mathfrak{G}$ stetig sein.

Wir führen eine Greensche Funktion im erweiterten Sinne $G(x, y; \xi, \eta)$ ähnlich wie in § 24 ein. Wir verstehen darunter eine Lösung $u = G$ der Differentialgleichung

$$\Delta u = 2\pi k(x, y)\, \varphi_0(x, y)\, \varphi_0(\xi, \eta) = \frac{2\pi k(x, y)}{\iint\limits_{\mathfrak{G}} k(\xi, \eta)\, d\xi\, d\eta}, \tag{113}$$

welche auf $\mathfrak{C}$ die Bedingung $\frac{\partial G}{\partial n} = 0$ erfüllt und in $\mathfrak{G}$ nebst den partiellen Ableitungen erster und zweiter Ordnung stetig ist, abgesehen von der Stelle (ξ, η), wo sie wie $\log \frac{1}{r}$ unendlich wird; außerdem soll

$$\iint\limits_{\mathfrak{G}} G(x, y; \xi, \eta)\, \varphi_0(x, y)\, k(x, y)\, dx\, dy = 0,$$

d. h.

$$\iint\limits_{\mathfrak{G}} G(x, y; \xi, \eta)\, k(x, y)\, dx\, dy = 0 \tag{114}$$

sein.

Die Existenz einer solchen Funktion ergibt sich folgendermaßen. Die Differentialgleichung (113) hat nach § 30 die partikuläre Lösung

$$U = -\frac{1}{\iint\limits_{\mathfrak{G}} k(\xi, \eta)\, d\xi\, d\eta} \iint\limits_{\mathfrak{G}} \log \frac{1}{r}\, k(\xi, \eta)\, d\xi\, d\eta,$$

wo r die Entfernung der Punkte (x, y) und (ξ, η) ist; U ist als logarithmisches Flächenpotential nebst den partiellen Ableitungen erster Ordnung im Gebiet $\mathfrak{G}$ mit Einschluß der Randkurve $\mathfrak{C}$ stetig. Setzt man

$$u = U + \log \frac{1}{r} + v,$$

so ist

$$\Delta v = 0$$

und auf $\mathfrak{C}$ wegen $\frac{\partial u}{\partial n} = 0$

$$\frac{\partial v}{\partial n} = -\frac{\partial U}{\partial n} - \frac{\partial \log \frac{1}{r}}{\partial n}.$$

Nach § 32 ist eine bis auf eine additive Konstante bestimmte Funktion v vorhanden, welche diese Bedingungen erfüllt, vorausgesetzt, daß

$$\int_{\mathfrak{C}} \frac{\partial v}{\partial n} ds = -\int_{\mathfrak{C}} \frac{\partial U}{\partial n} ds - \int_{\mathfrak{C}} \frac{\partial \log \frac{1}{r}}{\partial n} ds = 0$$

ist. Dies ist tatsächlich der Fall, denn es ist

$$\int_{\mathfrak{C}} \frac{\partial \log \frac{1}{r}}{\partial n} ds = \int_{\mathfrak{C}} \frac{\cos (r, n)}{r} ds = 2\pi$$

nach § 28 und

$$\frac{\partial U}{\partial n} = -\frac{1}{\iint_{\mathfrak{G}} k(\xi, \eta)\, d\xi\, d\eta} \iint_{\mathfrak{G}} \frac{\partial \log \frac{1}{r}}{\partial n} k(\xi, \eta)\, d\xi\, d\eta,$$

$$\int_{\mathfrak{C}} \frac{\partial U}{\partial n} ds = -\frac{1}{\iint_{\mathfrak{G}} k(\xi,\eta) d\xi\, d\eta} \iint_{\mathfrak{G}} \left[\int_{\mathfrak{C}} \frac{\partial \log \frac{1}{r}}{\partial n} ds\right] . k(\xi,\eta) d\xi\, d\eta = -2\pi.$$

Die additive Konstante, welche in v und damit auch in u enthalten ist, ist durch die Bedingung (114) bestimmt.

Wie in § 33 beweist man, daß $G(x, y; \xi, \eta)$ eine symmetrische Funktion von x, y und ξ, η ist; jetzt ist die Gleichung (114) zu berücksichtigen.

Das Ergebnis von § 34 erfährt folgende Änderung. Soll die Differentialgleichung (78)

$$\Delta u + 2\pi h(x, y) = 0$$

eine Lösung $u(x, y)$ besitzen, welche in $\mathfrak{G}$ nebst ihren partiellen Ableitungen erster und zweiter Ordnung stetig ist und die Randbedingung $\frac{\partial u}{\partial n} = 0$ erfüllt, so muß

$$\iint_{\mathfrak{G}} h(x, y)\, \varphi_0(x, y)\, dx dy = 0, \text{ d. h. } \iint_{\mathfrak{G}} h(x, y)\, dx dy = 0$$

sein; wenn die Lösung $u(x,y)$ die Bedingung

$$\iint_{\mathfrak{G}} u(x, y)\, \varphi_0(x, y)\, k(x, y)\, dx\, dy = 0, \text{ d. h.} \iint_{\mathfrak{G}} u(x, y)\, k(x, y)\, dx\, dy = 0$$

erfüllt, ist

$$u(x,y) = \iint_{\mathfrak{G}} G(x, y; \xi, \eta)\, h(\xi, \eta)\, d\xi\, d\eta.$$

Dieser Ausdruck, worin die in $\mathfrak{G}$ nebst den partiellen Ableitungen erster Ordnung stetige Funktion $h(x, y)$ die Bedingung

$$\iint_{\mathfrak{G}} h(x, y)\, dx\, dy = 0$$

erfüllt, genügt der Differentialgleichung

$$\Delta u + 2\pi h(x, y) = 0$$

und erfüllt die Bedingung

$$\iint_{\mathfrak{G}} u(x, y)\, k(x, y)\, dx\, dy = 0$$

sowie die Randbedingung $\dfrac{\partial u}{\partial n} = 0.$

Wie in § 35 setzen wir in der Differentialgleichung (78)

$$2\pi h(x, y) = \lambda\, k(x, y)\, u(x, y).$$

Besitzt die Differentialgleichung (B) für $\lambda \neq 0$ ein Integral, welches die Randbedingung $\dfrac{\partial u}{\partial n} = 0$ erfüllt und in $\mathfrak{G}$ nebst den partiellen Ableitungen erster und zweiter Ordnung stetig ist, so ist

$$\iint_{\mathfrak{G}} u(x, y)\, k(x, y)\, dx\, dy = 0$$

und es gilt die Integralgleichung

$$u(x, y) = \frac{\lambda}{2\pi} \iint_{\mathfrak{G}} G(x, y; \xi, \eta)\, k(\xi, \eta)\, u(\xi, \eta)\, d\xi\, d\eta.$$

Die positiven Eigenwerte λ_n $(n = 1, 2, \ldots)$ dieser Integralgleichung mit den Eigenfunktionen $\varphi_n(x, y)$ bilden außer dem Eigenwert $\lambda = 0$ mit der Eigenfunktion $\varphi_0(x, y)$ die Eigenwerte der Differentialgleichung (B) für die angegebene Randbedingung.

Als Beispiel kann die am Schluß von § 37 behandelte Wärmeleitungsaufgabe dienen, in welcher die Randbedingung (110) durch $\dfrac{\partial u}{\partial n} = 0$ ersetzt wird.

Sechstes Kapitel.

Parabolische Differentialgleichungen.[1])

§ 39. Lineare Wärmeleitung; begrenzter Körper.

Als einfachste parabolische Differentialgleichung betrachten wir die Differentialgleichung der linearen Wärmeleitung

$$\frac{\partial u}{\partial t} = a^2 \frac{\partial^2 u}{\partial x^2}. \tag{A}$$

Dabei ist vorausgesetzt, daß die Temperatur u außer von der Zeit t nur von einer Koordinate x abhängt; a^2 wird konstant angenommen.

Ein Körper sei von zwei zur x-Achse senkrechten Ebenen $x = 0$ und $x = l$ begrenzt, erstrecke sich aber im übrigen ins Unendliche. Zur Zeit $t = 0$ sei die Temperatur u als Funktion von x gegeben; die beiden Endflächen $x = 0$ und $x = l$ sollen beständig auf der Temperatur 0 gehalten werden. Wir haben eine Funktion u von t und x zu bestimmen, welche der Differentialgleichung (A) genügt, die Randbedingungen

$$u = 0 \text{ für } x = 0 \text{ und für } x = l \tag{1}$$

und die Anfangsbedingung

$$u = f(x) \text{ für } t = 0 \tag{2}$$

erfüllt.

Wir suchen nach der schon in § 3 angewandten Methode von Daniel Bernoulli zunächst partikuläre Lösungen der Differentialgleichung (A), welche nur die Randbedingungen (1) erfüllen und die Form

$$u = T v \tag{3}$$

haben, wo T nur von t, v nur von x abhängt. Die Gleichung (A) schreibt sich

$$\frac{1}{a^2} \frac{\frac{dT}{dt}}{T} = \frac{\frac{d^2 v}{dx^2}}{v} = -\lambda,$$

wo λ konstant ist. Die lineare Differentialgleichung

$$\frac{d^2 v}{dx^2} + \lambda v = 0 \tag{4}$$

hat nur im Falle

$$\lambda = \frac{n^2 \pi^2}{l^2} \qquad (n = 1, 2, 3, \ldots)$$

---

[1]) Wir behandeln hier nur einige Aufgaben aus der Theorie der Wärmeleitung, die auf parabolische Differentialgleichungen führen. Im übrigen sei hinsichtlich der Theorie der parabolischen Differentialgleichungen auf Goursat, Cours d'analyse mathématique, Bd. III, Kap. 29 und den in der Fußnote auf S. 155 angeführten Bericht von Doetsch verwiesen.

eine für $x = 0$ und für $x = l$ verschwindende Lösung

$$v = \sin \frac{n \pi x}{l}.$$

Die Differentialgleichung

$$\frac{dT}{dt} + a^2 \lambda T = 0 \tag{5}$$

hat die allgemeine Lösung

$$T = T_n = c_n e^{-a^2 \lambda t} = c_n e^{-\frac{n^2 \pi^2 a^2 t}{l^2}}$$

mit der willkürlichen Konstanten c_n. Aus den unendlich vielen, die Randbedingungen (1) erfüllenden Partikularlösungen

$$u_n = c_n e^{-\frac{n^2 \pi^2 a^2 t}{l^2}} \sin \frac{n \pi x}{l} \qquad (n = 1, 2, \ldots) \tag{6}$$

der partiellen Differentialgleichung (A) setzen wir die unendliche Reihe

$$u = \sum_{n=1}^{\infty} c_n e^{-\frac{n^2 \pi^2 a^2 t}{l^2}} \sin \frac{n \pi x}{l} \tag{7}$$

zusammen.

Damit die Anfangsbedingung (2) erfüllt wird, muß

$$f(x) = \sum_{n=1}^{\infty} c_n \sin \frac{n \pi x}{l} \tag{8}$$

sein. Entwickelt man die gegebene Funktion $f(x)$ in eine Fouriersche Reihe von der Form (8), so ergibt sich wie in § 3

$$c_n = \frac{2}{l} \int_0^l f(x) \sin \frac{n \pi x}{l} dx. \tag{9}$$

Die Entwicklung (8) in eine konvergente Fouriersche Reihe ist sicher vorhanden, wenn die Funktion $f(x)$ mit ihrer Ableitung im Intervall $0 \leq x \leq l$ stetig (oder stückweise stetig) ist. Nach (9) ist

$$|c_n| \leq C \quad (n = 1, 2, 3, \ldots),$$

wenn $|f(x)| < \frac{1}{2} C$ für $0 \leq x \leq l$ ist.

Ist t_0 eine beliebig kleine positive Größe, so ist für $t \geq t_0$

$$\left| c_n e^{-\frac{n^2 \pi^2 a^2 t}{l^2}} \sin \frac{n \pi x}{l} \right| < C e^{-\frac{n^2 \pi^2 a^2 t_0}{l^2}};$$

wegen der Konvergenz der Reihe

$$\sum_{n=1}^{\infty} C e^{-\frac{n^2 \pi^2 a^2 t_0}{l^2}}$$

ist die Reihe (7) für $t \geq t_0$ und für $0 \leq x \leq l$ gleichmäßig konvergent. Die durch gliedweise Differentiation der Reihe (7) erhaltenen Reihen

$$(10) \qquad \frac{\partial u}{\partial t} = -\frac{\pi^2 a^2}{l^2} \sum_{n=1}^{\infty} n^2 c_n e^{-\frac{n^2 \pi^2 a^2 t}{l^2}} \sin \frac{n \pi x}{l},$$

$$(11) \qquad \frac{\partial^2 u}{\partial x^2} = -\frac{\pi^2}{l^2} \sum_{n=1}^{\infty} n^2 c_n e^{-\frac{n^2 \pi^2 a^2 t}{l^2}} \sin \frac{n \pi x}{l}$$

stellen die Ableitungen der durch die Reihe (7) definierten Funktion u dar, da sie für $t \geq t_0 > 0$, $0 \leq x \leq l$ gleichmäßig konvergieren. Es ist nämlich für $t \geq t_0$

$$\left| n^2 c_n e^{-\frac{n^2 \pi^2 a^2 t}{l^2}} \sin \frac{n \pi x}{l} \right| \leq n^2 C e^{-\frac{n^2 \pi^2 a^2 t_0}{l^2}},$$

und die Reihe

$$\sum_{n=1}^{\infty} n^2 C e^{-\frac{n^2 \pi^2 a^2 t_0}{l^2}}$$

ist konvergent, da der Grenzwert des Quotienten zweier aufeinander folgenden Glieder für $n = \infty$ verschwindet. Nunmehr ergibt die Vergleichung der beiden Ausdrücke (10) und (11), daß die Reihe (7) der partiellen Differentialgleichung (A) genügt.

Es ist noch zu zeigen, daß sich die Funktion (7) für $t = 0$ auf die gegebene Funktion $f(x)$ reduziert oder, genauer ausgedrückt, daß sich u dem Grenzwert $f(x)$ nähert, wenn sich die positive Veränderliche t der Null nähert. Wir zeigen, daß die Reihe (7) für $t \geq 0$ und $0 \leq x \leq l$ gleichmäßig konvergiert, also eine für $t = 0$ stetige Funktion von t darstellt. Es ist also $\lim\limits_{t \to 0} u$ gleich dem Wert, welchen die Reihe (7) für $t = 0$ annimmt, d. h. gleich $f(x)$.

Wir benutzen den Satz: Wenn die Reihe $u_1 + u_2 + \ldots$ konvergent ist und $a_1, a_2, \ldots,$ monoton abnehmende positive Größen sind, ist die Reihe

$$(12) \qquad a_1 u_1 + a_2 u_2 + \ldots$$

konvergent.

Zum Beweise setzen wir

$$s_n = u_1 + u_2 + \ldots + u_n,$$
$$S_n = a_1 u_1 + a_2 u_2 + \ldots + a_n u_n$$

und schreiben für $p = 1, 2, \ldots$

$$\begin{aligned} S_{n+p} - S_n &= a_{n+1} u_{n+1} + a_{n+2} u_{n+2} + \ldots + a_{n+p} u_{n+p} \\ &= a_{n+1}(s_{n+1} - s_n) + a_{n+2}(s_{n+2} - s_{n+1}) + \ldots + a_{n+p}(s_{n+p} - s_{n+p-1}) \\ &= a_{n+1}(s_{n+1} - s_n) + a_{n+2}[(s_{n+2} - s_n) - (s_{n+1} - s_n)] \\ &\quad + \ldots + a_{n+p}[(s_{n+p} - s_n) - (s_{n+p-1} - s_n)] \\ &= (s_{n+1} - s_n)(a_{n+1} - a_{n+2}) + (s_{n+2} - s_n)(a_{n+2} - a_{n+3}) + \ldots \\ &\quad + (s_{n+p-1} - s_n)(a_{n+p-1} - a_{n+p}) + (s_{n+p} - s_n) a_{n+p}. \end{aligned}$$

Nach Angabe einer beliebig kleinen positiven Zahl ε kann man n so groß annehmen, daß

$$|s_{n+q} - s_n| < \varepsilon \quad (q = 1, 2, \ldots)$$

ist; die Differenzen $a_{n+1} - a_{n+2}$, $a_{n+2} - a_{n+3}$, $\cdots$ sind positiv oder Null; demnach ist für $p = 1, 2, \cdots$

$$|S_{n+p} - S_n| < \varepsilon[(a_{n+1} - a_{n+2}) + (a_{n+2} - a_{n+3}) + \cdots + a_{n+p}] = \varepsilon a_{n+1} \leq \varepsilon a_1,$$

d. h. die Reihe (12) ist konvergent, w. z. b. w.

Für den Rest

$$R_n = a_{n+1} u_{n+1} + a_{n+2} u_{n+2} + \cdots$$

der Reihe (12) gilt die Abschätzung

$$|R_n| < \varepsilon a_1.$$

Wir setzen

$$u_n = c_n \sin \frac{n\pi x}{l}, \quad a_n = e^{-\frac{n^2\pi^2a^2t}{l^2}} \quad (t \geq 0).$$

Der Rest der Reihe (12), welche mit (7) übereinstimmt, erfüllt die Bedingung

$$|R_n| < \varepsilon a_1 = \varepsilon e^{-\frac{\pi^2a^2t}{l^2}} \leq \varepsilon$$

für alle $t \geq 0$, wenn n hinreichend groß genommen wird. Demnach ist die Reihe (7) für $t \geq 0$ gleichmäßig konvergent, w. z. b. w.[1])

§ 40. Lineare Wärmeleitung; unbegrenzter Körper.

Wir betrachten jetzt einen Körper, der auch in der Richtung der x-Achse unendlich ausgedehnt ist, während die Temperatur u wie bisher nur von der x-Koordinate abhängt. Dann fallen die Randbedingungen fort, und wir haben eine Funktion u von t und x zu bestimmen, welche der Differentialgleichung (A) genügt und für $t = 0$ in die für alle reellen x gegebene Funktion $f(x)$ übergeht, die wir etwa als stetig und beschränkt voraussetzen.

Die Funktion

$$u = \frac{1}{\sqrt{t}} e^{-\frac{x^2}{4a^2t}} \tag{13}$$

stellt eine partikulare Lösung der Differentialgleichung (A) dar; denn es ist

$$\frac{\partial u}{\partial t} = \frac{1}{\sqrt{t}}\left(\frac{x^2}{4a^2t^2} - \frac{1}{2t}\right) e^{-\frac{x^2}{4a^2t}},$$

$$\frac{\partial^2 u}{\partial x^2} = \frac{1}{a^2\sqrt{t}}\left(\frac{x^2}{4a^2t^2} - \frac{1}{2t}\right) e^{-\frac{x^2}{4a^2t}}.$$

---

[1]) Hinsichtlich der Frage, ob die in § 39 und § 40 gestellten Aufgaben nur eine Lösung besitzen, vgl. die Arbeiten von Doetsch (Bericht von Doetsch in Bd. 35 des Enseign. math.).

Demnach wird die Differentialgleichung (A) auch durch

$$\frac{1}{2a\sqrt{\pi t}} e^{-\frac{(\alpha-x)^2}{4a^2t}}$$

mit der willkürlichen Konstanten α befriedigt. Das Integral

$$(14) \qquad u = \frac{1}{2a\sqrt{\pi t}} \int_{-\infty}^{\infty} f(\alpha)\, e^{-\frac{(\alpha-x)^2}{4a^2t}}\, d\alpha$$

ist für $t > 0$ konvergent; die Ableitungen $\frac{\partial u}{\partial t}$ und $\frac{\partial^2 u}{\partial x^2}$ ergeben sich durch Differentiation unter dem Integralzeichen, so daß (14) der Differentialgleichung (A) genügt.

Durch die Substitution

$$\alpha = x + 2\beta a\sqrt{t},$$

welche an Stelle von α die neue Veränderliche β einführt, geht der Ausdruck (14) in

$$(15) \qquad u = \frac{1}{\sqrt{\pi}} \int_{-\infty}^{\infty} f(x + 2\beta a\sqrt{t})\, e^{-\beta^2}\, d\beta$$

über. Für $t \to 0$ ist

$$\lim u = \frac{f(x)}{\sqrt{\pi}} \int_{-\infty}^{\infty} e^{-\beta^2}\, d\beta = f(x),$$

wofür allerdings noch ein Beweis zu geben ist.

Demnach ist (14) oder (15) die verlangte Lösung der Differentialgleichung (A).

Um den angekündigten Beweis zu führen, setzen wir, indem wir die Formel

$$\frac{1}{\sqrt{\pi}} \int_{-\infty}^{\infty} e^{-\beta^2}\, d\beta = 1$$

berücksichtigen,

$$u - f(x) = \frac{1}{\sqrt{\pi}} \int_{-\infty}^{\infty} \left[f(x + 2\beta a\sqrt{t}) - f(x)\right] e^{-\beta^2} d\beta.$$

Indem wir unter x einen festen reellen Wert und unter L eine hinreichend große positive Größe verstehen, setzen wir

$$\int_{-\infty}^{\infty} = \int_{-\infty}^{x-L} + \int_{x-L}^{x+L} + \int_{x+L}^{\infty}.$$

Wegen der Beschränktheit der Funktion $f(x)$ ist

$$|f(x)| < M, \qquad |f(x + 2\beta a\sqrt{t})| < M,$$

also

$$\frac{1}{\sqrt{\pi}}\int_{-\infty}^{x-L}[f(x+2\beta a\sqrt{t}) - f(x)]\,e^{-\beta^2}\,d\beta < \frac{2M}{\sqrt{\pi}}\int_{-\infty}^{x-L} e^{-\beta^2}\,d\beta < \varepsilon,$$

$$\frac{1}{\sqrt{\pi}}\int_{x+L}^{\infty}[f(x+2\beta a\sqrt{t}) - f(x)]\,e^{-\beta^2}\,d\beta < \frac{2M}{\sqrt{\pi}}\int_{x+L}^{\infty} e^{-\beta^2}\,d\beta < \varepsilon,$$

wo ε beliebig klein gewählt werden kann, wenn man L hinreichend groß annimmt. Wegen der Stetigkeit der Funktion $f(x)$ können wir δ so klein annehmen, daß $|f(x \pm \delta) - f(x)| < \varepsilon$ ist. Nehmen wir t so klein, daß für $x - L \leq \beta \leq x + L$ $|2\beta a\sqrt{t}| < \delta$ ist, so haben wir

$$\frac{1}{\sqrt{\pi}}\int_{x-L}^{x+L}[f(x+2\beta a\sqrt{t}) - f(x)]\,e^{-\beta^2}\,d\beta < \frac{\varepsilon}{\sqrt{\pi}}\int_{-\infty}^{\infty} e^{-\beta^2}\,d\beta = \varepsilon.$$

Für hinreichend kleine positive Werte von t ist also

$$|u - f(x)| < 3\varepsilon,$$

d. h.

$$\lim_{t\to 0} u = f(x).$$

Zur Umformung des Ausdrucks (14) benutzen wir die Formel

$$\int_{-\infty}^{\infty} e^{-\lambda^2 + i\lambda z}\,d\lambda = \sqrt{\pi}\,e^{-\frac{z^2}{4}}, \tag{16}$$

welche, wenn man

$$\lambda = a\mu\sqrt{t}, \qquad z = \frac{a - x}{a\sqrt{t}}$$

setzt, in

$$e^{-\frac{(a-x)^2}{4a^2t}} = \frac{a\sqrt{t}}{\sqrt{\pi}}\int_{-\infty}^{\infty} e^{-a^2\mu^2 t + i\mu(a-x)}\,d\mu \tag{17}$$

übergeht. Unter Berücksichtigung dieser Formel wird der Ausdruck (14)

$$u = \frac{1}{2\pi}\int_{-\infty}^{\infty} f(a)\,da\int_{-\infty}^{\infty} e^{-a^2\mu^2 t + i\mu(a-x)}\,d\mu. \tag{18}$$

Wenn

$$\int_{-\infty}^{\infty} |f(a)|\, da$$

existiert, kann man die Reihenfolge der Integrationen umkehren; man erhält

(19) $$u = \frac{1}{2\pi} \int_{-\infty}^{\infty} e^{-a^2\mu^2 t}\, d\mu \int_{-\infty}^{\infty} f(a)\, e^{i\mu(a-x)}\, da.$$

Zur Formel (19) gelangt man auch durch die folgende (nur formal durchgeführte) Überlegung, welche den Fourierschen Integralsatz (§ 7) benutzt. Der Ausdruck

(20) $$u = e^{-a^2\mu^2 t}\, e^{i\mu x}$$

genügt der Differentialgleichung (A). Der mit einer Funktion $\psi(\mu)$ der reellen Veränderlichen μ multiplizierte Ausdruck (20) stellt ebenfalls eine Lösung von (A) dar, und das gleiche gilt für das (als konvergent vorausgesetzte) Integral

(21) $$u = \int_{-\infty}^{\infty} \psi(\mu)\, e^{-a^2\mu^2 t}\, e^{i\mu x}\, d\mu.$$

Damit u für $t \to 0$ in die gegebene Funktion $f(x)$ übergeht, muß

(22) $$f(x) = \int_{-\infty}^{\infty} \psi(\mu)\, e^{i\mu x}\, d\mu$$

sein. Wenn die Funktion $f(x)$ gewisse Bedingungen erfüllt, gilt der Fouriersche Integralsatz; es gilt die Formel (22), wo

(23) $$\psi(\mu) = \frac{1}{2\pi} \int_{-\infty}^{\infty} f(a)\, e^{-i\mu a}\, da$$

ist. Durch Einsetzen von (23) in (21) erhält man

$$u = \frac{1}{2\pi} \int_{-\infty}^{\infty} e^{-a^2\mu^2 t}\, d\mu \int_{-\infty}^{\infty} f(a)\, e^{i\mu(x-a)}\, da,$$

d. i. die Formel (19).

§ 41. Wärmeleitung in einem nichthomogenen Stabe.[1])

Für die Wärmebewegung in einem dünnen Stabe gilt die Differentialgleichung

(B) $$k \frac{\partial u}{\partial t} = \frac{\partial \left(p \frac{\partial u}{\partial x}\right)}{\partial x} - q u;$$

[1]) In § 41 und § 42 werden in § 23 behandelte Randwertaufgaben angewandt.

dabei ist u die Temperatur, welche zur Zeit t in dem im Abstand x vom einen Stabende befindlichen Querschnitt vorhanden ist, während die Temperatur der Umgebung gleich Null angenommen wird; k, p, q sind positive Größen, die wir von Null verschieden annehmen und die, wenn der Stab nicht homogen ist, Funktionen von x sind. Für die Endflächen des Stabes, dessen Länge l sei, gelten die Bedingungen

$$\left\{\begin{aligned} &\frac{\partial u}{\partial x} - hu = 0 \text{ für } x = 0, \\ &\frac{\partial u}{\partial x} + Hu = 0 \text{ ,, } x = l, \end{aligned}\right. \tag{24}$$

wo h und H positive konstante Größen sind; die Anfangsbedingung ist wieder

$$u = f(x) \text{ für } t = 0. \tag{25}$$

Wir haben eine Funktion u von t und x zu bestimmen, welche der Differentialgleichung (B) genügt und die Bedingungen (24) und (25) erfüllt.

Der Ausdruck

$$u = e^{-\lambda t} v \tag{26}$$

genügt der Differentialgleichung (B) und den Randbedingungen (24), wenn v eine Funktion von x ist, welche der Sturm-Liouvilleschen Differentialgleichung

$$\frac{d\left(p\dfrac{dv}{dx}\right)}{dx} + (k\lambda - q)\, v = 0 \tag{27}$$

und den Randbedingungen

$$\left\{\begin{aligned} &\frac{dv}{dx} - hv = 0 \text{ für } x = 0, \\ &\frac{dv}{dx} + Hv = 0 \text{ ,, } x = l \end{aligned}\right. \tag{28}$$

genügt (§ 23). Es sind unendlich viele Eigenwerte λ_n ($n = 1, 2, \ldots$) vorhanden, die sämtlich reell, positiv und einfach sind; die zugehörigen normierten Eigenfunktionen seien φ_n. Die Funktion $f(x)$ sei so beschaffen, daß für $0 \leq x \leq l$ die konvergente Reihenentwicklung

$$f(x) = \sum_{n=1}^{\infty} c_n \varphi_n(x), \qquad c_n = \int_0^l f(x)\, k(x)\, \varphi_n(x)\, dx \tag{29}$$

gilt. Die Lösung unserer Aufgabe wird dargestellt durch die Reihe

$$u = \sum_{n=1}^{\infty} c_n e^{-\lambda_n t} \varphi_n(x). \tag{30}$$

Es ist wie in § 39 zu zeigen, daß die Reihe (30) der Differentialgleichung (B) genügt und daß $\lim\limits_{t \to 0} u = f(x)$ ist.

§ 42. Wärmeleitung im Zylinder.

Für die Wärmeleitung in einem unendlich langen Zylinder gilt, wenn die Temperatur u außer von der Zeit t nur von der Entfernung r von der Zylinderachse abhängt, die Differentialgleichung

$$\frac{\partial u}{\partial t} = a^2 \left(\frac{\partial^2 u}{\partial r^2} + \frac{1}{r} \frac{\partial u}{\partial r} \right). \tag{C}$$

Auf der Zylinderfläche $r = 1$ habe die Temperatur beständig den Wert 0:

$$u = 0 \text{ für } r = 1. \tag{31}$$

Innerhalb des Zylinders sei die Anfangstemperatur gegeben:

$$u = f(r) \text{ für } t = 0. \tag{32}$$

Der Ausdruck

$$u = e^{-a^2 \lambda t} v \tag{33}$$

genügt der Differentialgleichung (C) und der Randbedingung (31), wenn v eine Funktion von r ist, welche der Differentialgleichung

$$\frac{d^2 v}{dr^2} + \frac{1}{r} \frac{dv}{dr} + \lambda v = 0 \tag{34}$$

und der Randbedingung

$$v = 0 \text{ für } r = 1 \tag{35}$$

genügt; dazu kommt die Bedingung, daß v für $r = 0$ endlich ist, denn für $r = 0$ muß u endlich sein.

Die Differentialgleichung (34) mit den angegebenen Randbedingungen hat nach § 23 unendlich viele reelle positive Eigenwerte, die Wurzeln der Gleichung $J_0(\sqrt{\lambda_n}) = 0$, welchen die Eigenfunktionen $J_0(r\sqrt{\lambda_n})$ oder die normierten Eigenfunktionen

$$\varphi_n(r) = \frac{\sqrt{2}\, J_0(r\sqrt{\lambda_n})}{J_0'(\sqrt{\lambda_n})}$$

entsprechen.

Als Lösung der Differentialgleichung (C) mit der Randbedingung (31) ergibt sich die Reihe

$$u = \sum_{n=1}^{\infty} c_n e^{-a^2 \lambda_n t} \varphi_n(r),$$

welche auch die Anfangsbedingung (32) erfüllt, wenn

$$f(r) = \sum_{n=1}^{\infty} c_n \varphi_n(r), \quad c_n = \int_0^1 r f(r) \varphi_n(r)\, dr$$

ist.

Indem wir $\sqrt{\lambda_n} = \nu_n$ setzen, so daß unter ν_n die positiven Wurzeln der Gleichung

(36) $$J_0(\nu_n) = 0$$

zu verstehen sind, schreiben wir die Lösung unserer Aufgabe in der Form

(37) $$u = 2 \sum_{n=1}^{\infty} e^{-a^2 \nu^2_n t} J_0(\nu_n r) \frac{\int_0^1 r f(r) J_0(\nu_n r)\, dr}{(J_0'(\nu_n))^2}.$$ [1])

Siebentes Kapitel.

Partielle Differentialgleichungen erster Ordnung mit zwei unabhängigen Veränderlichen.

§ 43. Beweis der Existenz der Integrale einer partiellen Differentialgleichung erster Ordnung.

Wir betrachten jetzt eine nichtlineare partielle Differentialgleichung erster Ordnung mit der abhängigen Veränderlichen z und den unabhängigen Veränderlichen x, y, d. h. eine Gleichung

(A) $$F(x, y, z, p, q) = 0,$$

wo

$$p = \frac{\partial z}{\partial x}, \quad q = \frac{\partial z}{\partial y}$$

ist. Unter einem Integral oder einer Lösung der Differentialgleichung (A) verstehen wir eine Funktion z von x, y, welche der Differentialgleichung genügt.

---

[1]) Die Theorie der Wärmeleitung behandelt Carslaw, Introduction to the mathematical theory of the conduction of heat in solids.

Wir lassen jetzt nicht nur reelle, sondern auch komplexe Werte von x, y, z zu und setzen sowohl die gegebenen als auch die gesuchten Funktionen als **analytisch** voraus.

Wir verstehen unter $F(x, y, z, p, q)$ eine analytische Funktion von x, y, z, p, q, welche sich in der Umgebung der Stelle $x = x_0, y = y_0, z = z_0, p = p_0, q = q_0$ regulär verhält, an dieser Stelle verschwindet und eine von Null verschiedene Ableitung $\frac{\partial F}{\partial q}$ besitzt. Dann läßt sich die Differentialgleichung (A) auf die Form

$$(1) \qquad q = f(x, y, z, p)$$

bringen, wo f eine analytische Funktion der beigefügten vier Argumente ist, welche sich in der Umgebung der Stelle $x = x_0, y = y_0, z = z_0, p = p_0$ regulär verhält und an dieser Stelle den Wert $q = q_0$ annimmt. Es sei eine analytische Funktion $\varphi(x)$ der Veränderlichen x gegeben, welche in der Umgebung von $x = x_0$ regulär ist; es sei $\varphi(x_0) = z_0, \varphi'(x_0) = p_0$. Wir suchen die Differentialgleichung (1) durch eine analytische Funktion z der beiden unabhängigen Veränderlichen x, y zu befriedigen, welche sich in der Umgebung der Stelle $x = x_0, y = y_0$ regulär verhält und sich für $y = y_0$ auf die gegebene Funktion $\varphi(x)$ reduziert.

Wir nehmen, was keine Beschränkung der Allgemeinheit darstellt, $x_0 = 0, y_0 = 0$ an und führen die Gleichung (1) durch die Substitution

$$z = \bar{z} + \varphi(x) + A y, \quad A = f[0, 0, \varphi(0), \varphi'(0)]$$

in die Gleichung

$$\frac{\partial \bar{z}}{\partial y} = f\left(x, y, A y + \varphi + \bar{z}, \frac{d\varphi}{dx} + \frac{\partial \bar{z}}{\partial x}\right) - f[0, 0, \varphi(0), \varphi'(0)]$$

über, deren rechte Seite an der Stelle $x = 0, y = 0, \bar{z} = 0, \frac{\partial \bar{z}}{\partial x} = 0$ verschwindet und in der Umgebung dieser Stelle regulär ist; es handelt sich um eine Lösung z dieser Gleichung, welche sich in der Umgebung der Stelle $x = 0, y = 0$ regulär verhält und für $y = 0$ (identisch in x) verschwindet. Indem wir statt $\bar{z}$ wieder z schreiben, haben wir eine Differentialgleichung von der Form

$$(2) \qquad q = f(x, y, z, p),$$

wo f in eine Potenzreihe der beigefügten vier Argumente entwickelbar ist, welche für $x = 0, y = 0, z = 0, p = 0$ verschwindet; wir suchen eine der Differentialgleichung (2) genügende Funktion z von x, y, welche in der Umgebung der Stelle $x = 0, y = 0$ regulär ist und für $y = 0$ (identisch in x) verschwindet.

Für diese Funktion ist[1])

$$\left(\frac{\partial^\mu z}{\partial x^\mu}\right)_0 = 0,$$

wo μ eine ganze positive Zahl einschließlich 0 ist. Aus der Gleichung (2) folgt

$$\left(\frac{\partial z}{\partial y}\right)_0 = 0.$$

Indem man die Gleichung (2) μ-mal partiell nach x differentiiert und sodann $x = y = 0$ setzt, erhält man

$$\left(\frac{\partial^{\mu+1} z}{\partial x^\mu \partial y}\right)_0.$$

Indem man die partiell nach y differentiierte Gleichung (2) ebenso behandelt wie die Gleichung (2) selbst, ergibt sich

$$\left(\frac{\partial^{\mu+2} z}{\partial x^\mu \partial y^2}\right)_0.$$

Fährt man so fort, so erhält man sämtliche Differentialquotienten

$$\left(\frac{\partial^{\mu+\nu} z}{\partial x^\mu \partial y^\nu}\right)_0 \qquad (\mu, \nu = 0, 1, 2, \ldots)$$

aus den Koeffizienten der Potenzreihe $f(x, y, z, p)$ durch die Operationen der Addition und Multiplikation.

Wir müssen nachweisen, daß die Reihe

$$z = \sum \frac{1}{\mu!\,\nu!}\left(\frac{\partial^{\mu+\nu} z}{\partial x^\mu \partial y^\nu}\right)_0 x^\mu y^\nu \tag{3}$$

konvergent ist, so lange die absoluten Beträge von x, y hinreichend klein sind.

Da die Koeffizienten dieser Potenzreihe eindeutig bestimmt sind, so kann nicht mehr als ein reguläres Integral z von (2) vorhanden sein, welches für $y = 0$ verschwindet.

Wir nehmen an, die Potenzreihe für die Funktion $f(x, y, z, p)$ sei für $|x| \leq \varrho$, $|y| \leq \varrho$, $|z| \leq \varrho$, $|p| \leq R$ absolut konvergent. Die Funktion

$$\Phi(x, y, z, p) = \frac{M}{\left(1-\frac{x}{\varrho}\right)\left(1-\frac{y}{\varrho}\right)\left(1-\frac{z}{\varrho}\right)\left(1-\frac{p}{R}\right)} - M, \tag{4}$$

worin $M > 0$ hinreichend groß ist, läßt sich, so lange $|x| < \varrho$, $|y| < \varrho$, $|z| < \varrho$, $|p| < R$ ist, in eine Potenzreihe von x, y, z, p entwickeln, in

[1]) Der Wert, welchen eine Funktion ψ von x, y für $x = 0$, $y = 0$ annimmt, wird mit $(\psi)_0$ bezeichnet.

welcher das konstante Glied verschwindet, während die übrigen Koeffizienten positiv und nicht kleiner sind als die absoluten Beträge der entsprechenden Koeffizienten in der Reihenentwicklung der Funktion $f(x, y, z, p)$.[1]) Die Funktion Φ kann durch die Funktion

$$\Psi(x, y, z, p) = \frac{M}{\left(1 - \frac{x+y+z}{\varrho}\right)\left(1 - \frac{p}{R}\right)} - M \tag{5}$$

ersetzt werden; denn Ψ läßt sich, wenn die absoluten Beträge von x, y, z kleiner als ϱ und der absolute Betrag von p kleiner als R ist, in eine Potenzreihe von x, y, z, p ohne konstantes Glied entwickeln, deren Koeffizienten positiv und nicht kleiner sind als die entsprechenden Koeffizienten der Potenzreihenentwicklung von Φ. Wir können weiterhin, indem wir $0 < a < 1$ annehmen, $\Psi(x, y, z, p)$ durch die Funktion

$$\left\{ V(x, y, z, p) = \frac{M}{\left(1 - \frac{x + \frac{y}{a} + z}{\varrho}\right)\left(1 - \frac{p}{R}\right)} - M \right. \tag{6}$$

ersetzen, deren Koeffizienten positiv und nicht kleiner sind als die entsprechenden Koeffizienten von Ψ.

Für ein Integral z der Gleichung

$$q = V(x, y, z, p), \tag{7}$$

welches in der Umgebung von $x = 0$, $y = 0$ regulär ist und für $y = 0$ verschwindet, erhält man durch das oben beschriebene Verfahren eine Reihe S', deren Koeffizienten positiv und größer sind als die absoluten Beträge der entsprechenden Koeffizienten der aus der Gleichung (2) erhaltenen Reihe S.

Wir zeigen zunächst, daß die Differentialgleichung (7) durch eine (für $y = 0$ **nicht** verschwindende) in der Umgebung von $x = 0$, $y = 0$ konvergente Potenzreihe S'' mit lauter positiven Koeffizienten befriedigt wird.

Läßt sich die Gleichung (7) durch eine Potenzreihe z von $u = ax + y$ befriedigen, so muß

$$\frac{\partial z}{\partial x} = a\frac{dz}{du}, \quad \frac{\partial z}{\partial y} = \frac{dz}{du}$$

sein, also

$$\frac{dz}{du} = \frac{M}{\left(1 - \frac{\frac{u}{a} + z}{\varrho}\right)\left(1 - \frac{a}{R}\frac{dz}{du}\right)} - M$$

[1]) Vgl. etwa Gewöhnl. Differentialgl., 1. Aufl., S. 9 (Samml. Schubert).

oder

$$\left(1-\frac{Ma}{R}\right)\frac{dz}{du}-\frac{a}{R}\left(\frac{dz}{du}\right)^2=\frac{M}{1-\frac{\frac{u}{a}+z}{\varrho}}-M, \tag{8}$$

wo die rechte Seite in eine Potenzreihe von u und z mit lauter positiven Koeffizienten entwickelt werden kann; a werde so klein gewählt, daß

$$1-\frac{Ma}{R}>0$$

ist; nimmt man an, daß für $u=0$ $z=0$, $\frac{dz}{du}=0$ sei, so kann man der Gleichung (8) durch Auflösung nach $\frac{dz}{du}$ die Form

$$\frac{dz}{du}=\varphi(u,z) \tag{9}$$

geben, wo φ eine für $u=0$, $z=0$ verschwindende Potenzreihe darstellt. Daß die Koeffizienten dieser Potenzreihe positiv sind, erkennt man, wenn man sie nach der Methode der unbestimmten Koeffizienten berechnet. Die gewöhnliche Differentialgleichung (9) wird durch eine in der Umgebung von $u=0$ reguläre Funktion z von u befriedigt, welche für $u=0$ verschwindet;[1]) setzt man in (9) $u=0$, $z=0$, so wird $\left(\frac{dz}{du}\right)_0=0$; wenn man nach u differentiiert und $u=0$ setzt, erhält man für $\left(\frac{d^2z}{du^2}\right)_0$ einen positiven Wert usw.; die fragliche Lösung von (9) läßt also eine Reihenentwicklung

$$z=\frac{1}{2!}\left(\frac{d^2z}{du^2}\right)_0 u^2+\cdots \tag{10}$$

mit lauter positiven Koeffizienten zu. Setzt man darin $u=ax+y$, so hat man eine Potenzreihe mit lauter positiven Koeffizienten, welche der Differentialgleichung (7) genügt. Die Eigenschaft, für $y=0$ zu verschwinden, kommt der Reihe S'' nicht zu.

Die Koeffizienten der Reihe S'' sind größer als die entsprechenden Koeffizienten der Reihe S', denn die Koeffizienten von x^μ ($\mu\geq 2$) in S'' sind positiv, während die entsprechenden Koeffizienten in S' gleich Null sind, und die übrigen Koeffizienten leiten sich aus den Koeffizienten von x^μ bei S' und S'' in gleicher Weise durch Addition und Multiplikation ab.

[1]) Gewöhnl. Differentialgl., 4. Aufl., S. 104.

Die positiven Koeffizienten der konvergenten Reihe S'' sind also größer als die absoluten Beträge der Koeffizienten der Reihe S; folglich ist auch die Reihe S konvergent, wenn die absoluten Beträge von x und y hinreichend klein sind.

Hiermit ist der folgende Satz bewiesen:

In der partiellen Differentialgleichung erster Ordnung (A) *sei* $F(x, y, z, p, q)$ *eine analytische Funktion, welche an der Stelle* $x = x_0$, $y = y_0$, $z = z_0$, $p = p_0$, $q = q_0$, *in deren Umgebung sie sich regulär verhält, verschwindet, während die Ableitung* $\frac{\partial F}{\partial q}$ *an dieser Stelle von Null verschieden ist. Es sei eine analytische Funktion* $\varphi(x)$ *gegeben, welche in der Umgebung von* $x = x_0$ *regulär ist; es sei* $\varphi(x_0) = z_0$, $\varphi'(x_0) = p_0$. *Die Differentialgleichung* (A) *wird durch eine einzige analytische Funktion* $z = \Phi(x, y)$ *befriedigt, welche sich in der Umgebung der Stelle* $x = x_0$, $y = y_0$ *regulär verhält und für* $y = y_0$ *in die gegebene Funktion* $\varphi(x)$ *übergeht.*

§ 44. Integralfläche, welche durch eine gegebene Kurve geht.

Wir benutzen eine geometrische Ausdrucksweise, indem wir x, y, z als rechtwinklige Koordinaten eines Punktes im Raume auffassen, wodurch komplexe Werte von x, y, z nicht ausgeschlossen sind. Ist

$$z = \Phi(x, y) \tag{11}$$

eine der Differentialgleichung (A) genügende Funktion, so stellt die Gleichung (11) eine Integralfläche der partiellen Differentialgleichung (A) dar.

Unter einem Flächenelement im Raume verstehen wir den Inbegriff eines Punktes und einer durch den Punkt gehenden Ebene. Da es im Raume ∞^3 Punkte gibt und durch jeden Punkt ∞^2 Ebenen gehen, so sind ∞^5 Flächenelemente im Raume vorhanden. Die Gleichung einer Ebene, welche durch den Punkt (x, y, z) geht, schreiben wir, indem wir die laufenden Koordinaten mit ξ, η, ζ bezeichnen, in der Form

$$\zeta - z = p(\xi - x) + q(\eta - y),$$

so daß die Stellungskosinus der Ebene den Größen p, q, -1 proportional sind. Die Stellung der Ebene ist also durch die Größen p, q bestimmt. Die fünf Größen x, y, z, p, q werden die Koordinaten des Flächenelements genannt, welches aus dem Punkt (x, y, z) und der angegebenen Ebene besteht.

Die Fläche $z = \Phi(x, y)$ enthält ∞^2 Punkte (x, y, z); jedem dieser Punkte ordnen wir die Tangentialebene zu, so daß

$$p = \frac{\partial \Phi}{\partial x}, \quad q = \frac{\partial \Phi}{\partial y}$$

ist. Einer Fläche gehören demnach ∞^2 Flächenelemente an. Die Fläche $z = \Phi(x, y)$ ist eine Integralfläche der partiellen Differentialgleichung (A), wenn ihre sämtlichen Elemente (x, y, z, p, q) der Gleichung (A) genügen.

Erfüllt die Funktion $z = \Phi(x, y)$ die Anfangsbedingung

$$z = \varphi(x), \quad y = y_0, \tag{12}$$

so geht die Integralfläche (11) durch die Kurve (12). Die analytische Funktion $\varphi(x)$ sei wie in § 43 an der Stelle $x = x_0$ regulär und es sei $z_0 = \varphi(x_0)$, $p_0 = \varphi'(x_0)$, während q_0 der Gleichung $F(x_0, y_0, z_0, p_0, q_0) = 0$ genüge; an der Stelle $x = x_0$, $y = y_0$, $z = z_0$, $p = p_0$, $q = q_0$ sei die Funktion $F(x, y, z, p, q)$ regulär und $\frac{\partial F}{\partial q}$ von Null verschieden. Dann geht nach dem in § 43 ausgesprochenen Satze durch die Kurve (12) eine und nur eine Integralfläche $z = \Phi(x, y)$, wo $\Phi(x, y)$ eine in der Umgebung der Stelle $x = x_0$, $y = y_0$ reguläre analytische Funktion ist.

Bisher lag die gegebene Kurve (12) in einer zur xz-Ebene parallelen Ebene. Es bleibt noch zu untersuchen, ob durch eine beliebige analytische Kurve eine und nur eine analytische Integralfläche hindurchgeht.

Wir benutzen die Bezeichnung

$$X = \frac{\partial F}{\partial x}, \quad Y = \frac{\partial F}{\partial y}, \quad Z = \frac{\partial F}{\partial z}, \quad P = \frac{\partial F}{\partial p}, \quad Q = \frac{\partial F}{\partial q}. \tag{13}$$

Es sei eine Kurve C durch die Gleichungen

$$x = f_1(u), \; y = f_2(u), \; z = f_3(u) \tag{14}$$

dargestellt, wo f_1, f_2, f_3 analytische Funktionen von u sind, welche sich in der Umgebung von $u = u_0$ regulär verhalten und für $u = u_0$ die Werte x_0, y_0, z_0 annehmen, während $f_1'(u_0)\, f_2'(u_0)\, f_3'(u_0)$, nicht sämtlich verschwinden. Ist $f_1'(u_0)$ von Null verschieden, so lassen sich die Gleichungen (14) durch Elimination von u auf die Form

$$y = f(x), \; z = g(x) \tag{15}$$

bringen, wo sich $f(x)$, $g(x)$ in der Umgebung von $x = x_0$ regulär verhalten und für $x = x_0$ die Werte $y = y_0$, $z = z_0$ annehmen.

Für eine durch die Kurve C gehende Integralfläche $z = \Phi(x, y)$ sei

$$p = \frac{\partial \Phi}{\partial x}, \; q = \frac{\partial \Phi}{\partial y}; \; r = \frac{\partial^2 \Phi}{\partial x^2}, \; s = \frac{\partial^2 \Phi}{\partial x \partial y}, \; t = \frac{\partial^2 \Phi}{\partial y^2}.$$

Um die Werte von p, q in einem beliebigen Punkt der Kurve C zu berechnen, haben wir die Gleichungen

$$\left\{ \begin{array}{l} F(x, y, z, p, q) = 0, \\ p\,dx + q\,dy - dz = 0, \end{array} \right. \tag{16}$$

wo für x, y, z die Funktionen (14) von u zu setzen sind. Die in Bezug auf p, q gebildete Funktionaldeterminante der linken Seiten dieser beiden Gleichungen ist

$$\Delta = \begin{vmatrix} P, & Q \\ dx, & dy \end{vmatrix} = P dy - Q dx. \tag{17}$$

Wir nehmen an, für ein den Gleichungen (16) genügendes Wertsystem p, q verschwinde Δ nicht identisch in u. Die Werte von r, s, t in einem Punkte der Kurve C genügen den Gleichungen

$$dp = r\,dx + s\,dy, \quad dq = s\,dx + t\,dy$$

und den Gleichungen

$$\begin{aligned} X + Zp + Pr + Qs &= 0, \\ Y + Zq + Ps + Qt &= 0, \end{aligned}$$

welche man erhält, indem man die Gleichung (A) partiell nach x bzw. nach y differentiiert. Wenn man die beiden letzten Gleichungen mit dx bzw. dy multipliziert und addiert, erhält man die Gleichung

$$\begin{aligned} X\,dx + Y\,dy + Z(p\,dx + q\,dy) + P\,(r\,dx + s\,dy) + Q\,(s\,dx + t\,dy) \\ = X\,dx + Y\,dy + Z\,dz + P\,dp + Q\,dq \\ = dF\,(x, y, z, p, q) = 0. \end{aligned}$$

Unter den obigen vier Gleichungen finden sich also nur die drei unabhängigen

$$\left\{\begin{aligned} r\,dx + s\,dy \qquad &= dp, \\ s\,dx + t\,dy &= dq, \\ rP + sQ \qquad &= -X - pZ, \end{aligned}\right. \tag{18}$$

aus welchen sich bestimmte Werte von r, s, t ergeben, da die Determinante

$$\begin{vmatrix} dx, & dy, & 0 \\ 0, & dx, & dy \\ P, & Q, & 0 \end{vmatrix} = \Delta\,dy$$

von Null verschieden ist.[1]) Fährt man so fort, so findet man für alle partiellen Ableitungen von z nach x und y bestimmte endliche Werte.

Es fragt sich, ob die Reihe

$$z = z_0 + p_0\,(x - x_0) + q_0\,(y - y_0) + \tfrac{1}{2}\,r_0\,(x - x_0)^2 + \cdots$$

in der Umgebung der Stelle $x = x_0$, $y = y_0$ konvergiert; dabei ist (x_0, y_0, z_0) ein Punkt der Kurve C, und $p_0, q_0, r_0, \ldots$ sind die zugehörigen Werte der partiellen Ableitungen der Funktion z nach x und y.

---

[1]) Ist längs der gegebenen Kurve y konstant, so liegt der bereits erledigte Fall der Kurve $z = \varphi(x)$, $y = y_0$ vor; wir können also dy von Null verschieden voraussetzen.

Die Gleichungen der Kurve C seien auf die Form (15) gebracht; $\varDelta$ sei in dem Kurvenpunkt mit der Koordinate $x = x_0$ von Null verschieden. Wir wenden die Substitution

$$\mathfrak{x} = x, \quad \mathfrak{y} = y - f(x), \quad \mathfrak{z} = z - g(x)$$

an und setzen

$$\mathfrak{p} = \frac{\partial \mathfrak{z}}{\partial \mathfrak{x}}, \quad \mathfrak{q} = \frac{\partial \mathfrak{z}}{\partial \mathfrak{y}}.$$

Die Gleichung

$$d\mathfrak{z} = \mathfrak{p}\, d\mathfrak{x} + \mathfrak{q}\, d\mathfrak{y}$$

geht, wenn man $\mathfrak{x}$, $\mathfrak{y}$, $\mathfrak{z}$ durch x, y, z ausdrückt, in

$$dz - g'(x)\, dx = \mathfrak{p}\, dx + \mathfrak{q}\, [dy - f'(x)\, dx]$$

oder

$$dz = (\mathfrak{p} - \mathfrak{q} f'(x) + g'(x))\, dx + \mathfrak{q}\, dy$$

über; daraus folgt

$$p = \mathfrak{p} - \mathfrak{q} f'(x) + g'(x), \quad q = \mathfrak{q}$$

oder

$$\mathfrak{p} = p + q f'(x) - g'(x), \quad \mathfrak{q} = q.$$

Die Differentialgleichung (A) geht durch Einführung von $\mathfrak{x}$, $\mathfrak{y}$, $\mathfrak{z}$ in

$$\mathfrak{F}(\mathfrak{x}, \mathfrak{y}, \mathfrak{z}, \mathfrak{p}, \mathfrak{q}) = 0$$

über, während die Kurve C die Gleichungen $\mathfrak{y} = 0$, $\mathfrak{z} = 0$ erhält. Wir haben eine Funktion $\mathfrak{z}$ von $\mathfrak{x}$, $\mathfrak{y}$ zu suchen, welche der Differentialgleichung $\mathfrak{F} = 0$ genügt und für $\mathfrak{y} = 0$ den Wert $\mathfrak{z} = 0$ annimmt.

Aus den obigen Ausdrücken von p, q durch $\mathfrak{p}$, $\mathfrak{q}$ folgt

$$\frac{\partial \mathfrak{F}}{\partial \mathfrak{p}} = \frac{\partial F}{\partial p}, \quad \frac{\partial \mathfrak{F}}{\partial \mathfrak{q}} = \frac{\partial F}{\partial q} - \frac{\partial F}{\partial p} f'(x);$$

da $d\mathfrak{x} = dx$, $d\mathfrak{y} = dy - f'(x)\, dx$ ist, so ist

$$\frac{d\mathfrak{F}}{\partial \mathfrak{p}} d\mathfrak{y} - \frac{\partial \mathfrak{F}}{\partial \mathfrak{q}} d\mathfrak{x} = \frac{\partial F}{\partial p} dy - \frac{\partial F}{\partial q} dx = \varDelta.$$

Längs der Kurve C, der $\mathfrak{x}$-Achse, ist $\mathfrak{y} = 0$, also $d\mathfrak{y} = 0$ und

$$\varDelta = -\frac{\partial \mathfrak{F}}{\partial \mathfrak{q}} d\mathfrak{x}.$$

Nun ist aber $\varDelta$, also auch $\frac{\partial \mathfrak{F}}{\partial \mathfrak{q}}$, von Null verschieden, so daß sich die Gleichung $\mathfrak{F} = 0$ nach $\mathfrak{q}$ auflösen läßt. Nach dem in § 43 ausgesprochenen Satze besitzt die Gleichung $\mathfrak{F} = 0$ eine in der Umgebung der Stelle $\mathfrak{x} = x_0$, $\mathfrak{y} = 0$ reguläre Lösung $\mathfrak{z}$, welche für $\mathfrak{y} = 0$ den Wert $\mathfrak{z} = 0$ annimmt.

§ 45. Die Charakteristiken einer partiellen Differentialgleichung erster Ordnung.

Die durch die Gleichungen

(19) $$x = f_1(u),\ y = f_2(u),\ z = f_3(u),\ p = f_4(u),\ q = f_5(u)$$

mit dem veränderlichen Parameter u dargestellte einfache Mannigfaltigkeit von Flächenelementen (x, y, z, p, q) wird als **Streifen** bezeichnet, wenn sie der Gleichung

(20) $$dz = p\,dy + q\,dy$$

genügt. Wenn x, y, z nicht sämtlich von u unabhängig sind, stellen die drei Gleichungen

$$x = f_1(u),\ y = f_2(u),\ z = f_3(u)$$

eine Kurve dar, deren Tangente im Punkt (x, y, z) in der Ebene

$$\zeta - z = p(\xi - x) + q(\eta - y) \cdot$$

liegt.

Gehört der Streifen (19) einer Integralfläche der partiellen Differentialgleichung (A) an, so ist infolge von (19) außer der Gleichung (20) auch die Gleichung (A) erfüllt. Wir haben gesehen, daß durch einen solchen Streifen eine Integralfläche vollständig bestimmt ist, falls $P\,dy - Q\,dx$ von Null verschieden ist. Wenn es also eine Kurve gibt, längs welcher sich mehrere Integralflächen berühren, oder mit anderen Worten, wenn es einen Streifen gibt, welcher mehreren Integralflächen gemeinsam ist, so muß dieser Streifen außer den Gleichungen (A) und (20) auch der Gleichung

(21) $$P\,dy - Q\,dx = 0$$

genügen.

Ein Streifen, welcher die Gleichung (21) befriedigt und einer Integralfläche von (A) angehört (die sich in der Nähe der Punkte des Streifens regulär[1]) verhält), wird charakteristischer Streifen oder Charakteristik genannt.

Längs einer Charakteristik gelten die Gleichungen (20) und 21), sowie die Gleichungen, welche man erhält, indem man die Gleichung $F = 0$ partiell nach x bzw. y differentiert. Die letzteren Gleichungen lauten, wenn man

$$r = \frac{\partial^2 z}{\partial x^2},\quad s = \frac{\partial^2 z}{\partial x\,\partial y},\quad t = \frac{\partial^2 z}{\partial y^2}$$

setzt,

$$X + pZ + rP + sQ = 0,$$
$$Y + qZ + sP + tQ = 0.$$

---

[1]) Ein Punkt (x_0, y_0, z_0) der Fläche $f(x, y, z) = 0$ heißt regulär, wenn sich für die benachbarten Flächenpunkte (x, y, z) eine der drei Differenzen $x - x_0$, $y - y_0$, $z - z_0$ (wir nehmen an, die dritte) als Potenzreihe der beiden anderen darstellen läßt.

Ferner ist

$$dp = r\,dx + s\,dy, \quad dq = s\,dx + t\,dy$$

oder, wenn man die Gleichung (21) unter Einführung einer Hilfsveränderlichen u durch die beiden Gleichungen

$$dx = P\,du, \quad dy = Q\,du$$

ersetzt,

$$dp = (rP + sQ)\,du, \quad dq = (sP + tQ)\,du$$

oder

(22) $$dp = -(X + pZ)\,du, \quad dq = -(Y + qZ)\,du.$$

Längs einer Charakteristik gelten die Gleichungen

(23) $$\begin{cases} \dfrac{dx}{du} = P, \quad \dfrac{dy}{du} = Q, \quad \dfrac{dz}{du} = pP + qQ, \\[2mm] \dfrac{dp}{du} = -(X + pZ), \quad \dfrac{dq}{du} = -(Y + qZ) \end{cases}$$

oder

(24) $$\frac{dx}{P} = \frac{dy}{Q} = \frac{dz}{pP + qQ} = -\frac{dp}{X + pZ} = -\frac{dq}{Y + qZ}.$$

Ein Wertsystem $x = x_0$, $y = y_0$, $z = z_0$, $p = p_0$, $q = q_0$, welches nicht nur der Gleichung $F = 0$, sondern auch den Gleichungen

(25) $$P = 0, \quad Q = 0, \quad X + pZ = 0, \quad Y + qZ = 0$$

genügt, für welches also die rechten Seiten der Gleichungen (23) sämtlich verschwinden, stellt in Bezug auf die Differentialgleichungen (23) oder (24) ein singuläres Wertsystem dar; demgemäß wird das Flächenelement $(x_0, y_0, z_0, p_0, q_0)$ als **singuläres Flächenelement** bezeichnet.

Ist $(x_0, y_0, z_0, p_0, q_0)$ ein nichtsinguläres Flächenelement, welches der Gleichung $F = 0$ genügt, so besitzen die Differentialgleichungen (23) eine und nur eine Lösung

(26) $$\begin{cases} x = \varphi_1(u, x_0, y_0, z_0, p_0, q_0), \\ y = \varphi_2(u, x_0, y_0, z_0, p_0, q_0), \\ z = \varphi_3(u, x_0, y_0, z_0, p_0, q_0), \\ p = \varphi_4(u, x_0, y_0, z_0, p_0, q_0), \\ q = \varphi_5(u, x_0, y_0, z_0, p_0, q_0), \end{cases}$$

welche die Anfangsbedingungen $x = x_0$, $y = y_0$, $z = z_0$, $p = p_0$, $q = q_0$ für $u = 0$ erfüllt. Die Funktionen $\varphi_1, \ldots, \varphi_5$ sind in der Umgebung von $u = 0$ regulär und reduzieren sich für $u = 0$ bzw. auf $x_0, \ldots, q_0$; sie sind analytische Funktionen von $u, x_0, y_0, z_0, p_0, q_0$, welche in der Umgebung der Werte $u = 0$, $x_0 = \mathfrak{x}_0$, $y_0 = \mathfrak{y}_0$, $z_0 = \mathfrak{z}_0$, $p_0 = \mathfrak{p}_0$, $q_0 = \mathfrak{q}_0$ regulär sind, wenn unter $(\mathfrak{x}_0, \mathfrak{y}_0, \mathfrak{z}_0, \mathfrak{p}_0, \mathfrak{q}_0)$ ein der Gleichung $F = 0$ genügendes nichtsinguläres Flächenelement verstanden wird.

Versteht man unter $x_0, \ldots, q_0$ feste Werte, so stellen die drei ersten Gleichungen (26) im allgemeinen eine Kurve dar; durch die beiden letzten Gleichungen (26) wird jedem Punkt (x, y, z) dieser charakteristischen Kurve ein Flächenelement (x, y, z, p, q) zugeordnet; die ∞^1 Flächenelemente, welche durch die Gleichungen (26) dargestellt werden, bilden einen charakteristischen Streifen.

Von jedem nichtsingulären Flächenelement, welches der Gleichung $F = 0$ genügt, geht eine und nur eine Charakteristik aus.

Die Differentialgleichungen (23) besitzen das Integral

$$F(x, y, z, p, q) = \text{Const.},$$

denn es ist

$$\frac{dF}{du} = X\frac{dx}{du} + Y\frac{dy}{du} + Z\frac{dz}{du} + P\frac{dp}{du} + Q\frac{dq}{du}$$

$$= XP + YQ + Z(pP + qQ) - P(X + pZ) - Q(Y + qZ) = 0.$$

Genügen also die zu $u = 0$ gehörigen Werte $x = x_0$, $y = y_0$, $z = z_0$, $p = p_0$, $q = q_0$ der Bedingung

$$F(x_0, y_0, z_0, p_0, q_0) = 0,$$

so ist längs des ganzen von dem Flächenelement $(x_0, y_0, z_0, p_0, q_0)$ ausgehenden charakteristischen Streifens

$$F(x, y, z, p, q) = 0.$$

In den Gleichungen eines charakteristischen Streifens sind die zum Wert $x = x_0$ gehörigen Werte y_0, z_0, p_0, q_0, zwischen welchen die Gleichung $F(x_0, y_0, z_0, p_0, q_0) = 0$ besteht, als willkürliche Konstante anzusehen. Demnach sind drei willkürliche Konstante vorhanden, so daß die Gleichungen (26) ∞^3 charakteristische Streifen darstellen. Im allgemeinen hängen auch die Funktionen $\varphi_1, \varphi_2, \varphi_3$ von drei willkürlichen Konstanten ab, so daß durch die drei ersten Gleichungen (26) ∞^3 charakteristische Kurven dargestellt werden und jeder charakteristischen Kurve ein einziger charakteristischer Streifen entspricht.

Es kann vorkommen, daß sämtliche Flächenelemente (x, y, z, p, q) einer Integralfläche der Differentialgleichung (A) singulär sind, d. h. den Gleichungen (25)

$$P = 0, \quad Q = 0, \quad X + pZ = 0, \quad Y + qZ = 0$$

genügen.

Eine Lösung der partiellen Differentialgleichung (A), welche zugleich den Gleichungen (25) genügt, wird eine singuläre Lösung genannt.

Im allgemeinen ist keine Funktion z von x, y vorhanden, welche den fünf Gleichungen (A) und (25) genügt. Eine Differentialgleichung erster Ordnung besitzt im allgemeinen keine singuläre Lösung.

Eine Lösung $z = \Phi(x, y)$ von (A) kann auf dem in § 43 beschriebenen Wege nicht erhalten werden, wenn sie den beiden Gleichungen $P = 0$,

$Q = 0$ genügt. Wenn man die Gleichung (A) partiell nach x, y differentiiert und dabei beachtet, daß z, p, q von x, y abhängen, erhält man die Gleichungen

$$X + Zp + P\frac{\partial p}{\partial x} + Q\frac{\partial q}{dx} = 0,$$

$$Y + Zq + P\frac{\partial p}{\partial y} + Q\frac{\partial q}{\partial y} = 0,$$

welche, wenn $P = 0$, $Q = 0$ ist, in die beiden letzten Gleichungen (25)

$$X + pZ = 0, \qquad Y + qZ = 0$$

übergehen.

§ 46. Cauchys Methode der Integration der partiellen Differentialgleichung erster Ordnung vermittels der Charakteristiken.

Die Gleichungen

$$(27) \quad x_0 = f_1(v), \quad y_0 = f_2(v), \quad z_0 = f_3(v), \quad p_0 = f_4(v), \quad q_0 = f_5(v)$$

mit dem veränderlichen Parameter v stellen einen Streifen von Flächenelementen $(x_0, y_0, z_0, p_0, q_0)$ dar, wenn vermöge (27)

$$dz_0 = p_0\,dx_0 + q_0\,dy_0$$

ist. Der Streifen möge überdies der Gleichung

$$F(x_0, y_0, z_0, p_0, q_0) = 0$$

genügen. Jedes Flächenelement (x, y, z, p, q) der von dem Element $(x_0, y_0, z_0, p_0, q_0)$ ausgehenden Charakteristik (26) genügt dann der Gleichung

$$F(x, y, z, p, q) = 0.$$

Die Gleichungen

$$(28) \quad \begin{cases} x = \varphi_1(u, f_1(v), \ldots, f_5(v)), \\ \cdots\cdots\cdots\cdots\cdots\cdots \\ q = \varphi_5(u, f_1(v), \ldots, f_5(v)) \end{cases}$$

stellen eine Mannigfaltigkeit von Flächenelementen (x, y, z, p, q) dar, welche sämtlich der Gleichung $F(x, y, z, p, q) = 0$ genügen. Die Mannigfaltigkeit (28) ist dann und nur dann zweifach, wenn von den aus dem Schema

$$\left\| \begin{matrix} \frac{\partial x}{\partial u}, & \frac{\partial y}{\partial u}, & \frac{\partial z}{\partial u}, & \frac{\partial p}{\partial u}, & \frac{\partial q}{\partial u} \\[2ex] \frac{\partial x}{\partial v}, & \frac{\partial y}{\partial v}, & \frac{\partial z}{\partial v}, & \frac{\partial p}{\partial v}, & \frac{\partial q}{\partial v} \end{matrix} \right\|$$

gebildeten Determinanten zweiten Grades mindestens eine nicht identisch in u und v verschwindet. Auf Grund der Differentialgleichungen (23) ist

$$\frac{\partial x}{\partial u} = P, \quad \frac{\partial y}{\partial u} = Q, \quad \frac{\partial z}{\partial u} = pP + qQ,$$

$$\frac{\partial p}{\partial u} = -(X + pZ), \quad \frac{\partial q}{\partial u} = -(Y + qZ);$$

also hat man für $u = 0$

$$\frac{\partial x}{\partial u} = P_0, \quad \frac{\partial y}{\partial u} = Q_0, \quad \frac{\partial z}{\partial u} = p_0 P_0 + q_0 Q_0,$$

$$\frac{\partial p}{\partial u} = -(X_0 + p_0 Z_0), \quad \frac{\partial q}{\partial u} = -(Y_0 + q_0 Z_0),$$

wo unter X_0, Y_0, Z_0, P_0, Q_0 die Werte von X, Y, Z, P, Q für $x = x_0$, $y = y_0$, $z = z_0$, $p = p_0$, $q = q_0$ verstanden sind. Für $u = 0$ ist, da sich x, y, z, p, q auf x_0, y_0, z_0, p_0, q_0 reduzieren:

$$\frac{\partial x}{\partial v} = \frac{d x_0}{d v}, \ldots, \frac{\partial q}{\partial v} = \frac{d q_0}{d v}.$$

Die Gleichungen (28) stellen also sicher dann ∞^2 Flächenelemente dar, wenn von den aus dem Schema

$$\left\| \begin{matrix} \frac{dx_0}{dv}, & \frac{dy_0}{dv}, & \frac{dz_0}{dv} & \frac{dp_0}{dv} & , \frac{dq_0}{dv} \\ P_0, & Q_0, & p_0 P_0 + q_0 Q_0, & -(X_0 + p_0 Z_0), & -(Y_0 + q_0 Z_0) \end{matrix} \right\|$$

gebildeten Determinanten zweiten Grades mindestens eine nicht identisch in v verschwindet, mit anderen Worten, wenn nicht sämtliche Gleichungen

$$\frac{dx_0}{P_0} = \frac{dy_0}{Q_0} = \frac{dz_0}{p_0 P_0 + q_0 Q_0} = -\frac{dp_0}{X_0 + p_0 Z_0} = -\frac{dq_0}{Y_0 + q_0 Z_0}$$

bestehen, d. h. wenn die Gleichungen (27) keine Charakteristik der partiellen Differentialgleichung (A) darstellen.

Machen wir die Voraussetzung, daß der Ausdruck

$$P_0 \frac{dy_0}{dv} - Q_0 \frac{dx_0}{dv}$$

für die Werte (27) nicht identisch verschwindet,[1]) so stellen die drei ersten Gleichungen (28) eine Fläche dar. Ist der Ausdruck

$$P_0 \frac{dy_0}{dv} - Q_0 \frac{dx_0}{dv} = \begin{vmatrix} P_0, & Q_0 \\ \frac{dx_0}{dv}, & \frac{dy_0}{dv} \end{vmatrix},$$

[1]) Unter dieser Voraussetzung ist das Vorhandensein einer durch die Kurve $x_0 = f_1(v)$, $y_0 = f_2(v)$, $z_0 = f_3(v)$ gehenden Integralfläche in § 44 bewiesen.

welcher den Wert der Funktionaldeterminante

$$\begin{vmatrix} \frac{\partial x}{\partial u}, & \frac{\partial y}{\partial u} \\ \frac{\partial x}{\partial v}, & \frac{\partial y}{\partial v} \end{vmatrix}$$

für $u = 0$ darstellt, für $v = a$ von Null verschieden, so lassen sich vermittels der beiden ersten Gleichungen (28) u und v als Funktionen von x, y darstellen, welche in der Umgebung von $x = \xi_0 = f_1(a)$, $y = \eta_0 = f_2(a)$ regulär sind.[1]) Setzt man diese Werte in die dritte Gleichung (28) ein, so erhält man die Gleichung

$$z = \Phi(x, y),$$

wo $\Phi(x, y)$ eine in der Umgebung von $x = \xi_0$, $y = \eta_0$ reguläre Funktion darstellt.

Daß alle durch die Gleichungen (28) dargestellten Flächenelemente (x, y, z, p, q) die Gleichung (A) erfüllen, steht bereits fest; wir zeigen, daß auf Grund der Gleichungen (28) die Gleichung

$$dz = p\,dx + q\,dy$$

besteht, welche in die beiden Gleichungen

$$\frac{\partial z}{\partial u} = p\frac{\partial x}{\partial u} + q\frac{\partial y}{\partial u}, \tag{29}$$

$$\frac{\partial z}{\partial v} = p\frac{\partial x}{\partial v} + q\frac{\partial y}{\partial v} \tag{30}$$

zerfällt.

Da die Gleichungen (28), wenn man v als konstant ansieht, eine Charakteristik darstellen, so ist nach (23)

$$\frac{\partial x}{\partial u} = P, \quad \frac{\partial y}{\partial u} = Q, \quad \frac{\partial z}{\partial u} = pP + qQ,$$

so daß die Gleichung (29) besteht. Wir haben noch zu zeigen, daß die Gleichung (30) erfüllt ist oder daß der Ausdruck

$$V = \frac{\partial z}{\partial v} - p\frac{\partial x}{\partial v} - q\frac{\partial y}{\partial v}$$

verschwindet.

Es ist

$$\frac{\partial V}{\partial u} = \frac{\partial^2 z}{\partial u \partial v} - p\frac{\partial^2 x}{\partial u \partial v} - q\frac{\partial^2 y}{\partial u \partial v} - \frac{\partial p}{\partial u}\frac{\partial x}{\partial v} - \frac{\partial q}{\partial u}\frac{\partial y}{\partial v}$$

[1]) Die Funktionen x, y von u, v nehmen für $u = 0$ die Werte $f_1(v)$, $f_2(v)$, also für $u = 0$, $v = \alpha$ die Werte $f_1(\alpha)$, $f_2(\alpha)$ an.

oder, weil

$$\frac{\partial^2 z}{\partial u \partial v} = \frac{\partial p}{\partial v}\frac{\partial x}{\partial u} + \frac{\partial q}{\partial v}\frac{\partial y}{\partial u} + p\frac{\partial^2 x}{\partial u \partial v} + q\frac{\partial^2 y}{\partial u \partial v}$$

ist,

$$\frac{\partial V}{\partial u} = \frac{\partial p}{\partial v}\frac{\partial x}{\partial u} + \frac{\partial q}{\partial v}\frac{\partial y}{\partial u} - \frac{\partial p}{\partial u}\frac{\partial x}{\partial v} - \frac{\partial q}{\partial u}\frac{\partial y}{\partial v};$$

mit Rücksicht auf die Differentialgleichungen (23) hat man

$$\begin{aligned}\frac{\partial V}{\partial u} &= P\frac{\partial p}{\partial v} + Q\frac{\partial q}{\partial v} + (X + pZ)\frac{\partial x}{\partial v} + (Y + qZ)\frac{\partial y}{\partial v}\\ &= X\frac{\partial x}{\partial v} + Y\frac{\partial y}{\partial v} + P\frac{\partial p}{\partial v} + Q\frac{\partial q}{\partial v} + Z\left(p\frac{\partial x}{\partial v} + q\frac{\partial y}{\partial v}\right).\end{aligned}$$

Die Differentation der Gleichung $F(x, y, z, p, q) = 0$ nach v ergibt

$$X\frac{\partial x}{\partial v} + Y\frac{\partial y}{\partial v} + P\frac{\partial p}{\partial v} + Q\frac{\partial q}{\partial v} = -Z\frac{\partial z}{\partial v};$$

also ist

$$\frac{\partial V}{\partial u} = -Z\left(\frac{\partial z}{\partial v} - p\frac{\partial x}{\partial v} - q\frac{\partial y}{\partial v}\right)$$

oder

$$\frac{\partial V}{\partial u} = -ZV.$$

Integriert man bei konstantem v nach u, so erhält man

$$V = V_0 e^{-\int_0^u Z du}$$

wenn

$$V_0 = \frac{dz_0}{dv} - p_0\frac{dx_0}{dv} - q_0\frac{dy_0}{dv}$$

den zu $u = 0$ gehörigen Wert von V darstellt. Da der Streifen (27) die Bedingung $V_0 = 0$ erfüllt, so ist auch $V = 0$, w. z. b. w.

Wenn $P_0\frac{dy_0}{dv} - Q_0\frac{dx_0}{dv}$ nicht identisch verschwindet, wenn also die durch die Gleichungen (28) dargestellten Flächenelemente (x, y, z, p, q) einer Fläche $z = \Phi(x, y)$ angehören, so ist

$$p = \frac{\partial z}{\partial x}, \quad q = \frac{\partial z}{\partial y},$$

und es besteht die Gleichung

$$F\left(x, y, z, \frac{\partial z}{\partial x}, \frac{\partial z}{\partial y}\right) = 0,$$

d. h. die Fläche $z = \Phi(x, y)$ ist eine Integralfläche von (A).

Entstehen durch Elimination von u, v aus den drei ersten Gleichungen (28) zwei Gleichungen zwischen x, y, z, welche eine Kurve C darstellen, so werden durch die sämtlichen Gleichungen (28) immer noch ∞^2 Flächenelemente (x, y, z, p, q) dargestellt, die Gleichung $dz = p\,dx + q\,dy$ sagt aus, daß die Ebene

$$\zeta - z = p(\xi - x) + q(\eta - y)$$

die Tangente der Kurve C enthält, so daß jedes durch (28) dargestellte Element aus einem Punkt der Kurve C und einer durch die Tangente der Kurve in diesem Punkt gehenden Ebene besteht.

Ergeben sich aus den drei ersten Gleichungen (28) drei Relationen zwischen x, y, z, so haben wir konstante Werte $x = x_0$, $y = y_0$, $z = z_0$, so daß die Relation $dz = p\,dx + q\,dy$ für alle Werte von p, q erfüllt ist. Die durch die Gleichungen (28) dargestellten ∞^2 Elemente bestehen aus dem Punkt (x_0, y_0, z_0) und einer beliebigen durch ihn gehenden Ebene.

Versteht man mit Lie unter einem Integral der partiellen Differentialgleichung (A) jede zweifache Mannigfaltigkeit von Flächenelementen (x, y, z, p, q), welche der Gleichung (A) und der Relation

$$dz = p\,dx + q\,dy$$

genügen, so werden die zuletzt erwähnten Ausnahmefälle in die Theorie einbezogen.

Wir haben den Satz:

Es sei ein Streifen

$$x_0 = f_1(v), \quad y_0 = f_2(v), \quad z_0 = f_3(v), \quad p_0 = f_4(v), \quad q_0 = f_5(v)$$

gegeben, welcher nicht nur die Bedingung

$$dz_0 = p_0\,dx_0 + q_0\,dy_0$$

erfüllt, sondern auch der Gleichung

$$F(x_0, y_0, z_0, p_0, q_0) = 0$$

genügt, aber kein charakteristischer Streifen von (A) *ist. Dann bilden die von den Flächenelementen* $(x_0, \ldots, q_0)$ *des Streifens ausgehenden Charakteristiken ein Integral der partiellen Differentialgleichung* (A) *mit den Gleichungen*

$$\begin{aligned}
x &= \varphi_1\,[u, f_1(v), \ldots, f_5(v)],\\
y &= \varphi_2\,[u, f_1(v), \ldots, f_5(v)],\\
z &= \varphi_3\,[u, f_1(v), \ldots, f_5(v)],\\
p &= \varphi_4\,[u, f_1(v), \ldots, f_5(v)],\\
q &= \varphi_5\,[u, f_1(v), \ldots, f_5(v)].
\end{aligned}$$

Die Integration der partiellen Differentialgleichung erster Ordnung (A) ***ist hiermit auf die Integration des Systems gewöhnlicher Differentialgleichungen*** (23) ***oder*** (24) ***zurückgeführt.***

Wir können nun auch die **Integralfläche** bestimmen, welche **durch eine gegebene Kurve geht.**

Die Gleichungen der Kurve seien

$$x_0 = f_1(v), \quad y_0 = f_2(v), \quad z_0 = f_3(v); \tag{31}$$

unter f_1, f_2, f_3 sind analytische Funktionen von v verstanden, welche sich in der Umgebung von $v = a$ regulär verhalten. Aus den Gleichungen

$$\left\{\begin{aligned} &F(x_0, y_0, z_0, p_0, q_0) = 0, \\ &\frac{dz_0}{dv} = p_0 \frac{dx_0}{dv} + q_0 \frac{dy_0}{dv} \end{aligned}\right. \tag{32}$$

berechnen sich die in der Umgebung von $v = a$ regulären Funktionen

$$p_0 = f_4(v), \quad q_0 = f_5(v),$$

vorausgesetzt, daß sich aus den Gleichungen (32) für $v = a$ Werte $p_0 = f_4(a)$ $q_0 = f_5(a)$ ergeben, für welche die Determinante

$$P_0 \frac{dy_0}{dv} - Q_0 \frac{dx_0}{dv}$$

von Null verschieden ist. Wir haben so längs der Kurve (31) den der Gleichung

$$F(x_0, y_0, z_0, p_0, q_0) = 0$$

genügenden Streifen

$$x_0 = f_1(v), \; y_0 = f_2(v), \; z_0 = f_3(v), \; p_0 = f_4(v), \; q_0 = f_5(v).$$

Die von den Elementen dieses Streifens ausgehenden charakteristischen Kurven bilden die gesuchte Integralfläche, deren Gleichung wie oben aufgestellt wird

Liegt die gegebene Kurve

$$z_0 = \varphi(x_0) \; y_0 = \eta_0, \tag{33}$$

wo η_0 eine Konstante und $\varphi(x_0)$ eine in der Umgebung von $x_0 = \xi_0$ reguläre Funktion darstellt, in einer zur xz-Ebene parallelen Ebene, so ist v durch x_0 zu ersetzen; die zweite Gleichung (32) ergibt

$$p_0 = \varphi'(x_0), \tag{34}$$

und q_0 wird, wenn Q_0 von Null verschieden ist, durch die Gleichung

$$F(x_0, \eta_0, \varphi(x_0), \varphi'(x_0), q_0) = 0 \tag{35}$$

als Funktion von x_0 bestimmt. Die Gleichungen

$$\left\{\begin{aligned} x &= \varphi_1(u, x_0, \eta_0, \varphi(x_0), \varphi'(x_0), q_0), \\ y &= \varphi_2(u, \ldots\ldots\ldots\ldots\ldots\ldots, q_0), \\ z &= \varphi_3(u, \ldots\ldots\ldots\ldots\ldots\ldots, q_0) \end{aligned}\right. \tag{36}$$

mit den unabhängigen Veränderlichen u und x_0 stellen die durch die Kurve (33) gehende Integralfläche dar. Für $u = 0$, $x_0 = \xi_0$ ist

$$\begin{vmatrix} \frac{\partial x}{\partial u}, & \frac{\partial y}{\partial u} \\ \frac{\partial x}{\partial x_0}, & \frac{\partial y}{\partial x_0} \end{vmatrix} = \begin{vmatrix} P_0, & Q_0 \\ 1, & 0 \end{vmatrix} = -Q_0$$

der Voraussetzung nach von Null verschieden. Die beiden ersten Gleichungen (36) ergeben also u und x_0 als Funktionen von x und y, welche in der Umgebung von $x = \xi_0$, $y = \eta_0$ regulär sind, und durch Einsetzen dieser Ausdrücke in die dritte Gleichung (36) erhält man z als Funktion von x, y, welche sich bei $x = \xi_0$, $y = \eta_0$ regulär verhält.

Wir heben noch folgende Eigenschaften der Charakteristiken der partiellen Differentialgleichung (A) hervor.

Jede Integralfläche mit dem nichtsingulären Flächenelement

$$(x_0, y_0, z_0, p_0, q_0)$$

enthält die von diesem Flächenelement ausgehende Charakteristik.

Die Integralfläche $z = \Phi(x, y)$ wird von der Ebene $y = y_0$ in der Kurve

$$z = \Phi(x, y_0), \quad y = y_0$$

geschnitten. Von denjenigen ∞^1 Elementen der Fläche $z = \Phi(x, y)$, welche den Punkten dieser Kurve zugehören und worunter sich auch das Flächenelement $(x_0, \ldots, q_0)$ befindet, gehen ∞^1 Charakteristiken aus, welche eine Integralfläche bilden und zwar, da durch die Kurve nur eine Integralfläche geht, genau die Fläche $z = \Phi(x, y)$. Diese Fläche enthält die von dem Element $(x_0, \ldots, q_0)$ ausgehende Charakteristik.

Die Kurve

$$z = \varphi(x), \quad y = y_0 \tag{37}$$

berührt das Flächenelement $(x_0, y_0, z_0, p_0, q_0)$, wenn $\varphi(x)$ eine beliebige analytische Funktion von x ist, welche die Bedingungen $\varphi(x_0) = z_0$, $\varphi'(x_0) = p_0$ erfüllt. Die durch die Kurve (37) bestimmte Integralfläche $z = \Phi(x, y)$ enthält die Charakteristik, welche von dem Element $(x_0, \ldots, q_0$ ausgeht. Die Koeffizienten der Potenzreihe $\varphi(x)$ können willkürlich gewählt werden, wenn nur die Bedingungen für die Konvergenz erfüllt sind. Es gilt also der Satz:

Längs einer gegebenen Charakteristik berühren sich unendlich viele Integralflächen, welche von unendlich vielen willkürlichen Konstanten abhängen.

Ein charakteristischer Streifen war in § 45 eingeführt als ein Streifen, welcher die Gleichung

$$\frac{dx}{P} = \frac{dy}{Q}$$

befriedigt und einer Integralfläche angehört, die sich in der Nähe der

Punkte des Streifens regulär verhält. Läßt man die letzte Bedingung fallen, so bleiben nur die Gleichungen

$$(38)\qquad \begin{cases} \dfrac{dx}{P} = \dfrac{dy}{Q}, \\ dz = p\,dx + q\,dy, \\ F(x, y, z, p, q) = 0 \end{cases}$$

bestehen. Im allgemeinen erhält man durch Elimination von p, q aus diesen drei Gleichungen eine Differentialgleichung von der Form

$$(39)\qquad M\left(x, y, z, \frac{dy}{dx}, \frac{dz}{dx}\right) = 0.$$

Jede dieser Gleichung genügende Kurve, welche keine charakteristische Kurve ist, wird eine **Integralkurve** der Differentialgleichung (A) genannt. Nachdem für y eine beliebige Funktion von x gesetzt ist, hat man zur Bestinmmung von z als Funktion von x eine Differentialgleichung erster Ordnung.

Jedem Punkt (x, y, z) einer (nicht charakteristischen) Integralkurve wird ein den Gleichungen (16) genügendes Wertepaar p, q zugeordnet. Von jedem Element (x, y, z, p, q) des so erhaltenen Streifens geht eine charakteristische Kurve aus; diese charakteristischen Kurven bilden eine Integralfläche der partiellen Differentialgleichung. Für die Integralkurve und für die charakteristische Kurve, welche das Flächenelement (x, y, z, p, q) gemeinsam haben, gelten die Gleichungen

$$\frac{dx}{P} = \frac{dy}{Q}, \quad dz = p\,dx + q\,dy;$$

für die beiden Kurven stimmen daher im Punkt (x, y, z) die Werte $dx : dy : dz$ überein. **Die Integralkurve wird also von sämtlichen charakteristischen Kurven, welche die durch sie hindurchgehende Integralfläche bilden, berührt.** Die Integralkurve erscheint hiernach als Rückkehrkante einer Integralfläche.

§ 47. Die lineare partielle Differentialgleichung erster Ordnung.

Wir wenden die bisherigen Betrachtungen auf die (in p, q, aber nicht in z) **lineare** partielle Differentialgleichung erster Ordnung

$$(40)\qquad \xi(x, y, z)\,p + \eta(x, y, z)\,q = \zeta(x, y, z)$$

an, wo ξ, η, ζ analytische Funktionen von x, y, z sind.

Setzt man

$$F(x, y, z, p, q) = \xi p + \eta q - \zeta,$$

so ist

$$P = \frac{\partial F}{\partial p} = \xi, \quad Q = \frac{\partial F}{\partial q} = \eta.$$

Die in § 45 aufgestellten Differentialgleichungen der Charakteristiken vereinfachen sich hier. Für die Elemente einer Charakteristik, welche der Differentialgleichung genügen, ist

$$pP + qQ = p\xi + q\eta = \zeta.$$

Die drei ersten Differentialgleichungen (23) schreiben sich jetzt

(41) $$\frac{dx}{du} = \xi(x, y, z), \quad \frac{dy}{du} = \eta(x, y, z), \quad \frac{dz}{du} = \zeta(x, y, z)$$

oder

(42) $$\frac{dx}{\xi(x, y, z)} = \frac{dy}{\eta(x, y, z)} = \frac{dz}{\zeta(x, y, z)};$$

sie können, da sie von p, q unabhängig sind, ohne Rücksicht auf die beiden letzten Differentialgleichungen (23) integriert werden. Ist $x = x_0$, $y = y_0$, $z = z_0$ ein Wertsystem, für welches die drei Funktionen ξ, η, ζ nicht sämtlich verschwinden und in dessen Umgebung sie sich regulär verhalten, so ist eine und nur eine analytische Lösung

(43) $$x = \varphi_1(u, x_0, y_0, z_0), \quad y = \varphi_2(u, x_0, y_0, z_0), \quad z = \varphi_3(u, x_0, y_0, z_0)$$

der Differentialgleichungen (41) vorhanden, welche die Bedingung erfüllt: $x = x_0$, $y = y_0$, $z = z_0$ für $u = 0$. Mit anderen Worten, durch den nichtsingulären Punkt (x_0, y_0, z_0) geht eine und nur eine charakteristische Kurve (43) der Differentialgleichung (40). Da man die zu $x = x_0$ gehörigen Werte von y_0 und z_0 als willkürliche Konstante ansehen kann, so sind ∞^2 charakteristische Kurven vorhanden.

Jeder charakteristischen Kurve entsprechen jetzt ∞^1 charakteristische Streifen, denn die beiden letzten Differentialgleichungen (23) nehmen, wenn man für x, y, z die Ausdrücke (43) mit festen Werten von x_0, y_0, z_0 einsetzt, die Form an:

$$\frac{dp}{du} = g_1(u, p, q), \quad \frac{dq}{du} = g_2(u, p, q);$$

integriert man sie mit der Maßgabe, daß $p = p_0$, $q = q_0$ für $u = 0$ sein soll, während zwischen p_0 und q_0 die Beziehung

$$\xi(x_0, y_0, z_0)\, p_0 + \eta(x_0, y_0, z_0)\, q_0 = \zeta(x_0, y_0, z_0)$$

besteht, so erhält man p, q als Funktionen von u mit einer willkürlichen Konstanten.

Durch eine Kurve, welche nicht zu den charakteristischen gehört, ist wie in § 46 ein der Differentialgleichung genügender Streifen von Flächenelementen bestimmt. Die Integralfläche, welche die von den Elementen des Streifens ausgehenden Charakteristiken bilden, ist hier nichts anderes als die Fläche, welche aus den von den Punkten der gegebenen Kurve ausgehenden charakteristischen Kurven besteht. Es gilt also der Satz:

Die charakteristischen Kurven, welche von den Punkten einer beliebigen nicht charakteristischen Kurve ausgehen, bilden eine Integralfläche der linearen partiellen Differentialgleichung (40).

Sind die charakteristischen Kurven durch die Gleichungen

$$F_1(x, y, z) = C_1, \quad F_2(x, y, z) = C_2$$

mit den willkürlichen Konstanten C_1, C_2 dargestellt, so stellt die Gleichung

$$\Phi\,[F_1(x, y, z), F_2(x, y, z)] = 0$$

mit der willkürlichen Funktion Φ eine aus ∞^1 charakteristischen Kurven bestehende Fläche, d. h. eine Integralfläche der Differentialgleichung (40) dar.

Beispiel. Die Differentialgleichung

$$py - qx = 0$$

hat als charakteristische Kurven die aus den Differentialgleichungen

$$\frac{dx}{y} = -\frac{dy}{x} = \frac{dz}{0}$$

sich ergebenden Kreise

$$x^2 + y^2 = C_1, \quad z = C_2,$$

deren Ebenen der xy-Ebene parallel sind und deren Mittelpunkte auf der z-Achse liegen. Das allgemeine Integral

$$\Phi\,(x^2 + y^2, z) = 0$$

stellt die Rotationsflächen dar, deren Rotationsachse die z-Achse ist.

§ 48. Vollständiges Integral.

Unter einem vollständigen Integral der partiellen Differentialgleichung (A) versteht man ein von zwei willkürlichen Konstanten a, b abhängiges Integral

(44) $$z = \Phi\,(x, y, a, b),$$

welches so beschaffen ist, daß durch Elimination von a, b aus der Gleichung (44) und den beiden Gleichungen

(45) $$p = \frac{\partial \Phi}{\partial x}, \quad q = \frac{\partial \Phi}{\partial y}$$

die Gleichung (A) und nur diese entsteht. Legt man den Größen a, b feste Werte bei, so stellen die Gleichungen (44) und (45) zwischen den fünf Größen x, y, z, p, q ∞^2 Flächenelemente (x, y, z, p, q) dar; läßt man dagegen a, b variieren, so werden durch die Gleichungen (44) und (45) ∞^4 Flächenelemente dargestellt, die mit den ∞^4 Flächenelementen (x, y, z, p, q), welche der Gleichung $F\,(x, y, z, p, q) = 0$ genügen, identisch sind.

Ist ein vollständiges Integral (44) gegeben, so ist die zugehörige partielle Differentialgleichung (A) bestimmt. Man erhält sie durch Elimination von a, b aus der Gleichung (44) und den beiden Gleichungen (45) . Wir fassen p, q als Funktionen von a, b auf und betrachten die Funktionaldeterminante

$$\Delta = \begin{vmatrix} \frac{\partial p}{\partial a}, & \frac{\partial p}{\partial b} \\ \frac{\partial q}{\partial a}, & \frac{\partial q}{\partial b} \end{vmatrix} = \begin{vmatrix} \frac{\partial^2 \Phi}{\partial x\, \partial a}, & \frac{\partial^2 \Phi}{\partial x\, \partial b} \\ \frac{\partial^2 \Phi}{\partial y\, \partial a}, & \frac{\partial^2 \Phi}{\partial y\, \partial b} \end{vmatrix}.$$

Wären die Elemente dieser Determinante, d. h. die partiellen Ableitungen von p und q nach a und b, sämtlich Null, so wären p und q von a und b unabhängig, also nur von x und y abhängig; es beständen also zwei Gleichungen zwischen p, q, x, y und nicht nur, wie vorausgesetzt wurde, die eine Gleichung (A). Wir haben zwei Fälle zu betrachten.

1. Die Determinante Δ ist von Null verschieden. Dann ergeben sich aus den Gleichungen (45) a, b als Funktionen von x, y, p, q; durch Einsetzen dieser Werte in die Gleichung (44) erhält man eine Gleichung zwischen x, y, z, p, q, in der z nicht fehlt, d. h. eine partielle Differentialgleichung erster Ordnung.

2. Die Determinante Δ verschwindet, aber nicht sämtliche Elemente dieser Determinante. Dann besteht zwischen p, q eine Relation, die zwar x, y enthalten kann, aber von a, b unabhängig ist; denn Δ ist die Funktionaldeterminante von p, q, wenn diese Größen als Funktionen von a, b betrachtet werden. Ist z. B.

$$\frac{\partial q}{\partial b} = \frac{\partial^2 \Phi}{\partial y\, \partial b}$$

von Null verschieden, so ergibt sich aus der zweiten Gleichung (45) b als Funktion von q, x, y, a, und durch Einsetzen dieses Ausdrucks in die erste Gleichung (45) erhält man p als Funktion von q, x, y, welche von a unabhängig ist. Man hat also eine Gleichung zwischen x, y, p, q, d. h. eine partielle Differentialgleichung, in welcher z nicht vorkommt.

Kennt man von einer partiellen Differentialgleichung

$$F(x, y, p, q) = 0, \tag{46}$$

in welcher z nicht explizit vorkommt, ein Integral

$$z = \Phi(x, y, a),$$

welches nur eine einzige willkürliche Konstante a, aber diese nicht additiv[1]) enthält und so beschaffen ist, daß sich aus den Gleichungen

$$p = \frac{\partial \Phi}{\partial x}, \qquad q = \frac{\partial \Phi}{\partial y}$$

durch Elimination von a die Gleichung (46) ergibt, so stellt der Ausdruck

$$z = \Phi(x, y, a) + b \tag{47}$$

mit den willkürlichen Konstanten a, b ein vollständiges Integral dar.

[1]) Die Konstante a wäre in $\Phi(x, y, a)$ additiv enthalten, wenn $\Phi(x, y, a) - a$ von a unabhängig wäre.

§ 49. Ableitung des allgemeinen Integrals und der Charakteristiken aus einem vollständigen Integral.

Aus einem vollständigen Integral (44)

$$z = \Phi\,(x, y, a, b)$$

einer partiellen Differentialgleichung lassen sich die anderen Integrale herleiten. Die Gleichung (A) ist das Ergebnis der Elimination der Größen a, b aus der Gleichung (44) und den Gleichungen (45)

$$p = \frac{\partial \Phi}{\partial x}, \qquad q = \frac{\partial \Phi}{\partial y}.$$

Wir suchen jetzt a und b auf die allgemeinste Weise als Funktionen von x und y so zu bestimmen, daß der Ausdruck (44) der partiellen Differentialgleichung (A) genügt oder, was auf dasselbe hinauskommt, daß die drei Gleichungen (44) und (45) zusammen bestehen. Durch partielle Differentiation des Ausdrucks (44) erhält man, wenn man auf die Veränderlichkeit von a und b Rücksicht nimmt:

$$p = \frac{\partial \Phi}{\partial x} + \frac{\partial \Phi}{\partial a}\frac{\partial a}{\partial x} + \frac{\partial \Phi}{\partial b}\frac{\partial b}{\partial x},$$

$$q = \frac{\partial \Phi}{\partial y} + \frac{\partial \Phi}{\partial a}\frac{\partial a}{\partial y} + \frac{\partial \Phi}{\partial b}\frac{\partial b}{\partial y}.$$

Damit die Gleichungen (45) erfüllt sind, muß sein:

$$(48) \qquad \left\{\begin{aligned} \frac{\partial \Phi}{\partial a}\frac{\partial a}{\partial x} + \frac{\partial \Phi}{\partial b}\frac{\partial b}{\partial x} &= 0,\\ \frac{\partial \Phi}{\partial a}\frac{\partial a}{\partial y} + \frac{\partial \Phi}{\partial b}\frac{\partial b}{\partial y} &= 0. \end{aligned}\right.$$

Von dem Fall, daß a und b beide konstant sind, sehen wir ab.

Sind $\frac{\partial \Phi}{\partial a}$ und $\frac{\partial \Phi}{\partial b}$ nicht beide Null, so ist

$$\begin{vmatrix} \frac{\partial a}{\partial x}, & \frac{\partial b}{\partial x} \\ \frac{\partial a}{\partial y}, & \frac{\partial b}{\partial y} \end{vmatrix} = 0.$$

Es besteht also zwischen den Funktionen a, b von x, y eine Relation, welche b enthalten möge und welche wir auf die Form bringen:

$$(49) \qquad b = \varphi(a).$$

Ist die Funktion φ willkürlich angenommen, so reduzieren sich die beiden Gleichungen (48) auf die eine Gleichung

$$(50)\qquad \frac{\partial \Phi}{\partial a} + \frac{\partial \Phi}{\partial b}\,\varphi'(a) = 0.$$

Der Ausdruck (44), in welchem a, b die durch die beiden Gleichungen (49) und (50) bestimmten Funktionen von x, y darstellen, ist ein Integral der partiellen Differentialgleichung (A), welches von einer willkürlichen Funktion φ abhängt und als **allgemeines Integral** bezeichnet wird.

Das allgemeine Integral, welches erhalten wird, indem man $b = \varphi(a)$ setzt und a aus den Gleichungen

$$(51)\qquad z = \Phi(x, y, a, b), \qquad \frac{\partial \Phi}{\partial a} + \frac{\partial \Phi}{\partial b}\,\frac{db}{da} = 0$$

eliminiert, stellt geometrisch die Einhüllende der von dem Parameter a abhängigen Flächenschar

$$(52)\qquad z = \Phi[x, y, a, \varphi(a)]$$

dar. Die Gleichungen (51), worin, nachdem $b = \varphi(a)$ gesetzt ist, dem Parameter a ein bestimmter Wert beigelegt wird, stellen die Schnittkurve der Fläche $z = \Phi[x, y, a, \varphi(a)]$ mit einer unendlich benachbarten Fläche der Schar und zugleich die Berührungskurve der Fläche mit der Einhüllenden der Flächenschar dar.

Durch die Kurve (51) gehen also zwei Integralflächen von (A), welche sich längs dieser Kurve berühren; daraus folgt, daß die Gleichungen (51) eine charakteristische Kurve darstellen. Die Integralfläche, deren Gleichung durch Elimination von a aus (51) entsteht, setzt sich aus ∞^1 charakteristischen Kurven (51) mit dem Parameter a zusammen.

Sind a, b, c beliebig vorgeschriebene konstante Größen, so läßt sich eine Funktion φ so wählen, daß $b = \varphi(a)$, $c = \varphi'(a)$ wird. Die Gesamtheit der charakteristischen Kurven kann demnach durch die Gleichungen

$$(53)\qquad z = \Phi(x, y, a, b), \qquad \frac{\partial \Phi}{\partial a} + c\,\frac{\partial \Phi}{\partial b} = 0$$

dargestellt werden.

Wir können den Satz aussprechen:

Ist $z = \Phi(x, y, a, b)$ ein vollständiges Integral der partiellen Differentialgleichung (A) *und $\varphi(a)$ eine willkürliche Funktion, so stellt die Einhüllende der Flächenschar $z = \Phi[x, y, a, \varphi(a)]$ ein allgemeines Integral dar.*

Die charakteristischen Kurven von (A) *werden durch die Gleichungen*

$$z = \Phi(x, y, a, b), \qquad \frac{\partial \Phi}{\partial a} + c\,\frac{\partial \Phi}{\partial b} = 0$$

mit den drei willkürlichen Konstanten a, b, c dargestellt.

§ 50. Aufsuchung eines vollständigen Integrals.

Wir betrachten ein System von zwei partiellen Differentialgleichungen erster Ordnung

$$
(54) \qquad \begin{cases} F(x, y, z, p, q) = 0, \\ G(x, y, z, p, q) = 0; \end{cases}
$$

die Funktionaldeterminante

$$
\frac{\partial (F, G)}{\partial (p, q)}
$$

sei von Null verschieden, so daß die Gleichungen (54) durch Auflösung nach p und q auf die Form

$$
\frac{\partial z}{\partial x} = \varphi(x, y, z),
$$

$$
\frac{\partial z}{\partial y} = \psi(x, y, z)
$$

gebracht werden können. Jede den Gleichungen (54) genügende Funktion z von x, y erfüllt die Gleichungen

$$
\frac{\partial}{\partial y} \frac{\partial z}{\partial x} = \frac{\partial \varphi}{\partial y} + \frac{\partial \varphi}{\partial z} \psi = \frac{d\varphi}{dy},
$$

$$
\frac{\partial}{\partial x} \frac{\partial z}{\partial y} = \frac{\partial \psi}{\partial x} + \frac{\partial \psi}{\partial z} \varphi = \frac{d\psi}{dx},
$$

woraus die Integrabilitätsbedingung

$$
\frac{\partial \varphi}{\partial y} + \frac{\partial \varphi}{\partial z} \psi = \frac{\partial \psi}{\partial x} + \frac{\partial \psi}{\partial z} \varphi
$$

oder

$$
(55) \qquad \frac{d\varphi}{dy} = \frac{d\psi}{dx}
$$

folgt. Sollen die Gleichungen (54) eine gemeinsame Integralfläche besitzen, welche durch einen willkürlich gegebenen Punkt $x = x_0$, $y = y_0$, $z = z_0$ geht, so muß die Bedingung (55) identisch erfüllt sein. Dann ist aber die mit dem System (54) gleichbedeutende totale Differentialgleichung

$$
(56) \qquad dz = \varphi(x, y, z)\, dx + \psi(x, y, z)\, dy
$$

vollständig integrierbar, d. h. sie wird, wenn sich die Funktionen $\varphi(x, y, z)$, $\psi(x, y, z)$ in der Umgebung der Stelle $x = x_0$, $y = y_0$, $z = z_0$ regulär verhalten, durch eine Funktion z von x, y befriedigt, welche für $x = x_0$, $y = y_0$ den Wert $z = z_0$ annimmt und in der Umgebung von $x = x_0$, $y = y_0$ regulär ist; dabei spielt z_0 die Rolle der Integrationskonstanten.

Um die Gleichung (56) nach der Mayerschen Methode zu integrieren, führt man sie durch die Substitution

$$x = x_0 + u, \qquad y = y_0 + uv \tag{57}$$

in

$$dz = (\varphi + v\psi)\, du + u\psi dv$$

über. Die Lösung z der Differentialgleichung

$$\frac{dz}{du} = \varphi(x_0 + u, y_0 + uv, z) + v\psi(x_0 + u, y_0 + uv, z),$$

welche für $u = 0$ den Wert $z = z_0$ annimmt, geht durch die Substitution (57) in diejenige der Gleichung (56) genügende Funktion z von x, y über, welche für $x = x_0$, $y = y_0$ den Wert $z = z_0$ annimmt.

Man kann die Integrabilitätsbedingung aus den ursprünglichen Gleichungen (54) bilden, ohne diese zuvor nach p, q aufzulösen. Zu diesem Zweck differentiieren wir die Gleichungen $F = 0$, $G = 0$ nach x und y, nachdem für p und q die Funktionen $\varphi(x, y, z)$, $\psi(x, y, z)$ gesetzt sind, wobei z als Funktion von x, y betrachtet wird. Wir erhalten so die Gleichungen

$$\left\{\begin{aligned} \frac{dF}{dx} + \frac{\partial F}{\partial p}\frac{d\varphi}{dx} + \frac{\partial F}{\partial q}\frac{d\psi}{dx} = 0, \\ \frac{dG}{dx} + \frac{\partial G}{\partial p}\frac{d\varphi}{dx} + \frac{\partial G}{\partial q}\frac{d\psi}{dx} = 0 \end{aligned}\right. \tag{58}$$

und

$$\left\{\begin{aligned} \frac{dF}{dy} + \frac{\partial F}{\partial p}\frac{d\varphi}{dy} + \frac{\partial F}{\partial q}\frac{d\psi}{dy} = 0, \\ \frac{dG}{dy} + \frac{\partial G}{\partial p}\frac{d\varphi}{dy} + \frac{\partial G}{\partial q}\frac{d\psi}{dy} = 0; \end{aligned}\right. \tag{59}$$

dabei ist die Bezeichnung benutzt:

$$\frac{d}{dx} = \frac{\partial}{\partial x} + p\frac{\partial}{\partial z}, \qquad \frac{d}{dy} = \frac{\partial}{\partial y} + q\frac{\partial}{\partial z}.$$

Die Elimination von $\frac{d\varphi}{dx}$ aus (58) ergibt

$$\frac{\partial F}{\partial p}\frac{dG}{dx} - \frac{\partial G}{\partial p}\frac{dF}{dx} + \left(\frac{\partial F}{\partial p}\frac{\partial G}{\partial q} - \frac{\partial G}{\partial p}\frac{\partial F}{\partial q}\right)\frac{d\psi}{dx} = 0 \tag{60}$$

und die Elimination von $\frac{d\psi}{dy}$ aus (59)

$$\frac{\partial F}{\partial q}\frac{dG}{dy} - \frac{\partial G}{\partial q}\frac{dF}{dy} - \left(\frac{\partial F}{\partial p}\frac{\partial G}{\partial q} - \frac{\partial G}{\partial p}\frac{\partial F}{\partial q}\right)\frac{d\varphi}{dy} = 0. \tag{61}$$

Wenn man die beiden Gleichungen (60) und (61) addiert und die Bezeichnung

$$(62) \qquad [F,G] = \frac{\partial F}{\partial p}\frac{dG}{dx} - \frac{\partial G}{\partial p}\frac{dF}{dx} + \frac{\partial F}{\partial q}\frac{dG}{dy} - \frac{\partial G}{\partial q}\frac{dF}{dy}$$

einführt, erhält man die Identität

$$(63) \qquad [F,G] + \frac{\partial (F,G)}{\partial (p,q)}\left(\frac{d\psi}{dx} - \frac{d\varphi}{dy}\right) = 0.$$

Ist die Integrabilitätsbedingung (55) erfüllt, so verschwindet der Ausdruck $[F, G]$, wenn man darin $p = \varphi$, $q = \psi$ setzt, d. h. die Gleichung $[F, G] = 0$ ist eine Folge der Gleichungen $F = 0$, $G = 0$. Ist umgekehrt $[F, G] = 0$ infolge der Gleichungen $F = 0$, $G = 0$, so folgt aus der Identität (63) die Bedingung (55).

Soll der aus den Gleichungen $p - \varphi = 0$, $q - \psi = 0$ gebildete Klammerausdruck

$$[p - \varphi, q - \psi] = \frac{d\varphi}{dy} - \frac{d\psi}{dx}$$

infolge dieser Gleichungen verschwinden, so muß er, da er von p und q nicht abhängt, identisch in x, y, z verschwinden. Ein System $F = 0$, $G = 0$, für welches der Klammerausdruck $[F, G]$ identisch verschwindet, wird als Involutionssystem bezeichnet.

Ein vollständiges Integral der partiellen Differentialgleichung erster Ordnung (A)

$$F(x, y, z, p, q) = 0$$

läßt sich nach der Methode von Lagrange folgendermaßen bestimmen.

Wir suchen eine Differentialgleichung erster Ordnung

$$(64) \qquad G(x, y, z, p, q) = a,$$

welche eine willkürliche Konstante a enthält und mit der gegebenen Differentialgleichung ein Involutionssystem bildet. Wir verstehen also unter $u = G(x, y, z, p, q)$ eine Lösung der linearen Differentialgleichung

$$(65) \qquad \begin{cases} 0 = [F, u] \\ = \dfrac{\partial F}{\partial p}\dfrac{\partial u}{\partial x} + \dfrac{\partial F}{\partial q}\dfrac{\partial u}{\partial y} + \left(p\dfrac{\partial F}{\partial p} + q\dfrac{\partial F}{\partial q}\right)\dfrac{\partial u}{\partial z} \\ \quad - \left(\dfrac{\partial F}{\partial x} + p\dfrac{\partial F}{\partial z}\right)\dfrac{\partial u}{\partial p} - \left(\dfrac{\partial F}{\partial y} + q\dfrac{\partial F}{\partial z}\right)\dfrac{\partial u}{\partial q} \end{cases}$$

oder, was auf dasselbe hinauskommt, unter

$$G(x, y, z, p, q) = a$$

ein Integral des Systems gewöhnlicher Differentialgleichungen

$$(66)\qquad \begin{cases} \dfrac{dx}{\dfrac{\partial F}{\partial p}} = \dfrac{dy}{\dfrac{\partial F}{\partial q}} = \dfrac{dz}{p\dfrac{\partial F}{\partial p} + q\dfrac{\partial F}{\partial q}} \\ = -\dfrac{dp}{\dfrac{\partial F}{\partial x} + p\dfrac{\partial F}{\partial z}} = -\dfrac{dq}{\dfrac{\partial F}{\partial y} + q\dfrac{\partial F}{\partial z}}. \end{cases}$$

Man sieht, daß die Gleichungen (66) nichts anderes sind als die Differentialgleichungen der Charakteristiken der partiellen Differentialgleichung (A).

Wir denken uns die Funktion G so gewählt, daß die Funktionaldeterminante

$$\frac{\partial F}{\partial p}\frac{\partial G}{\partial q} - \frac{\partial F}{\partial q}\frac{\partial G}{\partial p}$$

nicht identisch verschwindet. Dann lassen sich die Gleichungen

$$F(x, y, z, p, q) = 0, \quad G(x, y, z, p, q) = a$$

in der Form

$$(67)\qquad p = \varphi(x, y, z, a), \quad q = \psi(x, y, z, a)$$

auflösen und die Differentialgleichung

$$(68)\qquad dz = \varphi(x, y, z, a)\, dx + \psi(x, y, z, a)\, dy$$

ist vollständig integrierbar. Indem man diese Gleichung unter Einführung einer neuen willkürlichen Konstanten b integriert, erhält man ein vollständiges Integral

$$(69)\qquad z = \Phi(x, y, a, b)$$

der partiellen Differentialgleichung (A).

Beispiel. Wir wenden die Methode von Lagrange auf die Differentialgleichung

$$q = f(q)$$

an. Die Differentialgleichungen der Charakteristiken

$$\frac{dx}{-f'(p)} = \frac{dy}{1} = \frac{dz}{-pf'(p) + q} = \frac{dp}{0} = \frac{dq}{0}$$

besitzen u. a. das Integral

$$p = a.$$

Die Gleichung

$$dz = pdx + qdy$$

geht, wenn man $p = a$, $q = f(p) = f(a)$ setzt, in

$$dz = adx + f(a)\, dy$$

über; die Integration ergibt das vollständige Integral

$$z = ax + f(a)\, y + b$$

der vorgelegten Differentialgleichung. Das allgemeine Integral wird aus dem vollständigen Integral wie in § 49 hergeleitet.

Es sei jetzt ein System von drei partiellen Differentialgleichungen erster Ordnung

$$(70)\qquad \begin{cases} F(x, y, z, p, q) = 0, \\ G(x, y, z, p, q) = 0, \\ H(x, y, z, p, q) = 0 \end{cases}$$

gegeben. Die Funktionaldeterminante

$$\frac{\partial(F, G, H)}{\partial(z, p, q)}$$

sei von Null verschieden, so daß die drei Gleichungen (70) in der Form

$$(71)\qquad z = \Phi(x, y), \quad p = \Phi_1(x, y), \quad q = \Phi_2(x, y)$$

auflösbar sind. Ein gemeinsames Integral der drei Gleichungen ist dann und nur dann vorhanden, wenn

$$(72)\qquad \frac{\partial \Phi}{\partial x} = \Phi_1, \quad \frac{\partial \Phi}{\partial y} = \Phi_2, \quad \frac{\partial \Phi_1}{\partial y} = \frac{\partial \Phi_2}{\partial x}$$

ist.

Wir zeigen, daß die drei Bedingungen (72) mit den Bedingungen

$$(73)\qquad [F, G] = 0, \quad [F, H] = 0, \quad [G, H] = 0$$

übereinstimmen.

Differentiiert man die Gleichung $F = 0$, worin unter z, p, q die Ausdrücke (71) verstanden werden, nach x, so erhält man

$$\frac{\partial F}{\partial x} + \frac{\partial F}{\partial z}\Phi_1 + \frac{\partial F}{\partial z}\left(\frac{\partial \Phi}{\partial x} - \Phi_1\right) + \frac{\partial F}{\partial p}\frac{\partial \Phi_1}{\partial x} + \frac{\partial F}{\partial q}\frac{\partial \Phi_2}{\partial x} = 0$$

oder

$$\frac{dF}{dx} + \frac{\partial F}{\partial z}\left(\frac{\partial \Phi}{\partial x} - \Phi_1\right) + \frac{\partial F}{\partial p}\frac{\partial \Phi_1}{\partial x} + \frac{\partial F}{\partial q}\frac{\partial \Phi_2}{\partial x} = 0.$$

Entsprechend hat man

$$\frac{dG}{dx} + \frac{\partial G}{\partial z}\left(\frac{\partial \Phi}{\partial x} - \Phi_1\right) + \frac{\partial G}{\partial p}\frac{\partial \Phi_1}{\partial x} + \frac{\partial G}{\partial q}\frac{\partial \Phi_2}{\partial x} = 0.$$

Durch Elimination von $\frac{\partial \Phi_1}{\partial x}$ aus den beiden letzten Gleichungen ergibt sich

$$\frac{\partial F}{\partial p}\frac{dG}{dx} - \frac{\partial G}{\partial p}\frac{dF}{dx} + \frac{\partial(F, G)}{\partial(p, z)}\left(\frac{\partial \Phi}{\partial x} - \Phi_1\right) + \frac{\partial(F, G)}{\partial(p, q)}\frac{\partial \Phi_2}{\partial x} = 0$$

und hieraus durch Vertauschung von x und y

$$\frac{\partial F}{\partial q}\frac{dG}{dy} - \frac{\partial G}{\partial q}\frac{dF}{dy} + \frac{\partial(F, G)}{\partial(q, z)}\left(\frac{\partial \Phi}{\partial y} - \Phi_2\right) - \frac{\partial(F, G)}{\partial(p, q)}\frac{\partial \Phi_1}{\partial y} = 0.$$

Durch Addition erhält man die identische Gleichung

$$(74') \quad \left\{ \begin{aligned} & [F, G] + \frac{\partial (F,G)}{\partial (p,z)} \left(\frac{\partial \Phi}{\partial x} - \Phi_1 \right) + \frac{\partial (F,G)}{\partial (q,z)} \left(\frac{\partial \Phi}{\partial y} - \Phi_2 \right) \\ & + \frac{\partial (F,G)}{\partial (p,q)} \left(\frac{\partial \Phi_2}{\partial x} - \frac{\partial \Phi_1}{\partial y} \right) = 0. \end{aligned} \right.$$

Hierzu kommen zwei weitere Gleichungen (74″) und (74‴), welche aus (74′) dadurch hervorgehen, daß man F, G durch F, H oder durch G, H ersetzt.

Hiernach haben die drei Gleichungen (72) die drei Gleichungen (73) zur Folge.

Sind umgekehrt die drei Bedingungen (73) erfüllt, so ist nach (74′)

$$\frac{\partial (F,G)}{\partial (p,z)} \left(\frac{\partial \Phi}{\partial x} - \Phi_1 \right) + \frac{\partial (F,G)}{\partial (q,z)} \left(\frac{\partial \Phi}{\partial y} - \Phi_2 \right) + \frac{\partial (F,G)}{\partial (p,q)} \left(\frac{\partial \Phi_2}{\partial x} - \frac{\partial \Phi_1}{\partial y} \right) = 0,$$

hierzu kommen die beiden aus (74″) und (74‴) folgenden analogen Gleichungen. Wir haben somit drei lineare homogene Gleichungen mit den Unbekannten

$$\frac{\partial \Phi}{\partial x} - \Phi_1, \qquad \frac{\partial \Phi}{\partial y} - \Phi_2, \qquad \frac{\partial \Phi_2}{\partial x} - \frac{\partial \Phi_1}{\partial y}.$$

Diese drei Größen verschwinden, da die Determinante dritten Grades aus ihren Koeffizienten von Null verschieden ist. Als Koeffizienten treten nämlich die Unterdeterminanten der Determinante

$$\Delta = \frac{\partial (F, G, H)}{\partial (z, p, q)}$$

auf; die aus den Unterdeterminanten von Δ gebildete Determinante dritten Grades ist gleich Δ^2, also von Null verschieden, da Δ nicht verschwinden soll.

Man kann demnach die **Differentialgleichung** (A)

$$F(x, y, x, p, q) = 0$$

integrieren, indem man zwei Funktionen G und H von x, y, z, p, q bestimmt, welche die Bedingungen (73)

$$[F, G] = 0, \qquad [F, H] = 0, \qquad [G, H] = 0$$

erfüllen und überdies so beschaffen sind, daß die Determinante

$$\frac{\partial (F, G, H)}{\partial (z, p, q)}$$

nicht verschwindet. Durch Elimination von p, q aus den drei Gleichungen

$$(75) \qquad F = 0, \qquad G = a, \qquad H = b,$$

worin a und b willkürliche Konstante sind, erhält man ein vollständiges Integral

$$(76) \qquad z = \Phi(x, y, a, b)$$

der Gleichung (A).

Achtes Kapitel.

Partielle Differentialgleichungen zweiter Ordnung mit zwei unabhängigen Veränderlichen.

§ 51. Beweis der Existenz der Integrale einer partiellen Differentialgleichung zweiter Ordnung.

Es liege die partielle Differentialgleichung zweiter Ordnung mit der abhängigen Veränderlichen z und den beiden unabhängigen Veränderlichen x, y vor:

$$\text{(A)} \qquad F(x, y, z, p, q, r, s, t) = 0;$$

dabei ist gesetzt:

$$p = \frac{\partial z}{\partial x}, \quad q = \frac{\partial z}{\partial y}, \quad r = \frac{\partial^2 z}{\partial x^2}, \quad s = \frac{\partial^2 z}{\partial x \partial y}, \quad t = \frac{\partial^2 z}{\partial y^2}.$$

F sei eine analytische Funktion der beigefügten Argumente, welche an der Stelle $x = x_0$, $y = y_0$, $z = z_0$, $p = p_0$, $q = q_0$, $r = r_0$, $s = s_0$, $t = t_0$ verschwindet und sich in der Umgebung dieser Stelle regulär verhält. Wenn $\frac{\partial F}{\partial t}$ an der bezeichneten Stelle von Null verschieden ist, läßt sich die Gleichung (A) auf die Form

$$\text{(1)} \qquad t = f(x, y, z, p, q, r, s)$$

bringen, wo f eine in der Umgebung der Stelle $x = x_0, \ldots, s = s_0$ reguläre Funktion der angegebenen sieben Argumente ist, welche an dieser Stelle den Wert t_0 annimmt.

Es seien zwei analytische Funktionen $\varphi(x)$, $\psi(x)$ von x gegeben, welche in der Umgebung von $x = x_0$ regulär sind, und zwar sei $\varphi(x_0) = z_0$, $\varphi'(x_0) = p_0$, $\varphi''(x_0) = r_0$, $\psi(x_0) = q_0$, $\psi'(x_0) = s_0$. Wir zeigen, daß die Differentialgleichung (A) oder (1) durch eine analytische Funktion z von x, y befriedigt wird, welche sich an der Stelle $x = x_0$, $y = y_0$ regulär verhält und so beschaffen ist, daß für $y = y_0$

$$z = \varphi(x), \quad \frac{\partial z}{\partial y} = \psi(x)$$

wird.

Wir nehmen $x_0 = 0$, $y_0 = 0$ an und setzen

$$z = \bar{z} + \varphi(x) + y\psi(x) + \tfrac{1}{2} A y^2,$$

$$A = f[0, 0, \varphi(0), \varphi'(0), \psi(0), \varphi''(0), \psi'(0)].$$

so daß

$$p = \frac{\partial \bar z}{\partial x} + \varphi'(x) + y\varphi'(x), \quad q = \frac{\partial \bar z}{\partial y} + \psi(x) + Ay,$$

$$r = \frac{\partial^2 \bar z}{\partial x^2} + \varphi''(x) + y\psi''(x), \quad s = \frac{\partial^2 \bar z}{\partial x\, \partial y} + \psi'(x), \quad t = \frac{\partial^2 \bar z}{\partial y^2} + A$$

wird; dadurch geht die Gleichung (1) über in die Gleichung

$$\frac{\partial^2 \bar z}{\partial y^2} = f(x, y, z, p, q, r, s) - A,$$

deren rechte Seite, wenn für z, p, q, r, s die obigen Ausdrücke eingesetzt werden, sich in eine Potenzreihe von

$$x,\ y,\ \bar z,\ \frac{\partial \bar z}{\partial x},\ \frac{\partial \bar z}{\partial y},\ \frac{\partial^2 \bar z}{\partial x^2},\ \frac{\partial^2 \bar z}{\partial x\, \partial y}$$

ohne konstantes Glied entwickeln läßt; für $y = 0$ sollen $\bar z$ und $\frac{\partial \bar z}{\partial y}$ verschwinden. Wir schreiben statt $\bar z$ wieder z und betrachten die Differentialgleichung

$$(2) \qquad t = f(x, y, z, p, q, r, s),$$

wo f eine Potenzreihe von $x, y, \ldots, s$ ist, welche für $x = y = \ldots = s = 0$ verschwindet; wir suchen der Differentialgleichung (2) durch eine in der Umgebung von $x = y = 0$ reguläre Funktion z von x, y zu genügen, welche die Bedingungen erfüllt:

$$z = 0, \quad \frac{\partial z}{\partial y} = 0 \text{ für } y = 0.$$

Für diese Funktion ist[1])

$$\left(\frac{\partial^\mu z}{\partial x^\mu}\right)_0 = 0, \quad \left(\frac{\partial^{\mu+1} z}{\partial x^\mu\, \partial y}\right)_0 = 0.$$

Aus der Gleichung (2) folgt

$$\left(\frac{\partial^2 z}{\partial y^2}\right)_0 = 0;$$

indem man (2) wiederholt nach x differentiiert, erhält man

$$\left(\frac{\partial^{\mu+2} z}{\partial x^\mu\, \partial y^2}\right)_0$$

usw. So ergeben sich sämtliche Größen

$$\left(\frac{\partial^{\mu+\nu} z}{\partial x^\mu\, \partial y^\nu}\right)_0 \qquad (\mu, \nu = 0, 1, 2, \ldots)$$

---

[1]) Der Wert einer Funktion φ für $x = 0$, $y = 0$ wird mit $(\varphi)_0$ bezeichnet.

aus den Koeffizienten der Potenzreihe f, und es bleibt noch die Konvergenz der Potenzreihe S

$$z = \sum_{\mu\nu} \frac{1}{\mu!\,\nu!} \left(\frac{\partial^{\mu+\nu} z}{\partial x^\mu \, \partial y^\nu} \right)_0 x^\mu y^\nu \tag{3}$$

für hinreichend kleine Werte von $|x|$ und $|y|$ nachzuweisen.

Die Reihe für f sei für $|x| \leq \varrho$, $|y| \leq \varrho$, $|z| \leq \varrho$, $|p| \leq \varrho$, $|q| \leq \varrho$, $|r| \leq R$, $|s| \leq R$ konvergent. Die Funktion (4)

$$\left\{ \begin{aligned} & V(x, y, z, p, q, r, s) \\ & = \frac{M}{\left(1 - \dfrac{x + \dfrac{y}{a} + z + p + q}{\varrho}\right)\left(1 - \dfrac{r+s}{R}\right)} - M, \end{aligned} \right. \tag{4}$$

wo M eine hinreichend große positive Größe und $0 < a < 1$ ist, läßt sich in eine Potenzreihe der angegebenen sieben Argumente entwickeln, deren Koeffizienten positiv und nicht kleiner sind als die entsprechenden Koeffizienten der Potenzreihe f (vgl. § 43). Die Differentialgleichung

$$t = V(x, y, z, p, q, r, s) \tag{5}$$

wird formell befriedigt, wenn man für z eine Potenzreihe S' von x, y setzt, welche nebst der Ableitung $\dfrac{\partial z}{\partial y}$ für $y = 0$ verschwindet und deren Koeffizienten positiv und nicht kleiner sind als die absoluten Beträge der entsprechenden Koeffizienten der Reihe S.

Wird die Differentialgleichung (5) durch eine Funktion z von $u = ax + y$ befriedigt, so ist

$$\left\{ \begin{aligned} & \left(1 - \frac{M(a + a^2)}{R}\right) \frac{d^2 z}{du^2} - \frac{a + a^2}{R} \left(\frac{d^2 z}{du^2}\right)^2 \\ & = \frac{M}{1 - \dfrac{\dfrac{u}{a} + z + (1 + a)\dfrac{dz}{du}}{\varrho}} - M. \end{aligned} \right. \tag{6}$$

Die rechte Seite läßt sich in eine Potenzreihe von z, u, $\dfrac{dz}{du}$ mit positiven Koeffizienten ohne konstantes Glied entwickeln; der Koeffizient von

$$\frac{d^2 z}{du^2}$$

auf der linken Seite ist positiv, wenn a so klein angenommen wird, daß $M(a + a^2) < R$ ist. Handelt es sich um das Integral z, für welches

$$z = 0, \quad \frac{dz}{du} = 0, \quad \frac{d^2z}{du^2} = 0 \quad \text{für } u = 0$$

ist, so bringt man die Gleichung (6) durch Auflösung nach $\frac{d^2z}{du^2}$ auf die Form

$$\frac{d^2z}{du^2} = \varphi\left(u, z, \frac{dz}{du}\right),$$

wo φ eine Potenzreihe der drei beigefügten Argumente mit positiven Koeffizienten ohne konstantes Glied ist. Dieser Differentialgleichung wird durch eine konvergente Potenzreihe

$$\text{(7)} \qquad z = \frac{1}{3!}\left(\frac{d^3z}{du^3}\right)_0 u^3 + \ldots$$

mit lauter positiven Koeffizienten genügt.[1])

Setzt man darin $u = ax + y$, so hat man eine Potenzreihe S'' von x, y mit lauter positiven Koeffizienten, welche der Differentialgleichung (2) genügt und für hinreichend kleine Werte von $|x|$ und $|y|$ konvergiert. Die Koeffizienten von x^3, x^4, ... und x^2y, x^3y, ... in der Reihe S'' sind positiv, während die entsprechenden Koeffizienten in der Reihe S' verschwinden; daraus folgt, daß der Koeffizient von $x^\mu y^\nu$ in der Reihe S' nicht größer ist als der entsprechende Koeffizient der Reihe S''. Demnach ist auch die Reihe S' für hinreichend kleine Werte von $|x|$ und $|y|$ konvergent, und das gleiche gilt von der Reihe S.

Es gilt also der Satz:

In der partiellen Differentialgleichung zweiter Ordnung

$$\text{(A)} \qquad F(x, y, z, p, q, r, s, t) = 0$$

sei F eine analytische Funktion von x, y, z, p, q, r, s, t, welche sich in der Umgebung der Stelle $x = x_0$, $y = y_0$, $z = z_0$, $p = p_0$, $q = q_0$, $r = r_0$, $s = s_0$, $t = t_0$ regulär verhält und an dieser Stelle verschwindet, während $\frac{\partial F}{\partial t}$ von Null verschieden ist. Es seien zwei analytische Funktionen $\varphi(x)$, $\psi(x)$ gegeben, welche sich in der Umgebung des Wertes $x = x_0$ regulär verhalten und die Bedingungen erfüllen: $\varphi(x_0) = z_0$, $\varphi'(x_0) = p_0$, $\varphi''(x_0) = r_0$, $\psi(x_0) = q_0$, $\psi'(x_0) = s_0$. Die Differentialgleichung (A) wird durch eine einzige analytische Funktion $z = \Phi(x, y)$ befriedigt, welche sich in der Umgebung der Stelle $x = x_0$, $y = y_0$ regulär verhält und für $y = y_0$ in die gegebene Funktion $\varphi(x)$ übergeht, während $\frac{\partial z}{\partial y}$ für $y = y_0$ gleich der gegebenen Funktion $\psi(x)$ wird.

---

[1]) Gewöhnl. Differentialgl., 2. Aufl., S. 109.

§ 52. Integralfläche, welche einen gegebenen Streifen enthält.

Fassen wir wieder x, y, z als rechtwinklige Koordinaten eines Punktes im Raume auf, so stellt die Gleichung $z = \Phi(x, y)$ eine Integralfläche der partiellen Differentialgleichung zweiter Ordnung (A) dar, welche durch die vorgeschriebene Kurve $y = y_0$, $z = \varphi(x)$ geht; in jedem Punkte dieser Kurve ist auch die Tangentialebene der Integralfläche durch Angabe der Werte $p = \varphi'(x)$, $q = \psi(x)$ vorgeschrieben. Mit anderen Worten, die Differentialgleichung (A) besitzt eine und nur eine analytische Integralfläche $z = \Phi(x, y)$, welche den Streifen $x = x$, $y = y_0$, $z = \varphi(x)$, $p = \varphi'(x)$, $q = \psi(x)$ enthält, dessen Kurve $y = y_0$, $z = \varphi(x)$ in einer zur xz-Ebene parallelen Ebene liegt.

Es seien jetzt

$$(8) \qquad x = f_1(u), \quad y = f_2(u), \quad z = f_3(u), \quad p = f_4(u), \quad q = f_5(u)$$

als analytische Funktionen einer Veränderlichen u gegeben, welche die Bedingung

$$dz = p\,dx + q\,dy$$

erfüllen; wir fragen nach der Integralfläche der Differentialgleichung (A), welche den durch die Gleichungen (8) dargestellten Streifen von Flächenelementen (x, y, z, p, q) enthält.

In jedem Punkt der Kurve C

$$x = f_1(u), \quad y = f_2(u), \quad z = f_3(u)$$

sind die Werte

$$p = f_4(u), \quad q = f_5(u)$$

für die gesuchte Integralfläche vorgeschrieben. Die zugehörigen Werte r, s, t genügen den Gleichungen

$$(9) \qquad \begin{cases} r\,dx + s\,dy - dp = 0, \\ s\,dx + t\,dy - dq = 0, \\ F(x, y, z, p, q, r, s, t) = 0. \end{cases}$$

Setzt man

$$(10) \qquad R = \frac{\partial F}{\partial r}, \quad S = \frac{\partial F}{\partial s}, \quad T = \frac{\partial F}{\partial t},$$

so ist die Funktionaldeterminante der linken Seiten der drei Gleichungen (9) in Bezug auf r, s, t:

$$(11) \qquad \Delta = \begin{vmatrix} dx, & dy, & 0 \\ 0, & dx, & dy \\ R, & S, & T \end{vmatrix} = R\,dy^2 - S\,dx\,dy + T\,dx^2.$$

Wir nehmen an, daß einem Element (x, y, z, p, q) des gegebenen Streifens ein den Gleichungen (9) genügendes Wertsystem r, s, t entspricht, für welches Δ von Null verschieden ist.

Wenn man die beiden ersten Gleichungen (9) nach der in (8) enthaltenen unabhängigen Veränderlichen u und die dritte Gleichung (9) zuerst partiell nach x und dann partiell nach y differentiiert, erhält man zur Berechnung der vier partiellen Ableitungen dritter Ordnung von z die vier linearen Gleichungen

$$\begin{aligned}
dx^2 \frac{\partial^3 z}{\partial x^3} + 2\,dx\,dy \frac{\partial^3 z}{\partial x^2\,\partial y} + dy^2 \frac{\partial^3 z}{\partial x\,\partial y^2} &= \cdots, \\
dx^2 \frac{\partial^3 z}{\partial x^2\,\partial y} + 2\,dx\,dy \frac{\partial^3 z}{\partial x\,\partial y^2} + dy^2 \frac{\partial^3 z}{\partial y^3} &= \cdots, \\
R \frac{\partial^3 z}{\partial x^3} + S \frac{\partial^3 z}{\partial x^2\,\partial y} + T \frac{\partial^3 z}{\partial x\,\partial y^2} &= \cdots, \\
R \frac{\partial^3 z}{\partial x^2\,\partial y} + S \frac{\partial^3 z}{\partial x\,\partial y^2} + T \frac{\partial^3 z}{\partial y^3} &= \cdots;
\end{aligned}$$

die Determinante der Koeffizienten der Unbekannten

$$\Delta' = \begin{vmatrix} dx^2, & 2dx\,dy, & dy^2, & 0 \\ 0, & dx^2, & 2dxdy, & dy^2 \\ R, & S, & T, & 0 \\ 0, & R, & S, & T \end{vmatrix}$$

ist, wie wir zeigen werden, gleich Δ^2, also von Null verschieden, so daß die partiellen Ableitungen dritter Ordnung von z eindeutig bestimmt sind.

Der versprochene Nachweis wird folgendermaßen geführt. Unter der Voraussetzung, daß μ der Gleichung

$$R + S\mu + T\mu^2 = 0$$

genügt, vermehren wir die erste Spalte der Determinante Δ' um die mit μ multiplizierte zweite, die mit μ^2 multiplizierte dritte und die mit μ^3 multiplizierte vierte Spalte; dann enthält die erste Spalte die Elemente

$$(dx + \mu\,dy)^2,\ \mu\ (dx + \mu dy)^2,\ 0,\ 0,$$

so daß die Determinante Δ' durch $(dx + \mu dy)^2$ teilbar ist. Sind μ_1 und μ_2 die beiden Wurzeln der obigen quadratischen Gleichung, so ist

$$\begin{aligned}
\Delta' &= T^2 (dx + \mu_1 dy)^2 (dx + \mu_2 dy)^2 \\
&= (T\,dx^2 - S dx\,dy + R\,dy^2)^2 = \Delta^2,
\end{aligned}$$

w. z. b. w.

Fährt man so fort, so erhält man auch für die partielle Ableitungen höherer Ordnung von z bestimmte Werte. Die Differentialgleichung kann also, wenn Δ von Null verschieden ist, nur ein Integral besitzen, welches sich in der Umgebung eines Punktes der gegebenen Kurve regulär verhält.

Es ist noch zu zeigen, daß die Reihe

$$z = z_0 + p_0 (x - x_0) + q_0 (y - y_0) + \tfrac{1}{2} r_0 (x - x_0)^2 + \ldots$$

in der Umgebung der Stelle $x = x_0$, $y = y_0$ konvergiert; dabei ist $(x_0, y_0, z_0, p_0, q_0)$ ein Element des gegebenen Streifens, während $r_0, \ldots$ die zugehörigen Werte der partiellen Ableitungen zweiter und höherer Ordnung von z nach x und y bedeuten.

Wir stellen die Kurve C durch die Gleichungen $y = f(x)$, $z = g(x)$ dar, wo $f(x)$, $g(x)$ für $x = x_0$ regulär sein mögen. An Stelle von x, y, z führen wir die neuen Veränderlichen

$$\mathfrak{x} = x, \qquad \mathfrak{y} = y - f(x), \qquad \mathfrak{z} = z - g(x)$$

ein und setzen

$$\mathfrak{p} = \frac{\partial \mathfrak{z}}{d\mathfrak{x}}, \qquad \mathfrak{q} = \frac{\partial \mathfrak{z}}{\partial \mathfrak{y}}, \qquad \mathfrak{r} = \frac{\partial^2 \mathfrak{z}}{\partial \mathfrak{x}^2}, \qquad \mathfrak{s} = \frac{\partial^2 \mathfrak{z}}{\partial \mathfrak{x}\, \partial \mathfrak{y}}, \qquad \mathfrak{t} = \frac{\partial^2 \mathfrak{z}}{\partial \mathfrak{y}^2}.$$

Wie in § 44 (S. 169) ergibt sich

$$p = \mathfrak{p} - \mathfrak{q} f'(x) + g'(x), \quad q = \mathfrak{q};$$
$$\mathfrak{p} = p + q f'(x) - g'(x), \quad \mathfrak{q} = q.$$

Die Gleichung

$$d\mathfrak{q} = \mathfrak{s}\, d\mathfrak{x} + \mathfrak{t}\, d\mathfrak{y}$$

geht über in

$$dq = \mathfrak{s}\, dx + \mathfrak{t}\,(dy - f'(x)\, dx) = (\mathfrak{s} - \mathfrak{t} f'(x))dx + \mathfrak{t}\, dy$$

und die Gleichung

$$d\mathfrak{p} = \mathfrak{r}\, d\mathfrak{x} + \mathfrak{s}\, d\mathfrak{y}$$

in

$$dp + f'(x)\, dq + q f''(x)\, dx - g''(x)\, dx = \mathfrak{r}\, dx + \mathfrak{s}\,(dy - f'(x)\, dx)$$

oder, wenn für dq der vorhin gefundene Ausdruck eingesetzt wird,

$$dp = (\mathfrak{r} - 2\mathfrak{s} f'(x) + \mathfrak{t}\,[f'(x)]^2 - \mathfrak{q} f''(x) + g''(x))\, dx + (\mathfrak{s} - \mathfrak{t} f'(x))\, dy;$$

folglich ist

$$r = \mathfrak{r} - 2\mathfrak{s} f'(x) + \mathfrak{t}\,[f'(x)]^2 - \mathfrak{q} f''(x) + g''(x),$$
$$s = \mathfrak{s} - \mathfrak{t} f'(x),$$
$$t = \mathfrak{t}.$$

Die vorgelegte Differentialgleichung geht in eine Gleichung

$$\mathfrak{F}(\mathfrak{x}, \mathfrak{y}, \mathfrak{z}, \mathfrak{p}, \mathfrak{q}, \mathfrak{r}, \mathfrak{s}, \mathfrak{t}) = 0$$

über. Die gegebene Kurve C hat in den neuen Veränderlichen die Gleichungen $\mathfrak{y} = 0$, $\mathfrak{z} = 0$; längs dieser Kurve ist q eine gegebene Funktion von x, also $\mathfrak{q}$ eine gegebene Funktion von $\mathfrak{x}$. Wir haben also eine Funktion $\mathfrak{z}$ von $\mathfrak{x}$, $\mathfrak{y}$ zu bestimmen, welche für $\mathfrak{y} = 0$ verschwindet, während $\dfrac{\partial \mathfrak{z}}{\partial \mathfrak{y}}$ für $\mathfrak{y} = 0$ in die gegebene Funktion von $\mathfrak{x}$ übergeht.

Auf Grund der Gleichungen zwischen r, s, t und $\mathfrak{r}$, $\mathfrak{s}$, $\mathfrak{t}$ ist

$$\frac{\partial \mathfrak{F}}{\partial \mathfrak{r}} = \frac{\partial F}{\partial r},$$

$$\frac{\partial \mathfrak{F}}{\partial \mathfrak{s}} = -2\frac{\partial F}{\partial r} f'(x) + \frac{\partial F}{\partial s},$$

$$\frac{\partial \mathfrak{F}}{\partial \mathfrak{t}} = \frac{\partial F}{\partial r}\,[f'(x)]^2 - \frac{\partial F}{\partial s} f'(x) + \frac{\partial F}{\partial t};$$

da $d\mathfrak{x} = dx$, $d\mathfrak{y} = dy - f'(x)\,dx$ ist, hat man

$$\frac{\partial \mathfrak{F}}{\partial \mathfrak{r}} d\mathfrak{y}^2 - \frac{\partial \mathfrak{F}}{\partial \mathfrak{s}} d\mathfrak{x}\,d\mathfrak{y} + \frac{\partial \mathfrak{F}}{\partial \mathfrak{t}} d\mathfrak{x}^2$$

$$= \frac{\partial F}{\partial r} dy^2 - \frac{\partial F}{\partial s} dx\,dy + \frac{\partial F}{\partial t} dx^2 = \Delta.$$

Längs der Kurve C, welche in die $\mathfrak{x}$-Achse übergeführt wird, ist $\mathfrak{y} = 0$, also $d\mathfrak{y} = 0$, so daß

$$\Delta = \frac{\partial \mathfrak{F}}{\partial \mathfrak{t}}\, d\mathfrak{x}^2$$

ist. Da Δ auf C von Null verschieden ist, so kann $\frac{\partial \mathfrak{F}}{\partial \mathfrak{t}}$ nicht verschwinden; die transformierte Gleichung $\mathfrak{F} = 0$ läßt sich also nach $\mathfrak{t}$ auflösen. Nach dem in § 51 ausgesprochenen Satze besitzt diese Gleichung eine in der Umgebung von $\mathfrak{x} = x_0$, $\mathfrak{y} = 0$ reguläre Lösung $\mathfrak{z}$, welche so beschaffen ist, daß man für $\mathfrak{y} = 0$ $\mathfrak{z} = 0$, $\frac{\partial \mathfrak{z}}{\partial \mathfrak{y}} = 0$ hat.

Eine Funktion $z = \Phi(x, y)$, welche nicht nur der Differentialgleichung (A), sondern auch den Gleichungen

$$R = 0, \quad S = 0, \quad T = 0$$

genügt, heißt ein **singuläres Integral** der partiellen Differentialgleichung (A).

Jede nichtsinguläre Integralfläche $z = \Phi(x, y)$ kann durch das oben dargestellte Verfahren erhalten werden. Wir nehmen auf der Fläche $z = \Phi(x, y)$ eine analytische Kurve an und erhalten, indem wir jedem Punkt der Kurve die Tangentialebene der Fläche zuordnen, einen Streifen von Flächenelementen (x, y, z, p, q), durch welchen eine Integralfläche eindeutig bestimmt ist, wenn

$$\Delta = R\,dy^2 - S\,dx\,dy + T\,dx^2$$

von Null verschieden ist.

§ 53. Die Charakteristiken einer partiellen Differentialgleichung zweiter Ordnung.

Wir haben gesehen, daß durch einen Streifen von Flächenelementen (x, y, z, p, q), welche die Bedingung $dz = p\,dx + q\,dy$ erfüllen, im allgemeinen eine Integralfläche der partiellen Differentialgleichung zweiter Ordnung (A) bestimmt ist, nachdem für r, s, t ein den Gleichungen (9) genügendes Wertsystem festgelegt ist. Eine Unbestimmtheit kann nur dann eintreten, wenn die Elemente (x, y, z, p, q) des gegebenen Streifens und die aus (9) ermittelten zugehörigen Werte von r, s, t die Gleichung

$$R\,dy^2 - S\,dx\,dy + T\,dx^2 = 0 \tag{12}$$

erfüllen.

Ein System von Werten der Größen x, y, z, p, q, r, s, t bezeichnen wir als Flächenelement zweiter Ordnung. Eine einfache Mannigfaltigkeit von Flächenelementen zweiter Ordnung, welche der Gleichung (12) genügt und auf einer Integralfläche von (A) liegt, heißt eine Charakteristik (zweiter Ordnung) der partiellen Differentialgleichung (A). Für die Charakteristik gelten also außer der Gleichung (A) auch die Gleichung (12) und die Gleichungen

$$dz = p\,dx + q\,dy,$$
$$dp = r\,dx + s\,dy,$$
$$dq = s\,dx + t\,dy,$$

sowie die Gleichungen, welche man erhält, wenn man die Gleichung (A) partiell nach x bzw. y differentiiert. Die letzteren Gleichungen lauten, wenn man

$$X = \frac{\partial F}{\partial x} + p\frac{\partial F}{\partial z} + r\frac{\partial F}{\partial p} + s\frac{\partial F}{\partial q},$$
$$Y = \frac{\partial F}{\partial y} + q\frac{\partial F}{\partial z} + s\frac{\partial F}{\partial p} + t\frac{\partial F}{\partial q}$$

setzt und für die partiellen Ableitungen dritter Ordnung die Bezeichnung

$$\alpha = \frac{\partial^3 z}{\partial x^3}, \qquad \beta = \frac{\partial^3 z}{\partial x^2\,\partial y}, \qquad \gamma = \frac{\partial^3 z}{\partial x\,\partial y^2}, \qquad \delta = \frac{\partial^3 z}{\partial y^3}$$

benutzt,

$$X + R\alpha + S\beta + T\gamma = 0,$$
$$Y + R\beta + S\gamma + T\delta = 0.$$

Ferner ist, da die Charakteristik einer Integralfläche angehört,

$$dr = \alpha\,dx + \beta\,dy,$$
$$ds = \beta\,dx + \gamma\,dy,$$
$$dt = \gamma\,dx + \delta\,dy.$$

Die Auflösung der drei linearen Gleichungen

$$\begin{aligned} R\alpha + S\beta + T\gamma &= -X, \\ \alpha dx + \beta dy \quad &= dr, \\ \beta dx + \gamma dy &= ds \end{aligned}$$

mit den Unbekannten α, β, γ ergibt

$$\begin{vmatrix} R, & S, & T \\ dx, & dy, & 0 \\ 0, & dx, & dy \end{vmatrix} \alpha = \begin{vmatrix} -X, & S, & T \\ dr, & dy, & 0 \\ ds, & dx, & dy \end{vmatrix}$$

oder

$$\Delta \alpha = -X\,dy^2 - S\,dr\,dy + T(dr\,dx - ds\,dy).$$

Wegen $\Delta = 0$ muß auch

$$X\,dy^2 + S\,dr\,dy + T(ds\,dy - dr\,dx) = 0$$

sein; hieraus ergibt sich, wenn man den aus $\Delta = 0$ berechneten Wert

$$S = \frac{R\,dy^2 + T\,dx^2}{dx\,dy}$$

einsetzt,

$$X\,dx\,dy + R\,dr\,dy + T\,ds\,dx = 0.$$

Ähnlich erhält man die Gleichung

$$Y\,dx\,dy + R\,ds\,dy + T\,dt\,dx = 0.$$

Längs der Charakteristik sind also die folgenden Gleichungen erfüllt:

$$(13) \qquad \begin{cases} F(x, y, z, p, q, r, s, t) = 0, \\ dz = p\,dx + q\,dy, \\ dp = r\,dx + s\,dy, \\ dq = s\,dx + t\,dy, \\ R\,dy^2 - S\,dx\,dy + T\,dx^2 = 0, \\ X\,dx\,dy + R\,dr\,dy + T\,ds\,dx = 0, \\ Y\,dx\,dy + R\,ds\,dy + T\,dt\,dx = 0. \end{cases}$$

Diese Gleichungen sind nicht unabhängig voneinander. Denn wenn man die beiden letzten Gleichungen (13) durch dy bzw. dx dividiert und addiert, erhält man

$$X\,dx + Y\,dy + R\,dr + \left(T\frac{dx}{dy} + R\frac{dy}{dx}\right)ds + T\,dt = 0$$

oder mit Rücksicht auf $\Delta = 0$

$$X\,dx + Y\,dy + R\,dr + S\,ds + T\,dt = dF = 0.$$

Wir nehmen an, die Diskriminante $S^2 - 4RT$ der quadratischen Gleichung

$$Rm^2 - Sm + T = 0 \tag{14}$$

sei von Null verschieden. Sind überdies R und T von Null verschieden, so sind die voneinander verschiedenen Wurzeln m_1 und m_2 der Gleichung (14) weder gleich Null noch unendlich groß, und es ist

$$R(m_1 + m_2) = S, \qquad Rm_1 m_2 = T.$$

Die Gleichung $\Delta = 0$ zerfällt in die beiden Gleichungen

$$dy = m_1 dx, \qquad dy = m_2 dx.$$

Wir erhalten zwei Systeme von Charakteristiken, je nachdem wir die Gleichung $\Delta = 0$ durch die eine oder die andere dieser beiden Gleichungen ersetzen. *Das erste Charakteristikensystem genügt den Differentialgleichungen*

$$\left\{\begin{aligned} &\frac{dy}{dx} = m_1, \\ &\frac{dz}{dx} = p + m_1 q, \\ &\frac{dp}{dx} = r + m_1 s, \\ &\frac{dq}{dx} = s + m_1 t, \\ &\frac{dr}{dx} + m_2 \frac{ds}{dx} = -\frac{X}{R}, \\ &\frac{ds}{dx} + m_2 \frac{dt}{dx} = -\frac{Y}{R}. \end{aligned}\right. \tag{15}$$

Durch Vertauschung von m_1 und m_2 erhält man die Differentialgleichungen des zweiten Systems von Charakteristiken.

Da die sechs Differentialgleichungen (15) die unabhängigen Veränderliche x und die sieben abhängigen Veränderlichen y, z, p, q, r, s, t enthalten, so kann man für eine der abhängigen Veränderlichen eine willkürliche Funktion von x setzen und dann noch die Werte vorschreiben, welche die übrigen abhängigen Veränderlichen für einen gegebenen Wert von x annehmen.

Wir behalten die Annahme bei, daß $S^2 - 4RT$ von Null verschieden ist; die Voraussetzung, daß weder R noch T verschwindet, lassen wir jedoch fallen.

Ist $T = 0$, aber R von Null verschieden, so zerfällt die Gleichung (12) in die beiden Gleichungen

$$R\,dy - S\,dx = 0$$

und

$$dy = 0.$$

Man erhält ein erstes System von Charakteristiken, dessen Gleichungen aus den Gleichungen (13) dadurch hervorgehen, daß man die dortige fünfte Gleichung durch

$$R\,dy - S\,dx = 0$$

ersetzt. Für ein zweites System erhält man die Gleichungen

$$(13^0)\quad \begin{cases} F(x,\, y,\, z,\, p,\, q,\, r,\, s,\, t) = 0, \\ dy = 0, \quad dz = p\,dx, \quad dp = r\,dx, \quad dq = s\,dx, \\ X + R\dfrac{dr}{dx} + S\dfrac{ds}{dx} = 0, \\ Y + R\dfrac{ds}{dx} + S\dfrac{dt}{dx} = 0. \end{cases}$$

Die vorletzte Gleichung ergibt sich durch Elimination von α und β aus den Gleichungen

$$X + R\alpha + S\beta = 0,$$
$$dr = \alpha\,dx, \quad ds = \beta\,dx;$$

ähnlich erhält man die letzte Gleichung.

Hat man gleichzeitig $R = 0$, $T = 0$, so hat das erste System von Charakteristiken die Gleichungen

$$(13')\quad \begin{cases} F = 0, \quad dy = 0, \quad dz = p\,dx, \quad dp = r\,dx, \quad dq = s\,dx, \\ \qquad X + S\dfrac{ds}{dx} = 0, \quad Y + S\dfrac{dt}{dx} = 0. \end{cases}$$

Die Gleichungen des zweiten Charakteristikensystems sind

$$(13'')\quad \begin{cases} F = 0, \quad dx = 0, \quad dz = q\,dy, \quad dp = s\,dy, \quad dq = t\,dy, \\ \qquad X + S\dfrac{dr}{dy} = 0, \quad Y + S\dfrac{ds}{dy} = 0. \end{cases}$$

Eine nichtsinguläre Integralfläche $z = \Phi(x, y)$ *der partiellen Differentialgleichung* (A) *enthält unendlich viele Charakteristiken und zwar, wenn* $S^2 - 4RT$ *von Null verschieden ist, unendlich viele Charakteristiken eines jeden der beiden Systeme.*

Die Gleichung (12), worin jetzt

$$p = \frac{\partial \Phi}{\partial x}, \qquad q = \frac{\partial \Phi}{\partial y}, \qquad r = \frac{\partial^2 \Phi}{\partial x^2}, \qquad s = \frac{\partial^2 \Phi}{\partial x\,\partial y}, \qquad t = \frac{\partial^2 \Phi}{\partial y^2}$$

gesetzt wird, stellt eine Differentialgleichung erster Ordnung zwischen x und y dar, welche in zwei Gleichungen

$$dy = m_1(x, y)\,dx, \qquad dy = m_2(x, y)\,dx$$

zerfällt (die im Falle $S^2 - 4RT = 0$ identisch sind). Indem man eine dieser beiden Gleichungen integriert und damit die Gleichung $z = \Phi(x, y)$

verbindet, erhält man unendlich viele (von einer willkürlichen Konstanten abhängende) Charakteristiken auf der Fläche $z = \Phi(x, y)$.

Die Integration der partiellen Differentialgleichung erster Ordnung konnte im siebenten Kapitel mit Hilfe der Charakteristiken auf die Integration eines Systems gewöhnlicher Differentialgleichungen zurückgeführt werden. Dagegen ist die Zurückführung der allgemeinen partiellen Differentialgleichung zweiter Ordnung auf gewöhnliche Differentialgleichungen nicht gelungen.

§ 54. Ein weiterer Existenzsatz.

An den in § 51 ausgesprochenen Existenzsatz schließt sich folgender Satz von Goursat an, den wir in § 55 zur Weiterführung der Theorie der Charakteristiken benutzen.

In der partiellen Differentialgleichung zweiter Ordnung

$$s = f(x, y, z, p, q, r, t) \tag{B}$$

sei f eine analytische Funktion, welche sich in der Umgebung der Werte $x = x_0$, $y = y_0$, $z = z_0$, $p = p_0$, $q = q_0$, $r = r_0$, $t = t_0$ regulär verhält, während die partielle Ableitung $\frac{\partial f}{\partial r}$ für diese Werte verschwindet; ferner seien zwei analytische Funktionen $\varphi(x)$ und $\psi(y)$ gegeben, welche bei $x = x_0$ bzw. $y = y_0$ regulär sind und den Gleichungen

$$\varphi(x_0) = \psi(y_0) = z_0,\ \varphi'(x_0) = r_0,\ \psi'(y_0) = q_0,\ \varphi''(x_0) = r_0,\ \psi''(y_0) = t_0$$

genügen. Dann wird die Differentialgleichung (B) *durch eine in der Umgebung von $x = x_0$, $y = y_0$ reguläre Funktion z von x, y befriedigt, welche sich für $y = y_0$ auf $\varphi(x)$ und für $x = x_0$ auf $\psi(y)$ reduziert.*[1])

Geometrisch ausgedrückt: die Differentialgleichung (B) besitzt eine Integralfläche, welche durch die beiden sich schneidenden Kurven $y = y_0$, $z = \varphi(x)$ und $x = x_0$, $z = \psi(y)$ geht.

Zum Beweise nehmen wir $x_0 = 0$, $y_0 = 0$ an und setzen

$$z = z' + \varphi(x) + \psi(y) - z_0 + Axy,$$
$$A = f(0, 0, z_0, p_0, q_0, r_0, t_0),$$

so daß

$$p = \frac{\partial z'}{\partial x} + \varphi'(x) + Ay, \qquad q = \frac{\partial z'}{\partial y} + \psi'(y) + Ax,$$

$$r = \frac{\partial^2 z'}{\partial x^2} + \varphi''(x), \qquad s = \frac{\partial^2 z'}{\partial x \partial y} + A, \qquad t = \frac{\partial^2 z}{\partial y^2} + \psi''(y)$$

ist. Die Gleichung (B) geht in

$$\frac{\partial^2 z'}{\partial x \partial y} = f(x, y, z, p, q, r, t) - A$$

1) Vgl. den in § 4 für lineare Differentialgleichungen bewiesenen Satz.

über, wo die rechte Seite nach Einsetzung der obigen Ausdrücke für z, p, q, r, t eine Potenzreihe von

$$x,\ y,\ z',\ \frac{\partial z'}{\partial x},\ \frac{\partial z'}{\partial y},\ \frac{\partial^2 z'}{\partial x^2},\ \frac{\partial^2 z'}{\partial y^2}$$

ist, welche für die Nullwerte dieser Größen verschwindet; dasselbe gilt für die Ableitung der rechten Seite nach $\frac{\partial^2 z'}{\partial x^2}$.

Wir betrachten demnach, indem wir statt z' wieder z schreiben, eine Differentialgleichung

$$s = f(x,\ y,\ z,\ p,\ q,\ r,\ t), \tag{16}$$

wo f in der Umgebung der Werte $x = 0$, $y = 0$, $z = 0$, $p = 0$, $q = 0$, $r = 0$, $t = 0$ regulär ist und für diese Werte nebst der Ableitung $\frac{\partial f}{\partial r}$ verschwindet. Wir suchen der Gleichung (16) durch eine Funktion z von x, y zu genügen, welche in der Umgebung von $x = 0$, $y = 0$ regulär ist und sowohl für $x = 0$ als auch für $y = 0$ verschwindet.

Für diese Funktion ist

$$\left(\frac{\partial^\nu z}{\partial x^\nu}\right)_0 = 0, \quad \left(\frac{\partial^\nu z}{\partial y^\nu}\right)_0 = 0 \qquad (\nu = 1,\ 2,\ \ldots)$$

und nach (16)

$$\left(\frac{\partial^2 z}{\partial x\, \partial y}\right)_0 = 0.$$

Dabei ist der Wert, welchen eine Funktion Φ von x, y für $x = 0$, $y = 0$ annimmt, mit $(\Phi)_0$ bezeichnet. Indem man die Gleichung (16) nach x oder nach y partiell differentiiert, erhält man

$$\frac{\partial^3 z}{\partial x^2\, \partial y}, \qquad \frac{\partial^3 z}{\partial x\, \partial y^2}$$

durch

$$\frac{\partial^3 z}{\partial x^3}, \qquad \frac{\partial^3 z}{\partial y^3}$$

und die Ableitungen geringerer als dritter Ordnung ausgedrückt; man kennt also auch

$$\left(\frac{\partial^3 z}{\partial x^2\, \partial y}\right)_0, \qquad \left(\frac{\partial^3 z}{\partial x\, \partial y^2}\right)_0.$$

Durch Fortsetzung dieses Verfahrens erhält man sämtliche Ableitungen

$$\left(\frac{\partial^{\mu+\nu} z}{\partial x^\mu\, \partial y^\nu}\right)_0$$

durch die Operationen der Addition und Multiplikation.

Es ist zu zeigen, daß die Reihe S

$$z = \sum \frac{1}{\mu!\, \nu!} \left(\frac{\partial^{\mu+\nu} z}{\partial x^\mu \partial y^\nu} \right)_0 x^\mu y^\nu \tag{17}$$

konvergiert, wenn $|x|$ und $|y|$ hinreichend klein sind.

Wir nehmen an, die Reihe für die Funktion f sei für $|x| \leq \varrho$, $|y| \leq \varrho$, $|z| \leq \varrho$, $|p| \leq \varrho$, $|q| \leq \varrho$, $|r| \leq R$, $|t| \leq R$ konvergent und der absolute Betrag von f sei in dem angegebenen Gebiet höchstens gleich M. Die Funktion

$$\left\{ V = \frac{M}{\left(1 - \frac{\frac{x}{a} + y + z + p + q}{\varrho}\right)\left(1 + \frac{r+t}{R}\right)} - M\left(1 + \frac{r}{R}\right), \right. \tag{18}$$

wo $0 < a < 1$ ist, läßt sich in eine Potenzreihe von x, y, z, p, q, r, t entwickeln, in welcher das konstante Glied und der Koeffizient von r gleich Null sind, während die übrigen Koeffizienten positiv und nicht kleiner sind als die entsprechenden Koeffizienten in der Reihenentwicklung der Funktion f. Aus der Differentialgleichung

$$s = V(x, y, z, p, q, r, t) \tag{19}$$

erhält man für z eine Potenzreihe S' von x, y, welche für $x = 0$ und für $y = 0$ verschwindet und deren Koeffizienten positiv und nicht kleiner sind als die absoluten Beträge der Koeffizienten der aus (16) erhaltenen Reihe S.

Die Differentialgleichung (19) geht, wenn man für z eine Funktion von $u = x + ay$ setzt, in

$$\left\{ \begin{aligned} &\left(a - \frac{Ma^2}{R}\right)\frac{d^2 z}{du^2} - \left(\frac{a + a^3}{R} + \frac{M(1+a^2)}{R^2}\right)\left(\frac{d^2 z}{du^2}\right)^2 \\ &= \frac{M}{1 - \frac{\frac{u}{a} + z + (1+a)\frac{dz}{du}}{\varrho}} - M \end{aligned} \right. \tag{20}$$

über. Wir nehmen a so klein an, daß der Koeffizient von $\frac{d^2 z}{du^2}$ positiv ausfällt. Die rechte Seite der Gleichung läßt sich in eine Potenzreihe von $u, z, \frac{dz}{du}$ mit lauter positiven Koeffizienten (ohne konstantes Glied) entwickeln; die Gleichung kann auf die Form

$$\frac{d^2 z}{du^2} = \varphi\left(u, z, \frac{dz}{du}\right)$$

gebracht werden, wo φ eine Potenzreihe mit positiven Koeffizienten und mit verschwindendem konstanten Glied ist. Die Differentialgleichung (20) wird durch eine Potenzreihe

$$z = \frac{1}{3!}\left(\frac{d^3 z}{du^3}\right)_{u=0} \cdot u^3 + \cdots \tag{21}$$

mit positiven Koeffizienten befriedigt, welche für hinreichend kleine Werte von $| u |$ konvergiert.

Die Reihe (21) geht, wenn man $u = x + a y$ setzt, in eine Potenzreihe S'' von x, y mit lauter positiven Koeffizienten über, welche in der Umgebung von $x = 0$, $y = 0$ konvergiert und der Differentialgleichung (19) genügt. Die Koeffizienten der Reihe S' sind nicht größer als die entsprechenden Koeffizienten der Reihe S''; denn die Koeffizienten von $x^3, x^4, \ldots, y^3, y^4, \ldots$ in S'' sind positiv, während die entsprechenden Koeffizienten in S' verschwinden, und die übrigen Koeffizienten leiten sich aus den angegebenen durch Addition und Multiplikation ab. Demnach ist auch die Reihe S' und weiterhin die Reihe S konvergent, wenn die absoluten Beträge von x und y hinreichend klein sind.

§ 55. Integralflächen, welche eine gegebene Charakteristik enthalten.

Es sei jetzt eine Charakteristik der partiellen Differentialgleichung zweiter Ordnung (A) gegeben, d. h. eine einfache Mannigfaltigkeit von Flächenelementen zweiter Ordnung (x, y, z, p, q, r, s, t), welche den Gleichungen (13) genügen. Wir fragen nach den **Integralflächen, welche die gegebene Charakteristik enthalten.**

Wenn sich die Charakteristik an die Kurve

$$y = f(x), \qquad z = g(x)$$

anschließt, bringen wir diese Kurve durch Anwendung der Substitution

$$\mathfrak{x} = x, \quad \mathfrak{y} = y - f(x), \quad \mathfrak{z} = z - g(x)$$

auf die Form

$$y = 0, \qquad z = 0;$$

längs der Charakteristik ist dann $dy = 0$, $dz = 0$, also auf Grund der zweiten, dritten und vierten Gleichung (13)

$$0 = p\,dx, \quad dp = r\,dx, \quad dq = s\,dx,$$

so daß die Gleichungen der Charakteristik die Form erhalten:

$$y = 0, \ \ z = 0, \ \ p = 0, \ \ q = \varphi(x), \quad r = 0, \quad s = \varphi'(x), \quad t = \psi(x).$$

Diese Gleichungen gehen durch Anwendung der Substitution

$$z' = z - y\,\varphi(x) - \tfrac{1}{2}\,y^2\,\psi(x)$$

in die Form

$$y = 0, \ \ z = 0, \ \ p = 0, \ \ q = 0, \ \ r = 0, \ \ s = 0, \ \ t = 0 \tag{22}$$

über, welche wir der weiteren Untersuchung zugrunde legen.

Wir suchen die Bedingungen auf, welche die linke Seite F der Differentialgleichung (A) erfüllen muß, damit die Gleichungen (22) eine Charakteristik darstellen. Dabei nehmen wir an, daß sich die Funktion F in der Umgebung der Werte $x = y = z = \ldots = t = 0$ regulär verhält.

Da längs der Charakteristik $dy = 0$ und nach (12)

$$R\,dy^2 - S\,dx\,dy + T\,dx^2 = 0$$

ist, so muß $T = 0$ sein. Wenn wir annehmen, daß $S^2 - 4\,RT$ an der Stelle $x = y = \cdots = t = 0$ nicht verschwindet, so ist S an dieser Stelle von Null verschieden, und die Gleichung $F = 0$ läßt sich durch Auflösung nach s auf die Form bringen:

$$s = ax + by + cz + dp + eq + hr + \cdots,$$

wo die weggelassenen Glieder von höherem als dem ersten Grad sind; ein Glied ersten Grades in t kommt nicht vor, da T für $x = y = \cdots = t = 0$ verschwindet. Wenn man x durch $x + hy$ ersetzt, wodurch sich die Gleichungen (22) nicht ändern, fällt das Glied hr fort, und die Differentialgleichung erhält die Form

$$s = f(x, y, z, p, q, r, t) = ax + by + cz + dp + eq + \cdots. \tag{23}$$

Sollen die Differentialgleichungen der Charakteristiken, die wir jetzt in der Form (13^0)

$$F = 0, \quad dy = 0, \quad dz = p\,dx, \quad dp = r\,dx, \quad dq = s\,dx,$$

$$\frac{\partial F}{\partial x} + p\frac{\partial F}{\partial z} + r\frac{\partial F}{\partial p} + s\frac{\partial F}{\partial q} + R\frac{dr}{dx} + S\frac{ds}{dx} = 0,$$

$$\frac{\partial F}{\partial y} + q\frac{\partial F}{\partial z} + s\frac{\partial F}{\partial p} + t\frac{\partial F}{\partial q} + R\frac{ds}{dx} + S\frac{dt}{dx} = 0$$

einführen müssen, durch die Gleichungen (22) befriedigt werden, so muß

$$\frac{\partial F}{\partial x} = 0, \qquad \frac{\partial F}{\partial y} = 0$$

oder wegen $F = s - f$

$$\frac{\partial f}{\partial x} = 0, \qquad \frac{\partial f}{\partial y} = 0$$

sein. Die Gleichung

$$T = \frac{\partial F}{\partial t} = 0$$

wird

$$\frac{\partial f}{\partial t} = 0.$$

Die Potenzreihe $f(x, y, z, p, q, r, t)$ darf, da die Gleichung (23) für $y = z = p = q = r = t = 0$ den Wert $s = 0$ ergeben muß, kein Glied mit

x^n $(n = 0, 1, 2, \ldots)$ enthalten; dasselbe gilt dann für $\frac{\partial f}{\partial x}$. Damit in den Ableitungen $\frac{\partial f}{\partial y}$ und $\frac{\partial f}{\partial t}$, welche für $y = z = \cdots = t = 0$ verschwinden müssen, kein Glied mit x^n vorkommt, darf f kein Glied mit yx^n oder mit tx^n enthalten. Wenn in f die Glieder mit x^n, yx^n und tx^n $(n = 0, 1, 2, \ldots)$ fehlen, stellen die Gleichungen (22) wirklich eine Charakteristik der Differentialgleichung (23) dar.

Die Funktion $\psi(y)$ verhalte sich in der Umgebung von $y = 0$ regulär und verschwinde für $y = 0$ nebst ihren beiden ersten Ableitungen. Nach den in § 54 bewiesenen Satze besitzt die Differentialgleichung (23) ein in der Umgebung von $x = 0$, $y = 0$ reguläres Integral z, welches sich für $y = 0$ auf 0 und für $x = 0$ auf $\psi(y)$ reduziert. Wir zeigen, daß in der Potenzreihenentwicklung dieses Integrals die Glieder mit $x^n y$ und $x^n y^2$ $(n = 0, 1, 2, \ldots)$ fehlen.

Zunächst ist

$$\left(\frac{\partial^n z}{\partial x^n}\right)_0 = 0 \qquad (n = 0, 1, 2, \ldots),$$

$$\left(\frac{\partial z}{\partial y}\right)_0 = \psi'(0) = 0, \quad \left(\frac{\partial^2 z}{\partial y^2}\right)_0 = \psi''(0) = 0.$$

Durch Differentiation der Gleichung (23)

$$s = f(x, y, z, p, q, r, t)$$

nach y erhält man

$$\text{(24)} \qquad \frac{\partial^3 z}{\partial x\, \partial y^2} = \frac{\partial f}{\partial y} + \frac{\partial f}{\partial z} q + \frac{\partial f}{\partial p} f + \frac{\partial f}{\partial q} t + \frac{\partial f}{\partial r} \frac{\partial^3 z}{\partial x^2\, \partial y} + \frac{\partial f}{\partial t} \frac{\partial^3 z}{\partial y^3}.$$

Da für $x = 0$, $y = 0$ z, p, q, r, t sowie $f, \frac{\partial f}{\partial y}, \frac{\partial f}{\partial r}, \frac{\partial f}{\partial t}$ verschwinden, so ist auch

$$\left(\frac{\partial^2 z}{\partial x\, \partial y}\right)_0 = 0, \quad \left(\frac{\partial^3 z}{\partial x\, \partial y^2}\right)_0 = 0.$$

Wir nehmen an, es sei

$$\left(\frac{\partial^{i+1} z}{\partial x^i\, \partial y}\right)_0 = 0 \quad \left(\frac{\partial^{i+2} z}{\partial x^i\, \partial y^2}\right)_0 = 0 \quad (i < n),$$

und zeigen, daß dann auch

$$\left(\frac{\partial^{n+1} z}{\partial x^n\, \partial y}\right)_0 = 0, \quad \left(\frac{\partial^{n+2} z}{\partial x^n\, \partial y^2}\right)_0 = 0$$

ist.

Alle Glieder der Entwicklung der Funktion f enthalten eine der Größen y, z, p, q, r, t als Faktor. Wenn man zur Berechnung von

$$\frac{\partial^{n+1} z}{\partial x^n \partial y}$$

die Gleichung $s = f$ $(n - 1)$-mal nach x differentiiert, enthält jedes Glied des Ergebnisses eine der Größen

$$z, \frac{\partial z}{\partial x}, \ldots, \frac{\partial^{n+1} z}{\partial x^{n+1}}; \frac{\partial z}{\partial y}, \ldots, \frac{\partial^n z}{\partial x^{n-1} \partial y}; \frac{\partial^2 z}{\partial y^2}, \ldots, \frac{\partial^{n+1} z}{\partial x^{n-1} \partial y^2};$$

folglich ist

$$\left(\frac{\partial^{n+1} z}{\partial x^n \partial y}\right)_0 = 0.$$

Auch alle Glieder des Ausdrucks (24) für $\frac{\partial^3 z}{\partial x \partial y^2}$, abgesehen von

$$\frac{\partial f}{\partial r} \frac{\partial^3 z}{\partial x^2 \partial y} + \frac{\partial f}{\partial t} \frac{\partial^3 z}{\partial y^3}, \tag{25}$$

enthalten eine der Größen y, z, p, q, r, t als Faktor, und wenn man zur Berechnung von

$$\frac{\partial^{n+2} z}{\partial x^n \partial y^2}$$

die Gleichung (24) $(n-1)$-mal nach x differentiiert, verschwinden die Glieder wie vorhin für $x = y = 0$. Einer besonderen Prüfung bedarf der Ausdruck (25). Wenn man das Produkt

$$\frac{\partial f}{\partial r} \frac{\partial^3 z}{\partial x^2 \partial y}$$

$(n-1)$-mal nach x differentiiert, enthalten alle Glieder eine der Ableitungen

$$\frac{\partial^3 z}{\partial x^2 \partial y}, \ldots, \frac{\partial^{n+1} z}{\partial x^n \partial y}, \frac{\partial^{n+2} z}{\partial x^{n+1} \partial y},$$

und zwar erscheint die zuletzt erwähnte Ableitung mit dem Faktor $\frac{\partial f}{\partial r}$. Die Größen

$$\left(\frac{\partial^3 z}{\partial x^2 \partial y}\right)_0, \ldots, \left(\frac{\partial^n z}{\partial x^{n-1} \partial y}\right)_0$$

sind der Voraussetzung nach Null; wir haben gesehen, daß auch

$$\left(\frac{\partial^{n+1} z}{\partial x^n \partial y}\right)_0 = 0$$

ist, und wissen, daß $\frac{\partial f}{\partial r}$ für die Nullwerte der Argumente verschwindet.

Die $(n-1)$-te Ableitung des Produktes

$$\frac{\partial f}{\partial t}\frac{\partial^3 z}{\partial y^3}$$

nach x setzt sich aus Gliedern von der Form

$$\frac{\partial^{n-\nu} f}{\partial t\,\partial x^{n-\nu-1}}\frac{\partial^{3+\nu} z}{\partial y^{3+\nu}} \qquad (\nu = 0, 1, \ldots, n-1)$$

zusammen. Da $\frac{\partial f}{\partial t}$ ebenso wie f nur Glieder mit einem der Faktoren y, z, p, q, r, t enthält, verschwinden für $x = y = 0$ alle Glieder von

$$\frac{\partial^{n-\nu-1}}{\partial x^{n-\nu-1}}\frac{\partial f}{\partial t}.$$

Damit ist nachgewiesen, daß

$$(26) \qquad \left(\frac{\partial^n z}{\partial x^n}\right)_0 = 0, \quad \left(\frac{\partial^{n+1} z}{\partial x^n\,\partial y}\right)_0 = 0, \quad \left(\frac{\partial^{n+2} z}{\partial x^n\,\partial y^2}\right)_0 = 0 \qquad (n = 0, 1, 2, \ldots)$$

ist. Das Integral, welches die gegebenen Anfangsbedingungen erfüllt, gestattet eine Reihenentwicklung von der Form

$$(27) \qquad z = \varphi_3(x)\,y^3 + \varphi_4(x)\,y^4 + \ldots,$$

wo $\varphi_3, \varphi_4, \ldots$ Potenzreihen von x sind. Demnach ist für $y = 0$

$$z = 0, \quad p = 0, \quad q = 0, \quad r = 0, \quad s = 0, \quad t = 0.$$

Die Gleichung (27) stellt also eine Integralfläche der partiellen Differentialgleichung (23) dar, welche die Charakteristik (22) enthält. Die Koeffizienten der Potenzreihe $\psi(y)$ können willkürlich gewählt werden, sofern nur die Bedingungen für die Konvergenz erfüllt sind. Es gilt also der Satz:

Eine gegebene Charakteristik der partiellen Differentialgleichung zweiter Ordnung

$$F(x, y, z, p, q, r, s, t) = 0$$

gehört unendlich vielen Integralflächen an, welche von unendlich vielen willkürlichen Konstanten abhängen.

Diese Integralflächen haben längs der gegebenen Charakteristik eine Berührung zweiter Ordnung.

§ 56. Charakteristiken der Monge-Ampèreschen Differentialgleichung.

Wir beschäftigen uns eingehender mit einer partiellen Differentialgleichung zweiter Ordnung, welche in Bezug auf

$$r, s, t, rt - s^2$$

linear ist, d. h. mit einer Gleichung von der Form

$$(C) \qquad Hr + 2Ks + Lt + M + N(rt - s^2) = 0,$$

worin H, K, L, M, N von x, y, z, p, q abhängen (Differentialgleichung von Monge und Ampère).

Wir suchen eine Integralfläche zu bestimmen, welche durch einen gegebenen Streifen von Flächenelementen erster Ordnung geht. Der Streifen ist dadurch gegeben, daß x, y, z, p, q als Funktionen eines Parameters u dargestellt sind, welche die Bedingung

$$dz = p\,dx + q\,dy$$

erfüllen. Um die Werte von r, s, t zu berechnen, welche einem Element des gegebenen Streifens entsprechen, haben wir die Gleichung (C) mit den Gleichungen

$$dp = r\,dx + s\,dy,$$
$$dq = s\,dx + t\,dy$$

zu verbinden. Durch Elimination von r und t erhält man für s die Gleichung

$$Ps - Q = 0,$$

wobei gesetzt ist:

$$(28)\qquad \begin{cases} P = H\,dy^2 - 2K\,dx\,dy + L\,dx^2 + N\,(dx\,dp + dy\,dq), \\ Q = H\,dp\,dy + L\,dq\,dx + M\,dx\,dy + N\,dp\,dq. \end{cases}$$

Ist P von Null verschieden, so sind r, s, t eindeutig bestimmt; dasselbe gilt nach § 52 auch von den partiellen Ableitungen höherer Ordnung, so daß durch den gegebenen Streifen eine Integralfläche eindeutig bestimmt ist. Ist $P = 0$, aber Q von Null verschieden, so sind keine endlichen Werte von r, s, t vorhanden. Hat man gleichzeitig $P = 0$, $Q = 0$, so sind die partiellen Ableitungen zweiter Ordnung r, s, t nicht bestimmt; der gegebene Streifen wird dann ein charakteristischer Streifen oder eine Charakteristik erster Ordnung genannt.

Ein charakteristischer Streifen genügt den Gleichungen

$$(29)\qquad P = 0,\quad Q = 0$$

in Verbindung mit der Gleichung

$$dz = p\,dx + q\,dy.$$

Aus den Gleichungen (29) folgt bei beliebigem λ

$$\lambda P + N Q = (N\,dp + L\,dx + \lambda\,dy)\,(N\,dq + H\,dy + \lambda\,dx) \\ - (\lambda^2 + 2K\lambda + HL - MN)\,dx\,dy = 0$$

oder, wenn λ eine Wurzel der Gleichung

$$(30)\qquad \lambda^2 + 2K\lambda + HL - MN = 0$$

ist,

$$\lambda P + NQ = (N dp + L dx + \lambda dy)\,(N dq + H dy + \lambda dx) = 0.$$

Hat die quadratische Gleichung (30) die beiden Wurzeln λ_1 und λ_2, so gilt die letzte Gleichung sowohl für $\lambda = \lambda_1$ als auch für $\lambda = \lambda_2$; wenn N nicht verschwindet und λ_1, λ_2 voneinander verschieden sind, sind die Gleichungen $P=0$, $Q=0$ und $\lambda_1 P+NQ=0$, $\lambda_2 P+NQ=0$ äquivalent; es ist also entweder

$$\text{(31)} \qquad \begin{cases} N dp + L\,dx + \lambda_1 dy = 0, \\ N dq + H\,dy + \lambda_2 dx = 0, \\ dz = p\,dx + q\,dy \end{cases}$$

oder

$$\text{(32)} \qquad \begin{cases} N\,dp + L dx + \lambda_2 dy = 0, \\ N dq + H\,dy + \lambda_1 dx = 0, \\ dz = p dx + q dy. \end{cases}$$

Ist $N = 0$, liegt also die in r, s, t lineare Gleichung

$$\text{(C')} \qquad Hr + 2Ks + Lt + M = 0$$

vor, so ist

$$P = H\,dy^2 - 2K\,dx\,dy + L\,dx^2,$$
$$Q = H\,dp\,dy + L\,dq\,dx + M dx\,dy.$$

Ist H von Null verschieden, so seien λ_1 und λ_2 die beiden Wurzeln der quadratischen Gleichung

$$\text{(33)} \qquad H\,\lambda^2 - 2\,K\,\lambda + L = 0,$$

so daß

$$P = H\,(dy - \lambda_1 dx)\;(dy - \lambda_2\,dx)$$

ist. Dann zerfallen die Gleichungen $P=0$, $Q=0$ in

$$\text{(34)} \qquad \begin{cases} dy - \lambda_1\,dx = 0, \\ H\lambda_1 dp + L dq + M\lambda_1 dx = 0 \end{cases}$$

und

$$\text{(35)} \qquad \begin{cases} dy - \lambda_2\,dx = 0, \\ H\lambda_2\,dp + L\,dq + M\lambda_2 dx = 0. \end{cases}$$

Die Gleichungen (34) und (35), zu welchen jedesmal noch die Gleichung

$$dz = p\,dx + q\,dy$$

hinzuzufügen ist, stellen die beiden Systeme von Charakteristiken dar.

Ist $H=0$, $L \neq 0$, so hat man

$$P = -dx\;(2K\,dy - L\,dx),$$
$$Q = dx\;(L\,dq + M\,dy).$$

Man hat zwei Systeme von Charakteristiken mit den Gleichungen

$$\text{(36)} \qquad \begin{cases} 2\,K\,dy - L\,dx = 0, \\ L\,dq + M\,dy = 0 \end{cases}$$

und

$$(37)\qquad \begin{cases} dx = 0, \\ 2K\,dp + L\,dq + M\,dy = 0. \end{cases}$$

Die letzte Gleichung ergibt sich durch Elimination von s und t aus den drei Gleichungen

$$2Ks + Lt + M = 0, \quad dp = s\,dy, \quad dq = t\,dy.$$

Zu (36) kommt noch die Gleichung

$$dz = p\,dx + q\,dy,$$

zu (37) die Gleichung

$$dz = q\,dy.$$

Ist $H = 0$, $L = 0$, so nimmt jede der beiden Gleichungen $P = 0$, $Q = 0$ die Form $dx\,dy = 0$ an, so daß entweder $dx = 0$ oder $dy = 0$ ist. Durch Elimination von s aus den Gleichungen

$$2Ks + M = 0, \quad dp = s\,dy$$

bzw.

$$2Ks + M = 0, \quad dq = s\,dx$$

erhält man die beiden Systeme von Charakteristiken

$$(38)\qquad \begin{cases} dx = 0, \\ 2K\,dp + M\,dy = 0 \end{cases}$$

und

$$(39)\qquad \begin{cases} dy = 0, \\ 2K\,dq + M\,dx = 0. \end{cases}$$

Zu den Gleichungen (38) bzw. (39) tritt noch die Gleichung

$$dz = p\,dx + q\,dy,$$

d. h. zu (38) die Gleichung

$$dz = q\,dy,$$

zu (39) die Gleichung

$$dz = p\,dx.$$

Wir bringen die Theorie der Charakteristiken erster Ordnung der Monge-Ampèreschen Gleichung (C) mit der in §§ 53—55 entwickelten Theorie der Charakteristiken der allgemeinen partiellen Differentialgleichung zweiter Ordnung in Verbindung.

Die Differentialgleichungen der Charakteristiken der partiellen Differentialgleichung

$$F(x,\ y,\ z,\ p,\ q,\ r,\ s,\ t) = 0$$

hatten sich in § 53 in der Form ergeben:

$$
(40) \qquad \begin{cases} F = 0, \\ R\,dy^2 - S\,dx\,dy + T\,dx^2 = 0, \\ dz = p\,dx + q\,dy, \\ X\,dx\,dy + R\,dr\,dy + T\,ds\,dx = 0, \\ Y\,dx\,dy + R\,ds\,dy + T\,dt\,dx = 0, \\ dp = r\,dx + s\,dy, \\ dq = s\,dx + t\,dy. \end{cases}
$$

Wenn

$$F = Hr + 2Ks + Lt + M + N(rt - s^2)$$

gesetzt wird, ist

$$R = \frac{\partial F}{\partial r} = H + Nt,$$

$$S = \frac{\partial F}{\partial s} = 2(K - Ns),$$

$$T = \frac{\partial F}{\partial t} = L + Nr.$$

Die zweite Gleichung (40) wird demnach

$$H\,dy^2 - 2K\,dx\,dy + L\,dx^2 + N(r\,dx^2 + 2s\,dx\,dy + t\,dy^2) = 0$$

oder, da mit Rücksicht auf die beiden letzten Gleichungen (40)

$$r\,dx^2 + 2s\,dx\,dy + t\,dy^2 = dx(r\,dx + s\,dy) + dy(s\,dx + t\,dy)$$
$$= dx\,dp + dy\,dq$$

ist,

$$(41) \qquad H\,dy^2 - 2K\,dx\,dy + L\,dx^2 + N(dx\,dp + dy\,dq) = 0.$$

Wenn man die aus den beiden letzten Gleichungen (40) berechneten Werte von r und t in (C) einsetzt und die Gleichung (41) berücksichtigt, erhält man

$$(42) \qquad H\,dp\,dy + L\,dq\,dx + M\,dx\,dy + N\,dp\,dq = 0.$$

Die Gleichungen (41) und (42), welche mit den Gleichungen $P = 0$, $Q = 0$ übereinstimmen, können an die Stelle der beiden ersten Gleichungen (40) gesetzt werden.

An die Stelle der drei ersten Gleichungen (40) setzen wir die drei Gleichungen

$$(43) \qquad P = 0,\ Q = 0,\ dz = p\,dx + q\,dy$$

zwischen x, y, z, p, q, welche eine Charakteristik erster Ordnung definieren, während zur Definition einer Charakteristik zweiter Ordnung zu den Gleichungen (43) noch die vier letzten Gleichungen (40) hinzuzufügen sind. Die Differentialgleichungen (43) der Charakteristiken erster Ordnung können wie oben umgeformt werden.

Jede Charakteristik zweiter Ordnung der Monge-Ampèreschen Gleichung (C) *enthält eine Charakteristik erster Ordnung. Umgekehrt ist eine Charakteristik erster Ordnung, für welche* $S^2 - 4RT$ *von Null verschieden ist, in unendlich vielen Charakteristiken zweiter Ordnung enthalten, welche von einer willkürlichen Konstanten abhängen.*

Sind nämlich längs einer Charakteristik erster Ordnung x, y, z, p, q als Funktionen eines Parameters u gegeben, so hat man zur Bestimmung von r, s, t die drei Gleichungen

$$(44)\qquad \left\{\begin{aligned} dp &= r\,dx + s\,dy, \\ dq &= s\,dx + t\,dy, \\ X\,dx\,dy + R\,dr\,dy &+ T\,ds\,dx = 0, \end{aligned}\right.$$

da die fünfte Gleichung (40) eine Folge der übrigen ist. Aus den beiden ersten Gleichungen (44) folgt

$$r = \frac{dp - s\,dy,}{dx}, \qquad t = \frac{dq - s\,dx}{dy},$$

und aus

$$d^2p = r\,d^2x + s\,d^2y + dr\,dx + ds\,dy$$

erhält man

$$dr = \frac{d^2p - r\,d^2x - s\,d^2y - ds\,dy}{dx}.$$

Wenn man diesen Ausdruck für dr in die letzte Gleichung (44) einsetzt, erscheint ds mit dem Faktor

$$R\,dy^2 - T\,dx^2,$$

welcher nicht verschwindet; denn die Bedingung für das gleichzeitige Bestehen der beiden Gleichungen

$$R\,dy^2 - T\,dx^2 = 0, \quad R\,dy^2 - S\,dx\,dy + T\,dx^2 = 0$$

ist $S^2 - 4RT = 0$. Durch Elimination von r und t aus den drei Gleichungen (44) erhält man für s die Differentialgleichung erster Ordnung

$$(45)\qquad \frac{ds}{du} = f(s, u),$$

aus welcher sich s als Funktion von u mit einer willkürlichen Konstanten ergibt. Die beiden ersten Gleichungen (44) liefern hierauf r und t als Funktionen von u. Ist der Wert von s für einen bestimmten Wert von u gegeben, so sind r, s, t längs der Charakteristik erster Ordnung bestimmt.

Wir können dieses Ergebnis auch so aussprechen:

Wenn zwei Integralflächen der Monge-Ampèreschen Gleichung in einem Punkte einer ihnen gemeinsamen Charakteristik erster Ordnung eine Berührung zweiter Ordnung haben, haben sie längs der Charakteristik eine Berührung zweiter Ordnung.

Indem wir die letzten Sätze mit dem in § 55 bewiesenen Satze über die Integralflächen der allgemeinen Differentialgleichung zweiter Ordnung durch eine gegebene Charakteristik verbinden, erhalten wir den Satz:

Durch eine Charakteristik erster Ordnung der Monge-Ampèreschen Gleichung gehen unendlich viele Integralflächen, welche von unendlich vielen willkürlichen Konstanten abhängen.

Denn die gegebene Charakteristik erster Ordnung gehört unendlich vielen Charakteristiken zweiter Ordnung (mit einer willkürlichen Konstanten) an, und durch jede solche Charakteristik zweiter Ordnung gehen unendlich viele Integralflächen (mit unendlich vielen willkürlichen Konstanten).

Eine Integralfläche der Monge-Ampèreschen Differentialgleichung (C) *enthält unendlich viele Charakteristiken und zwar, wenn λ_1 und λ_2 verschieden sind, unendlich viele Charakteristiken eines jeden der beiden Systeme. Umgekehrt stellt jede Fläche, welche ∞^1 Charakteristiken eines Systems enthält, ein Integral dar.*

Der erste Teil des Satzes ist in dem in § 53 ausgesprochenen Satze für die allgemeine Differentialgleichung zweiter Ordnung enthalten.

Um die zweite Behauptung zu beweisen, nehmen wir an, durch jeden Punkt der Fläche $z = \Phi(x, y)$ gehe eine auf der Fläche gelegene Charakteristik des ersten Systems. Setzt man

$$z = \Phi(x, y), \quad p = \frac{\partial \Phi}{\partial x}, \quad q = \frac{\partial \Phi}{\partial y}, \quad r = \frac{\partial^2 \Phi}{\partial x^2}, \quad s = \frac{\partial^2 \Phi}{\partial x \partial y}, \quad t = \frac{\partial^2 \Phi}{\partial y^2}$$

und geht man von dem beliebigen Flächenpunkte (x, y, z) längs der erwähnten Charakteristik weiter, so gelten die Gleichungen (31)

$$N\,dp + L\,dx + \lambda_1 dy = 0,$$
$$N\,dq + \lambda_2 dx + H\,dy = 0$$

und

$$dp = r\,dx + s\,dy,$$
$$dq = s\,dx + t\,dy.$$

Durch Elimination von dp und dq erhält man die Gleichungen

$$(Nr + L)\,dx + (Ns + \lambda_1)\,dy = 0,$$
$$(Ns + \lambda_2)\,dx + (Nt + H)\,dy = 0,$$

und hieraus geht durch Elimination von $dx : dy$ die Gleichung

$$(Nr + L)(Nt + H) - (Ns + \lambda_1)(Ns + \lambda_2) = 0$$

hervor, welche mit (C) übereinstimmt. Da die partiellen Ableitungen von $\Phi(x, y)$ der Gleichung (C) genügen, so ist $z = \Phi(x, y)$ eine Integralfläche.

Der unter der Voraussetzung eines von Null verschiedenen N geführte Beweis läßt sich auf den Fall $N = 0$ übertragen.

Wir betrachten die lineare Differentialgleichung zweiter Ordnung (§ 1)

$$Ar + 2Bs + Ct + Dp + Eq + Fz = 0, \tag{46}$$

in welcher A, B, C, D, E, F nur von x und y abhängen. Jetzt hängen $R = A$, $S = 2B$, $T = C$ nur von x und y ab. Zu den Differentialgleichungen der Charakteristiken gehört die Gleichung

$$A\,dy^2 - 2B\,dx\,dy + C\,dx^2 = 0, \tag{47}$$

welche, da sie nur die Veränderlichen x und y enthält, unabhängig von den übrigen Differentialgleichungen integriert werden kann. Wenn wir uns die Raumkurven, welche die Träger der oben eingeführten charakteristischen Streifen bilden, auf die xy-Ebene projiziert denken, erscheinen als Projektionen ebene Kurven, welche der Gleichung (47) genügen. Diese ebenen Kurven haben wir im ersten Kapitel als Charakteristiken der linearen partiellen Differentialgleichung bezeichnet.

§ 57. Integrierbare Fälle der Monge-Ampèreschen Differentialgleichung.

Nur in besonderen Fällen sind wir in der Lage, die Differentialgleichung (C) durch ihre Zurückführung auf gewöhnliche Differentialgleichungen zu integrieren.

Wir setzen vorläufig voraus, daß N nicht identisch verschwindet; auf die Abänderungen, welche im Falle $N = 0$ eintreten, kommen wir später zurück.

Wir untersuchen zunächst, ob eine Funktion V von x, y, z, p, q vorhanden ist, deren Differential dV infolge der Differentialgleichungen (31) des einen Charakteristikensystems verschwindet. Setzt man

$$dV = \frac{\partial V}{\partial x}dx + \frac{\partial V}{\partial y}dy + \frac{\partial V}{\partial z}dz + \frac{\partial V}{\partial p}dp + \frac{\partial V}{\partial q}dq$$

und drückt man vermittels der Gleichungen (31) dz, dp, dq durch dx, dy aus, so müssen die Koeffizienten von dx und dy verschwinden, so daß sich für V die beiden linearen partiellen Differentialgleichungen erster Ordnung ergeben:

$$\left\{\begin{aligned} A(V) &= \frac{\partial V}{\partial x} + p\frac{\partial V}{\partial z} - \frac{L}{N}\frac{\partial V}{\partial p} - \frac{\lambda_2}{N}\frac{\partial V}{\partial q} = 0,\\ B(V) &= \frac{\partial V}{\partial y} + q\frac{\partial V}{\partial z} - \frac{\lambda_1}{N}\frac{\partial V}{\partial p} - \frac{H}{N}\frac{\partial V}{\partial q} = 0. \end{aligned}\right. \tag{48}$$

Soll das Differential der Funktion V infolge der Differentialgleichungen (32) des zweiten Charakteristikensystems verschwinden, so muß das System linearer partieller Differentialgleichungen bestehen:

$$(48') \quad \begin{cases} A'(V) = \dfrac{\partial V}{\partial x} + p\dfrac{\partial V}{\partial z} - \dfrac{L}{N}\dfrac{\partial V}{\partial p} - \dfrac{\lambda_1}{N}\dfrac{\partial V}{\partial q} = 0, \\ B'(V) = \dfrac{\partial V}{\partial y} + q\dfrac{\partial V}{\partial z} - \dfrac{\lambda_2}{N}\dfrac{\partial V}{\partial p} - \dfrac{H}{N}\dfrac{\partial V}{\partial q} = 0. \end{cases}$$

Wir heben den Satz hervor:

Verschwindet dV infolge der Differentialgleichungen der Charakteristiken des ersten bzw. zweiten Systems, so genügt $V = V(x, y, z, p, q)$ den Differentialgleichungen (48) bzw. (48').

Ist V eine beliebige Lösung des Systems (48), V' eine beliebige Lösung des Systems (48'), so ist

$$(49) \qquad [V, V'] = 0,$$

wenn man die in § 50 eingeführte Bezeichnung benutzt:

$$(50) \quad \begin{cases} [V, V'] = \dfrac{\partial V}{\partial p}\left(\dfrac{\partial V'}{\partial x} + p\dfrac{\partial V'}{\partial z}\right) - \dfrac{\partial V'}{\partial p}\left(\dfrac{\partial V}{\partial x} + p\dfrac{\partial V}{\partial z}\right) \\ \qquad + \dfrac{\partial V}{\partial q}\left(\dfrac{\partial V'}{\partial y} + q\dfrac{\partial V'}{\partial z}\right) - \dfrac{\partial V'}{\partial q}\left(\dfrac{\partial V}{\partial y} + q\dfrac{\partial V}{\partial z}\right). \end{cases}$$

Man sieht nämlich, daß der Ausdruck $[V, V']$ identisch verschwindet, wenn man vermittels der Gleichungen (48)

$$\frac{\partial V}{\partial x} + p\frac{\partial V}{\partial z}, \quad \frac{\partial V}{\partial y} + q\frac{\partial V}{\partial z} \text{ durch } \frac{\partial V}{\partial p}, \quad \frac{\partial V}{\partial q}$$

und vermittels der Gleichungen (48')

$$\frac{\partial V'}{\partial x} + p\frac{\partial V'}{\partial z}, \quad \frac{\partial V'}{\partial y} + q\frac{\partial V'}{\partial z} \text{ durch } \frac{\partial V'}{\partial p}, \quad \frac{\partial V'}{\partial q}$$

ausdrückt. Nennt man zwei Funktionen u, v von x, y, z, p, q, welche die Bedingung $[u, v] = 0$ erfüllen, involutorisch, so kann man sagen: eine beliebige Lösung V von (48) und eine beliebige Lösung V' von (48') sind involutorisch. Im Falle $\lambda_1 = \lambda_2$, in welchem das System (48) mit dem System (48') zusammenfällt, sind zwei beliebige Lösungen des Systems (48) involutorisch.

Sind V_1 und V_2 zwei beliebige Lösungen des Systems (48) oder des Systems (48'), so ist auch

$$\Phi(V_1, V_2),$$

wo Φ eine willkürliche Funktion darstellt, eine solche Lösung.

Die Gleichung

$$(51)\qquad V(x, y, z, p, q) = \text{Const.}$$

wird ein **Zwischenintegral** der partiellen Differentialgleichung zweiter Ordnung (C) genannt, wenn sämtliche Integrale der partiellen Differentialgleichung erster Ordnung (51) (allenfalls von singulären Integralen abgesehen) der partiellen Differentialgleichung zweiter Ordnung genügen.

Die Gleichung (51) *ist dann und nur dann ein Zwischenintegral der partiellen Differentialgleichung* (C), *wenn V dem System* (48) *oder dem System* (48′) *genügt.*

Zum Beweise beachten wir, daß jedes nichtsinguläre Integral der Differentialgleichung erster Ordnung (51) aus ∞^1 ihrer Charakteristiken besteht, deren Differentialgleichungen lauten:

$$(52)\quad \left\{ \begin{aligned} & dx : dy : dz : dp : dq \\ & = \frac{\partial V}{\partial p} : \frac{\partial V}{\partial q} : p\frac{\partial V}{\partial p} + q\,\frac{\partial V}{\partial q} : -\left(\frac{\partial V}{\partial x} + p\,\frac{\partial V}{\partial z}\right) : -\left(\frac{\partial V}{\partial y} + q\,\frac{\partial V}{\partial z}\right). \end{aligned} \right.$$

Das eine Charakteristikensystem der Differentialgleichung (C) hat die Differentialgleichungen (32)

$$\begin{aligned} dz - p\,dx - q\,dy &= 0, \\ N dp + L\,dx + \lambda_2 dy &= 0, \\ N dq \;+ \lambda_1 dx + H\,dy &= 0. \end{aligned}$$

Das System (48) wird erhalten, indem man in den beiden letzten Gleichungen (32) für $dx : dy : dp : dq$ die aus (52) entnommenen Werte setzt. Die Gleichungen (48) sagen also aus, daß sämtliche Charakteristiken der Differentialgleichung $V = \text{Const.}$ dem einen Charakteristikensystem der Differentialgleichung zweiter Ordnung angehören.

Ist (51) ein Zwischenintegral, so ist jede Integralfläche von $V = \text{Const.}$, die aus ∞^1 Charakteristiken (52) besteht, eine Integralfläche von (C), sie setzt sich also aus ∞^1 Charakteristiken (31) oder (32) der partiellen Differentialgleichung zweiter Ordnung zusammen. Da alle Charakteristiken (52) den Charakteristiken (32) oder den Charakteristiken (31) angehören,[1]) so ist entweder das System (48) oder das System (48′) befriedigt.

Ist umgekehrt das System (48) befriedigt, gehören also sämtliche Charakteristiken (52) den Charakteristiken des zweiten Systems an, so besteht jede Integralfläche von $V = \text{Const.}$ aus ∞^1 Charakteristiken (52), also auch aus ∞^1 Charakteristiken (32); sie ist also auch eine Integralfläche der Differentialgleichung zweiter Ordnung.

Ist in der Differentialgleichung (C) $N = 0$, liegt also die Differentialgleichung

$$(\text{C}')\qquad Hr + 2Ks + Lt + M = 0$$

---

[1]) Jede Charakteristik (52) gehört unendlich vielen Integralflächen von (51), also auch von (C) an; sie ist folglich auch eine Charakteristik von (C).

vor, so können, wenn H von Null verschieden ist und λ_1, λ_2 die Wurzeln der quadratischen Gleichung (33)

$$H\lambda^2 - 2K\lambda + L = 0$$

sind, die Differentialgleichungen (34) des ersten Charakteristikensystems in der Form geschrieben werden:

$$(53)\qquad \begin{cases} dy = \lambda_1\, dx, \\ dz = (p + \lambda_1 q)\, dx, \\ dp + \lambda_2\, dq + \dfrac{M}{H}\, dx = 0; \end{cases}$$

die Differentialgleichungen des zweiten Charakteristikensystems gehen hieraus durch Vertauschung von λ_1 und λ_2 hervor.

Soll dV infolge der Gleichungen (53) verschwinden, so müssen in

$$\frac{\partial V}{\partial x}\, dx + \frac{\partial V}{\partial y}\, dy + \frac{\partial V}{\partial z}\, dz + \frac{\partial V}{\partial p}\, dp + \frac{\partial V}{\partial q}\, dq,$$

wenn man nach (53) dy, dz, dp durch dx, dq ersetzt, die Koeffizienten von dx und dq verschwinden; V muß also den beiden linearen partiellen Differentialgleichungen erster Ordnung

$$(54)\qquad \begin{cases} A(V) = \dfrac{\partial V}{\partial x} + \lambda_1 \dfrac{\partial V}{\partial y} + (p + \lambda_1 q)\dfrac{\partial V}{\partial z} - \dfrac{M}{H}\dfrac{\partial V}{\partial p} = 0, \\ B(V) = \dfrac{\partial V}{\partial q} - \lambda_2 \dfrac{\partial V}{\partial p} = 0 \end{cases}$$

genügen, welche an die Stelle von (48) treten. An die Stelle von (48′) treten die Gleichungen

$$(54')\qquad \begin{cases} A'(V) = \dfrac{\partial V}{\partial x} + \lambda_2 \dfrac{\partial V}{\partial y} + (p + \lambda_2 q)\dfrac{\partial V}{\partial z} - \dfrac{M}{H}\dfrac{\partial V}{\partial p} = 0, \\ B'(V) = \dfrac{\partial V}{\partial q} - \lambda_1 \dfrac{\partial V}{\partial p} = 0. \end{cases}$$

Die bisher für den Fall eines nicht verschwindenden N aufgestellten Sätze gelten auch für $N = 0$, wie man erkennt, wenn man die bisherigen Entwicklungen in abgeänderter Form wiederholt.

Wir wenden uns nun zu der Betrachtung von Fällen, in welchen die Differentialgleichung (C) integriert oder auf eine partielle Differentialgleichung erster Ordnung zurückgeführt werden kann.

Zunächst sei $\lambda_1 \neq \lambda_2$. Besitzen die linearen Differentialgleichungen (48) zwei unabhängige Integrale V_1, V_2, so ist, wenn Φ eine willkürliche Funktion darstellt, auch $\Phi(V_1, V_2)$ ein Integral. Demnach ist auch

$$(55)\qquad V_1 - \varphi(V_2) = 0,$$

wo φ eine willkürliche Funktion darstellt, ein Zwischenintegral der Differentialgleichung (C). Die Integration der Differentialgleichung zweiter Ordnung ist demnach auf die Integration der partiellen Differentialgleichung erster Ordnung (55) zurückgeführt. Wird eine Integralfläche der partiellen Differentialgleichung zweiter Ordnung gesucht, welche den Streifen

$$x = f_1(u), \; y = f_2(u), \; z = f_3(u), \; p = f_4(u), \; q = f_5(u)$$

enthält, so muß die Gleichung (55) befriedigt werden, wenn man für $x, \ldots, q$ die angegebenen Funktionen von u setzt. Dadurch gehen V_1, V_2 in Funktionen $V_1(u)$, $V_2(u)$ über, und die Funktion φ bestimmt sich aus der Gleichung

$$V_1(u) = \varphi[V_2(u)].$$

Hat das System (48) die beiden unabhängigen Integrale V_1, V_2 und das System (48′) die beiden unabhängigen Integrale V_3, V_4, so hat die Differentialgleichung (C), wenn unter φ, ψ willkürliche Funktionen verstanden werden, die beiden Zwischenintegrale

$$V_1 - \varphi(V_2) = 0, \; V_3 - \psi(V_4) = 0. \tag{56}$$

Es ist

$$[V_1 - \varphi(V_2), \; V_3 - \psi(V_4)] = 0; \tag{57}$$

die Gleichungen (56) bilden also ein Involutionssystem, welches man nach § 50 integrieren kann. Berechnet man aus den Gleichungen (56) p und q als Funktionen von x, y, z, so ist

$$\frac{dp}{dy} = \frac{dq}{dx},$$

so daß die Gleichung

$$dz = p\,dx + q\,dy$$

vollständig integrierbar ist.

Hat das System (48) drei unabhängige Integrale V_1, V_2, V_3 — man kann beweisen, daß die Höchstzahl von drei Integralen nur im Falle $\lambda_1 = \lambda_2$ möglich ist —, so ist

$$[V_1, V_2] = 0, \quad [V_1, V_3] = 0, \quad [V_2, V_3] = 0. \tag{58}$$

Sind φ und ψ willkürliche Funktionen, so ist auch

$$[V_1 - \varphi(V_3), \; V_2 - \psi(V_3)] = 0, \tag{59}$$

so daß die beiden Gleichungen

$$V_1 = \varphi(V_3), \; V_2 = \psi(V_3), \tag{60}$$

welche zwei Zwischenintegrale darstellen, ein Involutionssystem bilden. Ein Integral dieses Systems, welches eine willkürliche Konstante c enthält, wird durch die Gleichungen

$$V_3 = c, \quad V_1 = \varphi(c), \quad V_2 = \psi(c) \tag{61}$$

dargestellt; denn berechnet man aus diesen drei Gleichungen z, p, q als Funktionen von x, y, so sind die Gleichungen (60) erfüllt, und wegen (58) ist nach § 50

$$\frac{\partial z}{\partial x} = p, \qquad \frac{\partial z}{\partial y} = q.$$

Durch Elimination von p, q aus den Gleichungen (61) ergebe sich die Flächenschar

$$\Phi[(x,\ y,\ z;\ c,\ \varphi(c),\ \psi(c)] = 0. \tag{62}$$

Die Einhüllende dieser Flächenschar, welche man durch Elimination von c aus der Gleichung (62) und der Gleichung

$$\frac{\partial \Phi}{\partial c} + \frac{\partial \Phi}{\partial \varphi(c)}\,\varphi'(c) + \frac{\partial \Phi}{\partial \psi(c)}\,\psi'(c) = 0 \tag{63}$$

erhält, genügt der Differentialgleichung (C), deren allgemeines Integral sie darstellt, da sie zwei willkürliche Funktionen φ, ψ enthält.

Beispiel. Es seien die Flächen zu bestimmen, welche von den zur yz-Ebene parallelen Ebenen in Krümmungslinien geschnitten werden.

Die Krümmungslinien einer Fläche $z = \Phi(x, y)$ genügen der Differentialgleichung

$$\begin{aligned}[pqr - (1+p^2)s]\,dx^2 &+ [(1+q^2)\,r - (1+p^2)\,t]\,dx\,dy \\ &+ [(1+q^2)\,s - pqt]\,dy^2 = 0.\end{aligned} \tag{a}$$

Die Bedingung dafür, daß in den Ebenen $x =$ Const. Krümmungslinien liegen, erhält man, indem man in (a) $dx = 0$ setzt, in Form der partiellen Differentialgleichung

$$(1+q^2)\,s - pqt = 0. \tag{b}$$

Die Gleichung (b) geht aus (C′) hervor, indem man

$$H = 0, \qquad 2K = 1 + q^2, \qquad L = -pq, \qquad M = 0$$

setzt. Die Differentialgleichungen (36) und (37) der beiden Systeme von Charakteristiken schreiben sich jetzt

$$\left\{\begin{aligned}(1+q^2)\,dy + pq\,dx &= 0,\\ dq &= 0,\\ dz - p\,dx - q\,dy &= 0\end{aligned}\right. \tag{c}$$

und

$$\left\{\begin{aligned}dx &= 0,\\ (1+q^2)\,dp - pq\,dq &= 0,\\ dz - q\,dy &= 0.\end{aligned}\right. \tag{d}$$

Die Ausdrücke

$$dq,\ d\,(y + qz)$$

verschwinden infolge der Gleichungen (c) und die Ausdrücke

$$dx,\ d\,\frac{p^2}{1+q^2}$$

infolge der Gleichungen (d). Die Differentialgleichung (b) besitzt also die beiden Zwischenintegrale

$$\text{(e)}\qquad \frac{p^2}{1+q^2} = \varphi'^2(x),\text{[1]} \quad y + qz = \psi(q),$$

wo φ und ψ willkürliche Funktionen sind. Die Gleichung

$$dz = p\,dx + q\,dy$$

geht, wenn man darin nach (e)

$$\text{(f)}\qquad p = \sqrt{1+q^2}\cdot\varphi'(x), \quad y = \psi(q) - qz$$

setzt, in

$$dz = \sqrt{1+q^2}\cdot\varphi'(x)\,dx + q\psi'(q)\,dq - q^2\,dz - qz\,dq$$

oder

$$d\left(z\sqrt{1+q^2}\right) - \frac{q\psi'(q)\,dq}{\sqrt{1+q^2}} - \varphi'(x)\,dx = 0$$

über. Hieraus folgt

$$\text{(g)}\qquad z\sqrt{1+q^2} = \int\frac{q\psi'(q)\,dq}{\sqrt{1+q^2}} + \varphi(x).$$

Wir führen an Stelle von q eine neue Veränderliche a ein, indem wir setzen:

$$\frac{q}{\sqrt{1+q^2}} = a, \qquad q = \frac{a}{\sqrt{1-a^2}}$$

und

$$\psi(q) = \theta'(a).$$

Dadurch geht (g) in

$$\text{(h)}\qquad \frac{z}{\sqrt{1-a^2}} = \varphi(x) + a\,\theta'(a) - \theta(a)$$

über, während die zweite Gleichung (f) die Form annimmt:

$$\text{(i)}\qquad y + \frac{az}{\sqrt{1-a^2}} = \theta'(a).$$

---

[1]) Statt $\varphi(x)$ schreiben wir $\varphi'^2(x)$.

Durch Elimination von a aus den Gleichungen (h) und (i) erhält man die Gleichung der gesuchten Flächen.

Beispiel. Die Flächen, deren sämtliche Punkte parabolisch sind, genügen der Differentialgleichung

$$(\alpha) \qquad rt - s^2 = 0,$$

welche aus (C) dadurch hervorgeht, daß man $H = K = L = M = 0$, $N = 1$ setzt.

Die Gleichung (30) hat die Wurzeln $\lambda_1 = \lambda_2 = 0$, die Charakteristikensysteme (31) und (32) fallen zusammen in

$$dp = 0, \quad dq = 0, \quad dz - p\,dx - q\,dy = 0$$

oder

$$dp = 0, \quad dq = 0, \quad d(z - px - qy) = 0.$$

Unter Einführung der willkürlichen Funktionen φ und ψ hat man die beiden Zwischenintegrale

$$(\beta) \qquad q = \varphi(p), \; z - px - qy = \psi(p)$$

Das aus diesen beiden Gleichungen gebildete Involutionssystem hat das Integral

$$p = c, \quad q = \varphi(c), \quad z - cx - \varphi(c)\,y - \psi(c) = 0$$

mit der willkürlichen Konstanten c. Die Einhüllende der Ebenenschar

$$z - cx - \varphi(c)\,y - \psi(c) = 0,$$

welche man durch Elimination von c aus dieser Gleichung und der Gleichung

$$x + y\varphi'(c) + \psi'(c) = 0$$

erhält, stellt eine abwickelbare Fläche dar.

Literatur.

(Die in [ ] enthaltenen Zahlen bezeichnen die Kapitel des vorliegenden Buches, zu welchen die angegebene Literatur gehört.)

Bieberbach, L., Theorie der Differentialgleichungen, 3. Aufl., Berlin 1908. [1—8]

Courant, R. und *D. Hilbert*, Methoden der mathematischen Physik, 1. Bd., 2. Aufl., 2. Bd., Berlin 1931, 1937. [1—6]

Die Differential- und Integralgleichungen der Mechanik und Physik, herausgegeben von Ph. Frank und R. von Mises, I. und II. Teil, Braunschweig 1925 und 1927 (7. Aufl. von Riemann-Webers Differentialgleichungen der Physik). [1—8]

Forsyth. A. R., Lehrbuch der Differentialgleichungen, herausgegeben von H. Maser, 2. Aufl. von Jakobsthal, Braunschweig, Neudruck 1924. [7—8]

Forsyth, A. R., Theory of differential equations, vol. V, VI, Cambridge 1906. [7—8]

Goursat, E., Cours d'analyse mathématique, tome II, III, 4. éd., Paris 1925, 1927. [1—8]

Goursat, E., Leçons sur l'intégration des équations aux derivées partielles du premier ordre, 2. éd., Paris 1921 (deutsch von H. Maser, Leipzig 1893). [7]

Goursat, E., Leçons sur l'intégration des équations aux dérivées partielles du second ordre, tome I, II, Paris 1896, 1898. [8]

Hamel, G., Integralgleichungen, Berlin 1937. [3—6]

Hilbert, D., Grundzüge einer allgemeinen Theorie der linearen Integralgleichungen, Leipzig und Berlin 1912. [3—6]

Hoheisel, G., Integralgleichungen, Sammlung Göschen Nr. 1099, Berlin und Leipzig 1936. [3—6]

Hoheisel, G., Partielle Differentialgleichungen, Sammlung Göschen Nr. 1003, Berlin und Leipzig 1928. [7—8]

Hort, W., Die Differentialgleichungen des Ingenieurs, 3. Aufl. von A. Thoma, Berlin 1939. [1—6]

Kamke, E., Differentialgleichungen, 2. Aufl., Leipzig 1942, Rand- und Eigenwertaufgaben. [4]

Kamke, E., Differentialgleichungen reeller Funktionen, Leipzig 1930, 2. Aufl. in Vorbereitung. [7]

Kneser, A., Die Integralgleichungen und ihre Anwendung in der mathematischen Physik, 2. Aufl., Braunschweig 1923. [3—6]

Kowalewski, G., Integralgleichungen, Göschens Lehrbücherei, Bd. 18, Berlin und Leipzig 1930. [3—6]

Picard, E., Leçons sur quelques types simples d'équations dérivées partielles avec des applications à la physik mathématique, Paris 1927. [1—6]

Picone, M., Appunti di analisi superiore, Napoli 1940. [1—6]

Repertorium der höheren Mathematik (Pascal), Bd. I, 2. Aufl., Leipzig und Berlin 1910—1929 (besonders Kap. XXII und Kap. XXIV im dritten Teilband). [1—6]

Sternberg, W., Potentialtheorie, Sammlung Göschen 901 und 944, Berlin und Leipzig 1925 und 1926. [5]

Vivanti, G., Elemente der Theorie der linearen Integralgleichungen, übersetzt von F. Schwank, Hannover 1929. [3—6]

Wangerin, A., Theorie des Potentials und der Kugelfunktionen, Band I, II, Berlin und Leipzig 1922, 1921. [5]

Webster-Szegö, Partielle Differentialgleichungen der mathematischen Physik, Leipzig 1930. [1—6]

Sachregister.

(Die Zahlen geben die Seiten an.)

FSC
www.fsc.org
MIX
Papier | Fördert gute Waldnutzung
FSC® C083411

Zeitfracht Medien GmbH
Ferdinand-Jühlke-Straße 7
99095 Erfurt, Deutschland
produktsicherheit@kolibri360.de